凸多面体論

Convex Polytopes

日比孝之 著

共立出版

まえがき

拙著『多角形と多面体（図形が織りなす不思議世界）』（ブルーバックス，講談社）が出版されたのは，2020 年 10 月 20 日である．本著は，その続編である．ブルーバックスの原稿は，高校生を含む一般の読者を念頭に置き，平面の多角形と空間の多面体を舞台の主役とし，筆を進めた．馴染みのある多角形と多面体だけを登壇させても，舞台の雰囲気は十分に華やかである．とりわけ，多角形と多面体の著しい乖離を楽しむことができよう．

オイラーの多面体定理 $v - e + f = 2$ とピックの公式 $A = a + b/2 - 1$ にその源流を持つ凸多面体論は，組合せ論の伝統的な分野の一つである．その潮流は，1970 年代以降，劇変する．抽象論から具象論への時代の流れを背景とし，可換代数との魅惑的な接点が発見され，代数学の抽象論から凸多面体の具象論への虹の架け橋が築かれる．その後，計算機の急激な発展，ソフトウェアの進化を追い風とし，1990 年代以降，凸多面体論は計算代数の色彩を帯び，技の宝庫であるグレブナー基底の御利益に浴する．可換代数と凸多面体との接点は，拙著『可換代数と組合せ論』（シュプリンガー・フェアラーク東京，1995 年）で解説し，グレブナー基底の御利益は，拙著『グレブナー基底』（朝倉書店，2003 年）で紹介している．

凸多面体論の現代理論を展開するときは，可換代数，代数幾何，計算代数など，周辺領域との相互関係を力説することが必須である，との考えを著者は堅持している．しかしながら，ブルーバックスの原稿を執筆していると，純粋に組合せ論の枠内で，凸多面体論を展開することも，趣があるのでは，との誘惑に誘われた．本著は，その誘惑から誕生したものである．

凸多面体論の歴史的背景にも触れながら，本著の概要を紹介しよう．凸多面体論の古典論は，Grünbaum [18] に集約されている．テキスト [18] の初版は，1967 年に出版され，現代の凸多面体論の夜明け前の壮大な眺望と凸多面体論の現代的潮流を誕生させる肥沃な土壌を育んだ研究者の情熱に満ち溢れている．本著の第 1 章「凸多面体の一般論」は，テキスト [18] の第 2 章から第 4 章の凸集合と凸多面体，及び，諸例を簡潔に集約するとともに，一般次元の凸多面体のオイラーの公式，及び，Dehn–Sommerville 方程式と呼ばれる，単体的凸多面体の面の数え上げ公式を紹介する．

凸多面体論の現代的潮流の誕生は 1970 年に遡る．1970 年代は，単体的凸多面体の面の数え上げ理論の金字塔が建立され，凸多面体論が栄耀栄華をきわめた 10 年である．McMullen と Shephard の共著 [45] は，その誕生を披露する名著である．テキスト [45] は，Peter McMullen が上限予想と呼ばれる永年の予想を肯定的に解決した直後の 1971 年に出版されたものである．著者も，大学院生のとき，テキスト [45] を眺めながら，凸多面体論の一般論に馴染んだ．上限予想とともに，下限予想と呼ばれる予想も古典的な凸多面体論に君臨していたが，1973 年，David Barnette が肯定的に解決した．本著の第 2 章「凸多面体の面の数え上げ理論」は，McMullen と Barnette の仕事を解説するとともに，＜歴史的背景＞とし，1974 年から 1980 年の 6 年弱における凸多面体論の劇的な変貌と展開，すなわち，凸多面体論と可換代数，代数幾何との華麗なる相互関係を誕生させた Richard P. Stanley の仕事とその秘話などを語る．

凸多面体論の本流からは逸れるが，ピックの公式の流れを汲む凸多面体の格子点の数え上げ理論の礎は，フランスの高等学校（lycée）の数学教師 Eugène Ehrhart が築いた．1955 年から 1968 年，Ehrhart は，65 編の（フランス語の）研究論文を発表している．ちょうど，凸多面体論の現代的潮流が誕生する夜明け前である．もっとも，凸多面体，可換環論，代数幾何などの研究者が Ehrhart の仕事を認識し，格子点の数え上げ理論の探究が盛んになったのは，1990 年前後からであろう．次元 d の格子凸多面体の n 倍のふくらましに属する格子点の個数は，n に関する d 次の多項式となり，エルハート多項式と呼ばれる．エルハート多項式の理論は，ピックの公式の華麗なる一般化とも解釈できる．本著の第 3 章「凸多面体の格子点の数え上げ理論」は，Ehrhart の古典的な仕事を紹介するとともに，1990 年以降の格子凸多面体の理論を育む土壌を辿る．その展開を追跡するならば，可換環論，代数幾何，グレブナー基底の知識が不可欠であるから，本著の守備範囲を逸脱する．なお，＜展望＞とし，現代的潮流を駆け足で眺め，文献を紹介する．

本著の概要は以上であるが，そうすると，1980 年代が抜け落ちているのでは，と読者は疑問を抱くかもしれない．もっともなことである．ところが，1980 年代は，実際には，歴史を彩る変革の嵐が誘われた奇跡の 10 年である．第 2 章の＜歴史的背景＞でも触れるが，Richard Stanley [52] は，可換環論，特に，Cohen–Macaulay 環を駆使し，数え上げ組合せ論の懸案の難問を解決した記念碑的な論文であるが，その著しい影響から，1980 年代は，Cohen–Macaulay 環の理論が組合せ論に移入され，Cohen–Macaulay 単体的複体と Cohen–Macaulay 有限半順序集合の概念が華々しい脚光を浴び，単体的複体と有限半順序集合の組合せ論の斬新な潮流が誘われた．その斬新な潮流は可換環論の世界に逆輸入され，1990 年代以降，組合せ論と単項式イデアルの二重奏の研究 [20] が流行り，その流行は廃ることなく，四半世紀を越え踏襲されている．という訳で，1980 年代は，凸多面体よりも，寧ろ，単体的複体と有限半順序集合の研究に力点が置かれ，「可換代数と組合せ論」と呼ばれる，魅惑的な境界領域の土壌が開拓された．

著者の師匠は，（故）松村英之（名古屋大学）名誉教授である．著者は，師匠の名著『可換環論』（共立出版，1980 年 10 月）を読破し，可換環論の基礎知識を習得した．学部 4 年生の卒業研究の折，1979 年 7 月だったか，著者が師匠に「可換環論の純粋な抽象論を研究したいです」と言ったら，師匠は「抽象論などは具体的な問題に使えてこその抽象論だよ」と語った，と記憶している．師匠のその一言は，それから 2 年後，1981 年の秋，著者が Stanley [52] を一夜で読破したとき，鮮やかに蘇った．師匠の言葉は，著者が凸多面体論を研究するときの座右の銘でもある．

そんな経験も踏まえ，著者は，凸多面体論を学ぶならば，まず，可換環論，代数幾何などの抽象論をがっちりと習得することが必須であるとの考えを堅持している．しかしながら，現状では，大学院生が研究者を志すならば，兎も角，研究論文を執筆することが何よりも重要である．であるから，そんな悠長なことも言っておられず，予備知識を蓄積しながら研究論文を執筆しなければならない．我が国では，凸多面体の組合せ論の世界を牽引する研究者の層は希薄である．そのような背景を熟慮すると，ブルーバックスを眺めた後，難解な数学を学ぶことなく，円滑に凸多面体の世界に入門するテキストを執筆することは，10 年後，あるいは，20 年後の凸多面体論の研究を牽引する可能性を秘めた学生諸君に些かなりとも有益であると信ずる．

本著の出版と時を同じくし，著者は，大阪大学を定年退職する．名古屋大学 5 年 6 ヶ月，北海道大学 4 年 6 ヶ月，大阪大学 27 年の在職は，縁と人脈に恵まれ，数学者の研究生活を満喫することができた 37 年間であった．駆け出し数学者の著者が，黎明期の研究領域の研究に没頭することができたのは，師匠の（故）松村英之（名古屋大学）名誉教授と（故）岩堀長慶（東京大学）名誉教授の尽力に負う．黎明期を越え，肥沃な土壌を眺めることができたのは，とりわけ，小田忠雄（東北大学）名誉教授と宮西正宜（大阪大学）名誉教授の支援が不可欠であった．著者は，Richard Stanley の影響から当該分野の研究を志し，彼のお陰で，1988 年から 89 年の Massachusetts Institute of Technology の滞在を楽しむことができた．Jürgen Herzog と著者は，1995 年 2 月，共同研究を開始し，四半世紀を経た今でも，共同研究は継続され，既に，50 余編の共著論文を執筆している．著者は，さまざまな御縁を懐古しながら本著を執筆した．御縁に感謝しながら，筆を置く．

2022 年 3 月 1 日　　　日比孝之

目　次

第1章

凸多面体の一般論

凸多面体論の古典論は，Grünbaum の名著 [18] に集約されている．テキスト [18] の初版は，1967 年に出版され，現代の凸多面体論の夜明け前の壮大な眺望と，凸多面体論の現代的潮流を誕生させる肥沃な土壌を育んだ研究者の情熱に満ち溢れている．第 1 章は，[18] の第 2, 3, 4 章に沿いながら，凸集合と凸多面体の理論の礎となる諸概念を導入し，凸多面体の顕著な例を紹介し，その後，双対凸多面体を解説する．以上の準備を踏まえ，一般次元の凸多面体のオイラーの公式の証明を紹介し，単体的凸多面体の著名な数え上げ公式である，Dehn–Sommerville 方程式を証明する．予備知識は，線型代数の初歩に馴染んでいること，距離空間のコンパクト集合，連続写像などの基礎を習得していることである．

1.1　凸集合

次元 $N \geq 1$ のユークリッド空間

$$\mathbb{R}^N = \{\, \mathbf{x} = (x_1, \ldots, x_N) \,:\, x_1, \ldots, x_N \in \mathbb{R} \,\}$$

を舞台とする．空間 $\mathbb{R}^N$ の点

$$\mathbf{x} = (x_1, \ldots, x_N), \quad \mathbf{y} = (y_1, \ldots, y_N)$$

の**内積**を

$$\langle \mathbf{x}, \mathbf{y} \rangle = x_1 y_1 + \cdots + x_N y_N$$

と定義し，**距離**を

$$|\mathbf{x} - \mathbf{y}| = \sqrt{(x_1 - y_1)^2 + \cdots + (x_N - y_N)^2}$$

と定義する．

空間 $\mathbb{R}^N$ は，内積 $\langle \mathbf{x}, \mathbf{y} \rangle$ を持つ $\mathbb{R}$ 上の N 次元線型空間，距離 $|\mathbf{x} - \mathbf{y}|$ による距離空間，となる．

a）定義と諸例

空間 $\mathbb{R}^N$ の点 $\mathbf{x}$ と $\mathbf{y}$ を結ぶ**線分**とは，空間 $\mathbb{R}^N$ の部分集合

$$[\mathbf{x}, \mathbf{y}] = \{\, \lambda \mathbf{x} + (1 - \lambda) \mathbf{y} \,:\, 0 \leq \lambda \leq 1 \,\}$$

のことである．但し，$\mathbf{x} \neq \mathbf{y}$ とする．

空間 $\mathbb{R}^N$ の空でない[1] 部分集合 $\mathcal{A}$ が**凸集合**であるとは，任意の $\mathbf{x} \in \mathcal{A}$ と任意の $\mathbf{y} \in \mathcal{A}$ を結ぶ線分 $[\mathbf{x}, \mathbf{y}]$ が $\mathcal{A}$ に含まれるときにいう．

- 点 $\mathbf{a} = (a_1, \ldots, a_N) \in \mathbb{R}^N$ を中心とする半径 $r > 0$ の d **球体**

$$\mathbb{B}_r^d(\mathbf{a}) = \{\, \mathbf{x} = (x_1, \ldots, x_d, a_{d+1}, \ldots, a_N) \in \mathbb{R}^N \,:\, |\mathbf{x} - \mathbf{a}| \leq r \,\}$$

  は凸集合である．但し，$1 \leq d \leq N$ とする．

---

[1] すなわち，空集合とは異なる，ということである．

- 点 $\mathbf{a}=(a_1,\ldots,a_N)\in\mathbb{R}^N$ を中心とする半径 $r>0$ の $d-1$ **球面**

$$\mathbb{S}_r^{d-1}(\mathbf{a})=\{\,\mathbf{x}=(x_1,\ldots,x_d,a_{d+1},\ldots,a_N)\in\mathbb{R}^N\,:\,|\mathbf{x}-\mathbf{a}|=r\,\}$$

　は凸集合ではない．但し，$1\leq d\leq N$ とする．

- 球体から球面を除去したもの[2)]

$$\mathbb{B}_r^d(\mathbf{a})\setminus\mathbb{S}_r^{d-1}(\mathbf{a})=\{\,\mathbf{x}\in\mathbb{B}_r^d(\mathbf{a})\,:\,|\mathbf{x}-\mathbf{a}|<r\,\}$$

　は凸集合である．但し，$1\leq d\leq N$ とする．

凸集合 $\mathcal{A}\subset\mathbb{R}^N$ とは，球体を窪まないようにふくらましたり，窪まないようにへこませたりしたようなイメージであろうか．けれども，ペシャンコにつぶれたような凸集合もあるし，あるいは，無限に延びるような凸集合もある．そもそも，空間 $\mathbb{R}^N$ は凸集合であるし，線分 $[\mathbf{x},\mathbf{y}]$ も凸集合である．なお，1 点 $\mathbf{x}\in\mathbb{R}^N$ の集合 $\{\mathbf{x}\}$ も凸集合と解釈する．

空間 $\mathbb{R}^N$ の点 $\mathbf{x}$ と $\mathbf{y}$ を通る**直線**

$$\mathcal{L}=\{\,\lambda\mathbf{x}+(1-\lambda)\mathbf{y}\,:\,\lambda\in\mathbb{R}\,\}$$

は，凸集合であるし，**開線分**

$$(\mathbf{x},\mathbf{y})=\{\,\lambda\mathbf{x}+(1-\lambda)\mathbf{y}\,:\,0<\lambda<1\,\}$$

と**半開線分**

$$[\mathbf{x},\mathbf{y})=\{\,\lambda\mathbf{x}+(1-\lambda)\mathbf{y}\,:\,0<\lambda\leq 1\,\}$$

$$(\mathbf{x},\mathbf{y}]=\{\,\lambda\mathbf{x}+(1-\lambda)\mathbf{y}\,:\,0\leq\lambda<1\,\}$$

と**半直線**

$$\mathcal{L}'=\{\,\lambda\mathbf{x}+(1-\lambda)\mathbf{y}\,:\,\lambda\geq 0\,\}$$

も，凸集合である．

空間 $\mathbb{R}^N$ の**超平面**とは，実数 $a_1,\ldots,a_N$ と b を使い，

$$\mathcal{H}=\{\,(x_1,\ldots,x_N)\in\mathbb{R}^N\,:\,a_1x_1+\cdots+a_Nx_N=b\,\}$$

---

2) 集合 X と Y があるとき，X に属するが Y に属さない元の全体から成る集合を $X\setminus Y$ と表す．但し，Y は X の部分集合であるとは限らない．

と表示される集合 $\mathcal{H} \subset \mathbb{R}^N$ のことである．但し，

$$(a_1, \ldots, a_N) \neq (0, \ldots, 0)$$

である．方程式

$$a_1x_1 + \cdots + a_Nx_N = b$$

を超平面 $\mathcal{H}$ の**定義方程式**と呼ぶ[3)]．

b）次元

凸集合の次元の概念を導入する．空間 $\mathbb{R}^N$ の点

$$\mathbf{a}_0, \mathbf{a}_1, \ldots, \mathbf{a}_s$$

が**アフィン独立**であるとは，

$$\lambda_0\,\mathbf{a}_0 + \lambda_1\,\mathbf{a}_1 + \cdots + \lambda_s\,\mathbf{a}_s = \mathbf{0},$$
$$\lambda_0 + \lambda_1 + \cdots + \lambda_s = 0,$$
$$\lambda_i \in \mathbb{R},\ \ i = 0, 1, \ldots, s$$

となるのは

$$\lambda_0 = \lambda_1 = \cdots = \lambda_s = 0$$

のときに限る，となるときにいう．なお，$\mathbf{0}$ は空間 $\mathbb{R}^N$ の**原点**

$$\mathbf{0} = (0, 0, \ldots, 0)$$

である[4)]．

凸集合 $\mathcal{A} \subset \mathbb{R}^N$ に含まれるアフィン独立な点の個数の最大値を $d+1$ とする．このとき，d を $\mathcal{A}$ の**次元**と定義する．凸集合 $\mathcal{A} \subset \mathbb{R}^N$ の次元を

$$\dim \mathcal{A}$$

と表す．

---

3) 紙面の都合から，$\mathbf{a} = (a_1, \ldots, a_N)$ と $\mathbf{x} = (x_1, \ldots, x_N)$ を使い，$\langle \mathbf{a}, \mathbf{x} \rangle = b$ と内積の表示をすることもある．

4) すると，$\mathbf{a}_0, \mathbf{a}_1, \ldots, \mathbf{a}_s$ がアフィン独立であることと $\mathbf{a}_1 - \mathbf{a}_0$, $\mathbf{a}_2 - \mathbf{a}_0$, $\ldots$, $\mathbf{a}_s - \mathbf{a}_0$ が線型独立であることは同値である．

たとえば，球体 $\mathbb{B}_r^d(\mathbf{a})$ の次元は d である．超平面 $\mathcal{H} \subset \mathbb{R}^N$ の次元は $N-1$ である．線分，直線，開線分，半開線分，半直線は，いずれも次元 1 の凸集合である．

一般に，$1 \leq d \leq N$ のとき，$\mathbb{R}^N$ の部分集合

$$\mathcal{A} = \{\mathbf{x} = (x_1, \ldots, x_d, 0, \ldots, 0) \in \mathbb{R}^N \ : \ x_i \in \mathbb{R}\}$$

は，次元 d の凸集合である．

便宜上，1 点 $\mathbf{x}$ のみの凸集合 $\{\mathbf{x}\}$ の次元は 0 とする．

c) アフィン部分空間

空間 $\mathbb{R}^N$ の線型部分空間 W は凸集合である．実際，$\mathbf{x}, \mathbf{y} \in W, \lambda \in \mathbb{R}$ ならば，W が線型部分空間であることから，

$$\lambda\mathbf{x} \in W, \ \ (1-\lambda)\mathbf{y} \in W, \ \ \lambda\mathbf{x} + (1-\lambda)\mathbf{y} \in W$$

となる[5]．

線型部分空間 $W \subset \mathbb{R}^N$ の凸集合としての次元は，W の線型空間としての次元と一致する．

実際，線型部分空間 W の次元を d とし，W から線型独立な点 $\mathbf{a}_1, \ldots, \mathbf{a}_d$ を選ぶと，$d+1$ 個の点 $\mathbf{0}, \mathbf{a}_1, \ldots, \mathbf{a}_d$ はアフィン独立である．すると，凸集合 W の次元を d' とすると，$d' \geq d$ である．逆に，凸集合 W の次元が d' であることから，W にはアフィン独立な $d'+1$ 個の点 $\mathbf{a}'_0, \mathbf{a}'_1, \ldots, \mathbf{a}'_{d'}$ が存在する．すると，d' 個の点 $\mathbf{a}'_1 - \mathbf{a}'_0, \mathbf{a}'_2 - \mathbf{a}'_0, \ \ldots, \mathbf{a}'_{d'} - \mathbf{a}'_0$ は線型独立である．ここで，W が線型部分空間であることから，それぞれの $\mathbf{a}'_i - \mathbf{a}'_0$ は W に属する．すると，$d \geq d'$ である．以上の結果，$d = d'$ が従う．

一般に，凸集合 $\mathcal{A} \subset \mathbb{R}^N$ を平行移動したもの

$$\mathcal{A} + \mathbf{a} = \{\mathbf{x} + \mathbf{a} : \mathbf{x} \in \mathcal{A}\}$$

も凸集合である[6]．凸集合 $\mathcal{A} + \mathbf{a}$ の次元は，凸集合 $\mathcal{A}$ の次元と一致する．但し，$\mathbf{a} \in \mathbb{R}^N$ とする．

---

[5] すなわち，線型部分空間 W に属する任意の点 $\mathbf{x}$ と $\mathbf{y}$ を結ぶ直線は，W に含まれる．

[6] 実際，$\lambda(\mathbf{x}+\mathbf{a}) + (1-\lambda)(\mathbf{y}+\mathbf{a}) = (\lambda\mathbf{x} + (1-\lambda)\mathbf{y}) + \mathbf{a}$ である．

空間 $\mathbb{R}^N$ の線型部分空間を平行移動したものを，空間 $\mathbb{R}^N$ の**アフィン部分空間**と呼ぶ[7)]．アフィン部分空間の次元とは，その凸集合としての次元のことである．

- xy 平面[8)] $\mathbb{R}^2$ の線型部分空間は，$\mathbb{R}^2$ と $\{(0,0)\}$ を除外すると，原点を通過する直線に限る．すると，xy 平面 $\mathbb{R}^2$ のアフィン部分空間は，$\mathbb{R}^2$ と1点を除外すると，直線に限る．
- xyz 空間 $\mathbb{R}^3$ の線型部分空間は，$\mathbb{R}^3$ と $\{(0,0,0)\}$ を除外すると，原点を通過する直線，及び，原点を通過する（超）平面[9)] に限る．すると，xyz 空間 $\mathbb{R}^3$ のアフィン部分空間は，$\mathbb{R}^3$ と1点を除外すると，直線と（超）平面に限る．

次元 $d > 0$ の凸集合 $\mathcal{A} \subset \mathbb{R}^N$ がある．任意の1点 $\mathbf{a} \in \mathcal{A}$ を選び，$\mathcal{A}$ を平行移動させた凸集合 $\mathcal{A} - \mathbf{a}$ を考える．凸集合 $\mathcal{A} - \mathbf{a}$ は原点を含むから，$\mathcal{A} - \mathbf{a}$ を含む線型部分空間 W で次元 d のものが唯一つ存在する[10)]．

すると，アフィン部分空間 $W + \mathbf{a}$ は $\mathcal{A}$ を含み，その次元は d である．アフィン部分空間 $W + \mathbf{a}$ を

$$\mathrm{aff}(\mathcal{A})$$

と表す．

もちろん，$\mathrm{aff}(\mathcal{A})$ は，点 $\mathbf{a} \in \mathcal{A}$ をどのように選んでも，変わらない．実際，$\mathbf{a}' \in \mathcal{A}$ とすると，$\mathbf{a} - \mathbf{a}' \in W$ であるから，

$$\mathcal{A} - \mathbf{a}' = (\mathcal{A} - \mathbf{a}) + (\mathbf{a} - \mathbf{a}') \subset W + (\mathbf{a} - \mathbf{a}') = W,$$

$$W + \mathbf{a}' = W + (\mathbf{a}' - \mathbf{a}) + \mathbf{a} = W + \mathbf{a}$$

となる．

---

7) アフィン部分空間が原点を含めば，線型部分空間である．実際，線型部分空間 W を平行移動したもの $W + \mathbf{a}$ が原点を含むならば，$-\mathbf{a} \in W$ であるから，$\mathbf{a} = -(-\mathbf{a}) \in W$ となる．すると，$W + \mathbf{a} = W$ である．

8) 一般に，$\mathbb{R}^2$ を xy 平面，$\mathbb{R}^3$ を xyz 空間と呼ぶ．

9) 一般に，$N = 2$ のときは，超平面は直線，$N = 3$ のときは，超平面は平面と呼ぶのが自然である．

10) 換言すると，$W \subset \mathbb{R}^N$ は，$\mathcal{A} - \mathbf{a}$ が張る線型部分空間のことである．

(1.1.1) 補題　アフィン部分空間 $\mathrm{aff}(\mathcal{A})$ は

$$\mathrm{aff}(\mathcal{A}) = \left\{ \sum_{i=1}^{s} \lambda_i \mathbf{a}_i \,:\, \mathbf{a}_i \in \mathcal{A},\, \lambda_i \in \mathbb{R},\, \sum_{i=1}^{s} \lambda_i = 1,\, s = 1, 2, \ldots \right\} \tag{1.1}$$

となる．

[証明] 部分空間 W は

$$W = \left\{ \sum_{i=1}^{s} \lambda_i (\mathbf{a}_i - \mathbf{a}) \,:\, \mathbf{a}_i \in \mathcal{A},\, \lambda_i \in \mathbb{R},\, s = 1, 2, \ldots \right\}$$

となる．等式 (1.1) の右辺に属する $\sum_{i=1}^{s} \lambda_i \mathbf{a}_i$ は，$\sum_{i=1}^{s} \lambda_i = 1$ を満たすから，

$$\sum_{i=1}^{s} \lambda_i \mathbf{a}_i = \left(\sum_{i=1}^{s} \lambda_i (\mathbf{a}_i - \mathbf{a}) \right) + \mathbf{a} \in W + \mathbf{a}$$

となる．逆に，$W + \mathbf{a}$ に属する

$$\left(\sum_{i=1}^{s} \lambda_i (\mathbf{a}_i - \mathbf{a}) \right) + \mathbf{a}$$

を

$$\sum_{i=1}^{s} \lambda_i \mathbf{a}_i + \left(1 - \sum_{i=1}^{s} \lambda_i \right) \mathbf{a}$$

とすれば，(1.1) の右辺は $W + \mathbf{a}$ を含む．■

d) 境界と内部

凸集合の内部と境界を定義する[11]．

- 凸集合 $\mathcal{A} \subset \mathbb{R}^N$ の**境界**とは，条件（$*$）を満たす点 $\mathbf{x} \in \mathrm{aff}(\mathcal{A})$ の全体の集合 $\partial\mathcal{A}$ のことである．

  （$*$）　任意の実数 $r > 0$ について

  $$\mathbb{B}_r^N(\mathbf{x}) \cap \mathcal{A} \neq \emptyset, \quad \mathbb{B}_r^N(\mathbf{x}) \cap (\mathrm{aff}(\mathcal{A}) \setminus \mathcal{A}) \neq \emptyset$$

  となる．

---

11) 凸集合 $\mathcal{A}$ の内部と境界は，すなわち，（距離空間 $\mathbb{R}^N$ の部分）距離空間 $\mathrm{aff}(\mathcal{A})$ における $\mathcal{A}$ の内部と境界のことである．

- 集合 $\mathcal{A} \setminus \partial\mathcal{A}$ を $\mathcal{A}$ の**内部**と呼ぶ[12)].

換言すると，凸集合 $\mathcal{A} \subset \mathbb{R}^N$ の内部とは，条件（#）を満たす点 $\mathbf{x} \in \mathcal{A}$ の全体の集合のことである.

（#）　実数 $r > 0$ を適当に選ぶと

$$\mathbb{B}_r^N(\mathbf{x}) \cap \mathrm{aff}(\mathcal{A}) \subset \mathcal{A}$$

となる.

空間 $\mathbb{R}^N$ の凸集合 $\mathcal{A}$ が**閉な**凸集合とは，

$$\partial\mathcal{A} \subset \mathcal{A}$$

となるときにいう.

空間 $\mathbb{R}^N$ の凸集合 $\mathcal{A}$ が**有界な**凸集合であるとは，原点 $\mathbf{0} = (0, 0, \ldots, 0)$ を中心とする球体 $\mathbb{B}_r^N(\mathbf{0})$ の半径 $r > 0$ を十分大きく選ぶと，

$$\mathcal{A} \subset \mathbb{B}_r^N(\mathbf{0})$$

となるときにいう.

凸集合が有界であり，しかも，閉であるとき，**有界閉凸集合**という.

e）凸閉包

空間 $\mathbb{R}^N$ の部分集合の凸閉包を定義する.

(1.1.2) 補題　空間 $\mathbb{R}^N$ の凸集合の族 $\{\mathcal{A}_i\}_{i \in I}$ を考える．但し，$I \neq \emptyset$ とする．このとき，共通部分

$$\mathcal{A} = \bigcap_{i \in I} \mathcal{A}_i$$

は，空でなければ，凸集合である．しかも，それぞれの凸集合 $\mathcal{A}_i$ が閉であれば，凸集合 $\mathcal{A}$ も閉である.

---

12) なお，$\partial\mathcal{A} \subset \mathcal{A}$ とは限らない.

[証明] まず，$\mathcal{A}$が凸集合であることを示す．凸集合の定義から，$\mathcal{A}$に属する任意の点$\mathbf{x}$と$\mathbf{y}$を結ぶ線分$[\mathbf{x}, \mathbf{y}]$が$\mathcal{A}$に含まれることをいえばよい．任意の$i \in I$について，$\mathcal{A} \subset \mathcal{A}_i$であるから，特に，$\mathbf{x}$と$\mathbf{y}$は$\mathcal{A}_i$に属する．すると，$\mathcal{A}_i$が凸集合であることから，$[\mathbf{x}, \mathbf{y}]$は$\mathcal{A}_i$に含まれる．それゆえ，$[\mathbf{x}, \mathbf{y}]$は$\mathcal{A}$に含まれる．すなわち，$\mathcal{A}$は凸集合である．

次に，それぞれの凸集合$\mathcal{A}_i$が閉であるとする．凸集合$\mathcal{A}$が閉であることを示すため，$\mathbf{x} \in \partial\mathcal{A}$とし，$r > 0$を任意の実数とする．すると，

$$\mathbb{B}_r^N(\mathbf{x}) \cap \mathcal{A} \neq \emptyset$$

である．それゆえ，任意の$i \in I$で，

$$\mathbb{B}_r^N(\mathbf{x}) \cap \mathcal{A}_i \neq \emptyset$$

である．このとき，

$$\mathbf{x} \in \mathrm{aff}(\mathcal{A}) \subset \mathrm{aff}(\mathcal{A}_i)$$

であるから，$\mathbf{x} \notin \mathcal{A}_i$とすると，

$$\mathbf{x} \in \mathbb{B}_r^N(\mathbf{x}) \cap (\mathrm{aff}(\mathcal{A}_i) \setminus \mathcal{A}_i) \neq \emptyset$$

となる．すなわち，$\mathbf{x} \in \partial\mathcal{A}_i \setminus \mathcal{A}_i$となるから，$\partial\mathcal{A}_i \subset \mathcal{A}_i$に矛盾する．すると，$\mathbf{x} \in \mathcal{A}_i$となるから，$\mathbf{x} \in \mathcal{A}$となる．それゆえ，$\mathcal{A}$は閉である．■

(1.1.3) 系　空間$\mathbb{R}^N$の任意の部分集合$V \neq \emptyset$を固定する．すると，Vを含む最小の凸集合が存在する．

但し，凸集合$\mathcal{A}$がVを含む最小の凸集合であるとは，$V \subset \mathcal{A}$であり，しかも，凸集合$\mathcal{B}$がVを含めば$\mathcal{A} \subset \mathcal{B}$であるときにいう．

[証明] 部分集合Vを含む凸集合[13)]のすべての共通部分を$\mathcal{A}$とする．すなわち，

$$\mathcal{A} = \bigcap_{\mathcal{B}\text{ は }V\text{ を含む凸集合}} \mathcal{B} \tag{1.2}$$

---

13) たとえば，空間$\mathbb{R}^N$はVを含む凸集合である．

である．すると，$V \subset \mathcal{A}$ だから，$\mathcal{A}$ は空ではなく，補題（1.1.2）から $\mathcal{A}$ は凸集合である．

いま，V を含む凸集合 $\mathcal{B}'$ があれば，$\mathcal{B}'$ は $\mathcal{A}$ を定義する (1.2) の右辺を構成する凸集合の一つである．すると，$\mathcal{A} \subset \mathcal{B}'$ である．その結果，$\mathcal{A}$ は V を含む最小の凸集合となる．■

系（1.1.3）の凸集合 $\mathcal{A}$ を V の**凸閉包**と呼び

$$\mathrm{conv}(V)$$

と表す．

(1.1.4) 定理　空間 $\mathbb{R}^N$ の任意の空でない有限集合

$$V = \{\mathbf{a}_1, \mathbf{a}_2, \ldots, \mathbf{a}_s\}$$

の凸閉包は

$$\mathrm{conv}(V) = \left\{ \sum_{i=1}^{s} \lambda_i \mathbf{a}_i \ : \ \lambda_i \geq 0, \sum_{i=1}^{s} \lambda_i = 1 \right\} \tag{1.3}$$

である．

[証明] 等式 (1.3) の右辺の集合を W とする．

まず，集合 W が凸集合であることを示す．凸集合の定義から，W に属する $\sum_{i=1}^{s} \lambda_i \mathbf{a}_i$ と $\sum_{i=1}^{s} \lambda'_i \mathbf{a}_i$ を結ぶ線分

$$\left[\sum_{i=1}^{s} \lambda_i \mathbf{a}_i, \sum_{i=1}^{s} \lambda'_i \mathbf{a}_i \right]$$

の上の任意の点

$$\lambda \sum_{i=1}^{s} \lambda_i \mathbf{a}_i + (1-\lambda) \sum_{i=1}^{s} \lambda'_i \mathbf{a}_i = \sum_{i=1}^{s} (\lambda\lambda_i + (1-\lambda)\lambda'_i)\, \mathbf{a}_i$$

が W に属することをいえばよい．但し，$0 \leq \lambda \leq 1$ とする．いま，

$$\lambda\lambda_i + (1-\lambda)\lambda'_i \geq 0$$

であるから，示すべきことは

$$\sum_{i=1}^{s}(\lambda\lambda_i + (1-\lambda)\lambda_i') = 1$$

である．ところが，

$$\sum_{i=1}^{s}\lambda_i = \sum_{i=1}^{s}\lambda_i' = 1$$

であるから，

$$\begin{aligned}\sum_{i=1}^{s}(\lambda\lambda_i + (1-\lambda)\lambda_i') &= \lambda\sum_{i=1}^{s}\lambda_i + (1-\lambda)\sum_{i=1}^{s}\lambda_i' \\ &= \lambda + (1-\lambda) = 1\end{aligned}$$

が従う．

有限集合 V は W に含まれる[14]．すると，W は V を含む凸集合となるから，特に，$\mathrm{conv}(V) \subset W$ である．

すると，等式 (1.3) を示すには，凸集合 W' が V を含むならば W' は W を含むことを示せばよい．換言すると，凸集合 W' が $\mathbf{a}_1, \mathbf{a}_2, \ldots, \mathbf{a}_s$ を含むならば，

$$\sum_{i=1}^{s}\lambda_i\mathbf{a}_i \in W'$$

となることを示せばよい[15]．以下，$s \geq 1$ に関する数学的帰納法で示す．

いま，$\lambda_1 \neq 1$ とすると，帰納法の仮定から

$$\alpha = \frac{\sum_{i=2}^{s}\lambda_i\mathbf{a}_i}{1-\lambda_1} \in W'$$

である．すると，W' が $\mathbf{a}_1$ を含む凸集合であることから

$$\sum_{i=1}^{s}\lambda_i\mathbf{a}_i = \lambda_1\mathbf{a}_1 + (1-\lambda_1)\alpha \in W'$$

となる．以上の結果，$W \subset W'$ である．■

---

14) 実際，$\lambda_i = 1$ とし，$j \neq i$ のとき $\lambda_j = 0$ とすると，$\sum_{i=1}^{s}\lambda_i = 1$ となるから，$\mathbf{a}_i = \sum_{i=1}^{s}\lambda_i\mathbf{a}_i \in W$ となる．

15) 但し，$\lambda_i \geq 0, \sum_{i=1}^{s}\lambda_i = 1$ とする．

f) 支持超平面

定義方程式

$$a_1x_1 + \cdots + a_Nx_N = b$$

の超平面 $\mathcal{H} \subset \mathbb{R}^N$ が定義する**閉半空間**とは，空間 $\mathbb{R}^N$ の部分集合

$$\mathcal{H}^{(+)} = \{\,(x_1, \ldots, x_N) \in \mathbb{R}^N \,:\, a_1x_1 + \cdots + a_Nx_N \geq b\,\},$$

$$\mathcal{H}^{(-)} = \{\,(x_1, \ldots, x_N) \in \mathbb{R}^N \,:\, a_1x_1 + \cdots + a_Nx_N \leq b\,\}$$

のことである．閉半空間は，閉な凸集合である．すると，

$$\mathcal{H}^{(+)} \cap \mathcal{H}^{(-)} = \mathcal{H}$$

である．

なお，

$$\mathcal{H}^{(+)} \setminus \mathcal{H} = \{\,(x_1, \ldots, x_N) \in \mathbb{R}^N \,:\, a_1x_1 + \cdots + a_Nx_N > b\,\},$$

$$\mathcal{H}^{(-)} \setminus \mathcal{H} = \{\,(x_1, \ldots, x_N) \in \mathbb{R}^N \,:\, a_1x_1 + \cdots + a_Nx_N < b\,\}$$

を**開半空間**と呼ぶこともある．それらの境界は

$$\partial(\mathcal{H}^{(+)} \setminus \mathcal{H}) = \partial(\mathcal{H}^{(-)} \setminus \mathcal{H}) = \mathcal{H}$$

である．

有界閉凸集合の支持超平面を導入する[16)]．空間 $\mathbb{R}^N$ の有界閉凸集合 $\mathcal{A}$ の**支持超平面**とは，空間 $\mathbb{R}^N$ の超平面 $\mathcal{H}$ で，条件

- $\mathcal{A} \subset \mathcal{H}^{(+)}$ であるか，あるいは，$\mathcal{A} \subset \mathcal{H}^{(-)}$ である．
- $\mathcal{A} \cap \mathcal{H} \neq \emptyset$ であり，しかも，$\mathcal{A} \cap \mathcal{H} \neq \mathcal{A}$ である．

を満たすものをいう．

たとえば，空間 $\mathbb{R}^N$ の原点を中心とする半径 r の N 球体 $\mathbb{B}_r^N(\mathbf{0})$ は有界閉凸集合である．球体 $\mathbb{B}_r^N(\mathbf{0})$ の支持超平面とは，すなわち，その球体に接する超平面である．

16) 支持超平面の概念は，凸集合の一般論を展開するときの礎となる．なお，支持超平面は，一般の凸集合に対してではなく，有界閉凸集合のみに限って定義する．

(1.1.5) 例　xyz 空間の球体 $\mathbb{B}_1^3(\mathbf{0})$ を 3 枚の平面 $x = 0$, $y = 0$, $z = 0$ で切ると，有界閉凸集合

$$\mathcal{A} = \mathbb{B}_1^3(\mathbf{0}) \cap \{ (x, y, z) \in \mathbb{R}^3 \,:\, x \geq 0,\, y \geq 0,\, z \geq 0 \}$$

が得られる．有界閉凸集合 $\mathcal{A}$ は無限個の支持超平面を持つ．定義方程式が

$$z = 0, \quad x + y = 0, \quad x + y + z = \sqrt{3}$$

である超平面は，いずれも，$\mathcal{A}$ の支持超平面である．それらと $\mathcal{A}$ の共通部分は，円盤の 1/4, 線分 $[(0,0,0),(0,0,1)]$, 1 点の集合 $\{(1/\sqrt{3}, 1/\sqrt{3}, 1/\sqrt{3})\}$ となる．——

(1.1.6) 補題　超平面 $\mathcal{H} \subset \mathbb{R}^N$ を有界閉凸集合 $\mathcal{A} \subset \mathbb{R}^N$ の支持超平面とすると，

$$\mathcal{A} \cap \mathcal{H} \subset \partial\mathcal{A}$$

となる．

[証明] 超平面 $\mathcal{H}$ を $\mathcal{A}$ の支持超平面とし，$\mathcal{A} \subset \mathcal{H}^{(+)}$ とする．有界閉凸集合 $\mathcal{A}$ の内部 $\mathcal{A} \setminus \partial\mathcal{A}$ に属する点 $\mathbf{x}$ は，内部の条件（#）から，実数 $r > 0$ を適当に選ぶと，

$$\mathbb{B}_r^N(\mathbf{x}) \cap \mathrm{aff}(\mathcal{A}) \subset \mathcal{A}$$

となる．いま，$A \not\subset \mathcal{H}$ から $\mathrm{aff}(\mathcal{A}) \not\subset \mathcal{H}$ となる．すると，$\mathbf{x} \in \mathcal{H}$ ならば，

$$\mathbb{B}_r^N(\mathbf{x}) \cap ((\mathcal{H}^{(-)} \setminus \mathcal{H}) \cap \mathrm{aff}(\mathcal{A})) \neq \emptyset$$

が従うから，特に，

$$\mathcal{A} \cap (\mathcal{H}^{(-)} \setminus \mathcal{H}) \neq \emptyset$$

となるが，これは，$\mathcal{A} \subset \mathcal{H}^{(+)}$ に矛盾する．それゆえ，

$$(\mathcal{A} \setminus \partial\mathcal{A}) \cap \mathcal{H} = \emptyset$$

となる．すなわち，$\mathcal{A} \cap \mathcal{H} \subset \partial\mathcal{A}$ となる．■

空間 $\mathbb{R}^N$ は $|\mathbf{x} - \mathbf{y}|$ を距離函数とする距離空間である．補題（1.1.7）の証明は，距離空間のコンパクト集合（すなわち，有界閉集合）の性質を既知とする．

距離空間の一般論を使うことはできるだけ避けたいところではあるが，内部，境界，有界などの距離空間の概念が礎となるからには，距離空間の一般論を完全に無視することはできないだろう．距離空間のコンパクト集合で定義された実数値の連続函数は最小値を持つこと，及び，距離空間のコンパクト集合は点列コンパクトであること，すなわち，コンパクト集合内の任意の点列は，収束する部分点列を持つこと，を既知とする．

(1.1.7) 補題　有界閉凸集合 $\mathcal{A} \subset \mathbb{R}^N$ の境界 $\partial\mathcal{A}$ に属する任意の点 $\mathbf{x}$ について，$\mathcal{A}$ の支持超平面 $\mathcal{H}$ で $\mathbf{x} \in \mathcal{H}$ となるものが存在する．

[証明]　（第1段）有界閉凸集合 $\mathcal{A}$ と

$$\mathbf{a} \in \mathrm{aff}(\mathcal{A}) \setminus \mathcal{A}$$

を考えよう．定義域を $\mathcal{A}$ とする実数値函数

$$F_{\mathbf{a}}(\mathbf{x}) = |\mathbf{x} - \mathbf{a}|, \qquad \mathbf{x} \in \mathcal{A}$$

は連続函数である．定義域 $\mathcal{A}$ はコンパクト集合であるから，函数 $F_{\mathbf{a}}(\mathbf{x})$ は最小値を持つ．すなわち，$\rho(\mathbf{a}) \in \mathcal{A}$ で

$$|\rho(\mathbf{a}) - \mathbf{a}| \leq |\mathbf{x} - \mathbf{a}|, \quad \forall \mathbf{x} \in \mathcal{A} \tag{1.4}$$

を満たすものが存在する．しかも，そのような $\rho(\mathbf{a})$ は唯一つである．

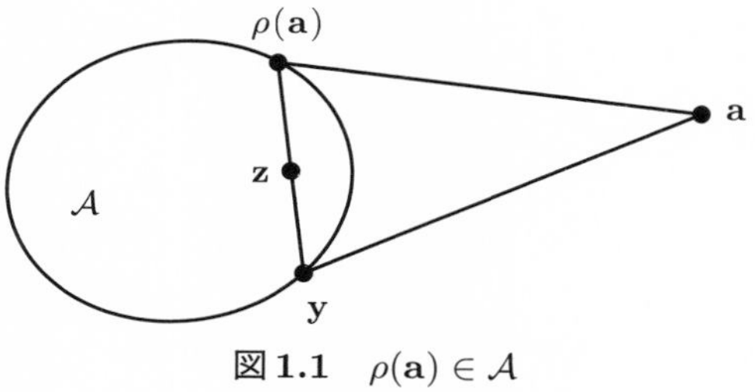

図 1.1　$\rho(\mathbf{a}) \in \mathcal{A}$

実際,

$$|\rho(\mathbf{a}) - \mathbf{a}| = |\mathbf{y} - \mathbf{a}|, \ \rho(\mathbf{a}) \neq \mathbf{y} \in \mathcal{A}$$

と仮定し，

$$\mathbf{z} = (\rho(\mathbf{a}) + \mathbf{y})/2$$

と置く．3 点 $\mathbf{a}, \rho(\mathbf{a}), \mathbf{y}$ を頂点とする二等辺三角形を考えると，

$$|\mathbf{a} - \mathbf{z}| < |\rho(\mathbf{a}) - \mathbf{a}| = |\mathbf{y} - \mathbf{a}|$$

となる．ところが，$\mathcal{A}$ は凸集合だから，$\mathbf{z} \in \mathcal{A}$ となり，$\rho(\mathbf{a})$ の定義に矛盾する．すなわち，(1.4) を満たす $\rho(\mathbf{a}) \in \mathcal{A}$ は唯一つである．

次に，半直線

$$\mathcal{L}' = \{\, \lambda\mathbf{a} + (1 - \lambda)\rho(\mathbf{a}) \,:\, \lambda \geq 0 \,\} \tag{1.5}$$

の上の任意の点 $\mathbf{q}$ は，$\rho(\mathbf{a}) = \rho(\mathbf{q})$ を満たすことを示す．

- 点 $\mathbf{q}$ が線分 $[\rho(\mathbf{a}), \mathbf{a}]$ に属し，$\rho(\mathbf{a}) \neq \rho(\mathbf{q})$ とすると，

$$\begin{aligned} |\rho(\mathbf{q}) - \mathbf{a}| &\leq |\rho(\mathbf{q}) - \mathbf{q}| + |\mathbf{q} - \mathbf{a}| \\ &< |\rho(\mathbf{a}) - \mathbf{q}| + |\mathbf{q} - \mathbf{a}| \\ &= |\rho(\mathbf{a}) - \mathbf{a}| \end{aligned}$$

  となり，$\rho(\mathbf{a})$ の定義に矛盾する．

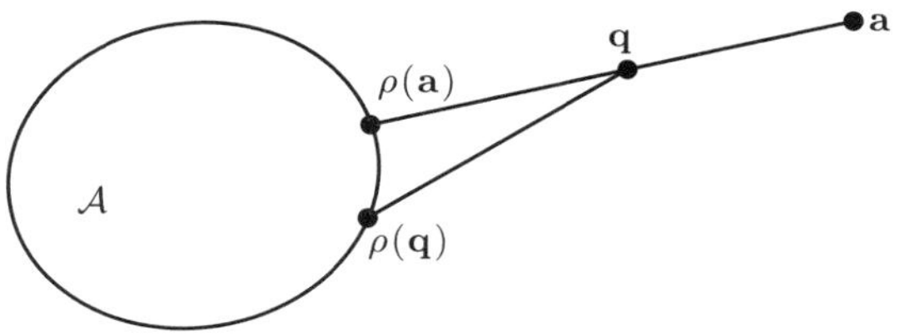

図 1.2　$\mathbf{q} \in [\rho(\mathbf{a}), \mathbf{a}]$

- 点 $\mathbf{a}$ が線分 $[\rho(\mathbf{a}), \mathbf{q}]$ に属し，$\rho(\mathbf{a}) \neq \rho(\mathbf{q})$ とする．3 点 $\rho(\mathbf{a}), \rho(\mathbf{q}), \mathbf{q}$ を頂点とする三角形を考え，その辺 $[\rho(\mathbf{a}), \rho(\mathbf{q})]$ の上の点 $\mathbf{a}'$ を，線分 $[\mathbf{a}, \mathbf{a}']$ と線分 $[\rho(\mathbf{q}), \mathbf{q}]$ が平行になるように選ぶ．すると，

$$|\rho(\mathbf{q}) - \mathbf{q}| < |\rho(\mathbf{a}) - \mathbf{q}|$$

であること，及び，相似な三角形の辺の比の関係から，

$$|\mathbf{a}' - \mathbf{a}| < |\rho(\mathbf{a}) - \mathbf{a}|$$

となり，$\rho(\mathbf{a})$ の定義に矛盾する．

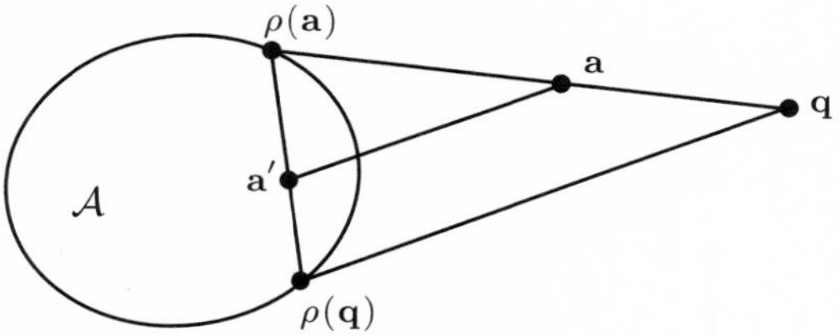

図 **1.3**　$\mathbf{a} \in [\rho(\mathbf{a}), \mathbf{q}]$

超平面 $\mathcal{H}_{\mathbf{a}}$ で $\rho(\mathbf{a})$ を通過し，$\rho(\mathbf{a})$ と $\mathbf{a}$ を結ぶ直線と直交するもの，すなわち，

$$\mathcal{H}_{\mathbf{a}} = \{\, \mathbf{x} \in \mathbb{R}^N : \langle \mathbf{x} - \rho(\mathbf{a}), \mathbf{a} - \rho(\mathbf{a}) \rangle = 0 \,\}$$

が，$\mathcal{A}$ の支持超平面となることを示す．

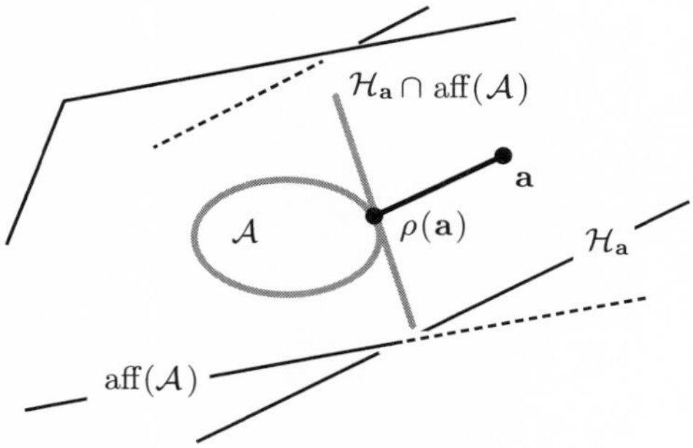

図 **1.4**　超平面 $\mathcal{H}_{\mathbf{a}}$

まず，$\rho(\mathbf{a}) \in \mathcal{H}_{\mathbf{a}}$ だから，$\mathcal{A} \cap \mathcal{H}_{\mathbf{a}} \neq \emptyset$ となる．いま，$\mathbf{a} \in \mathcal{H}_{\mathbf{a}}^{(-)}$ とし，$\mathcal{A} \subset \mathcal{H}_{\mathbf{a}}^{(+)}$ を示す．閉半空間 $\mathcal{H}_{\mathbf{a}}^{(+)}$ に属さない $\mathcal{A}$ の点 $\mathbf{z}$ が存在すると仮定し，

$\mathbf{z}$ を通過し，$\mathbf{z}-\rho(\mathbf{a})$ と直交する超平面を $\mathcal{H}$ とすると，$\mathcal{H}$ は半直線 (1.5) と交わる．その交点を $\mathbf{q}$ とすると，$\rho(\mathbf{a})=\rho(\mathbf{q})$ となる．3 点 $\mathbf{z}, \rho(\mathbf{a}), \mathbf{q}$ を頂点とする三角形は直角三角形であるから，

$$|\mathbf{z}-\mathbf{q}| < |\rho(\mathbf{a})-\mathbf{q}| = |\rho(\mathbf{q})-\mathbf{q}|$$

となり，$\rho(\mathbf{q})$ の定義に矛盾する．

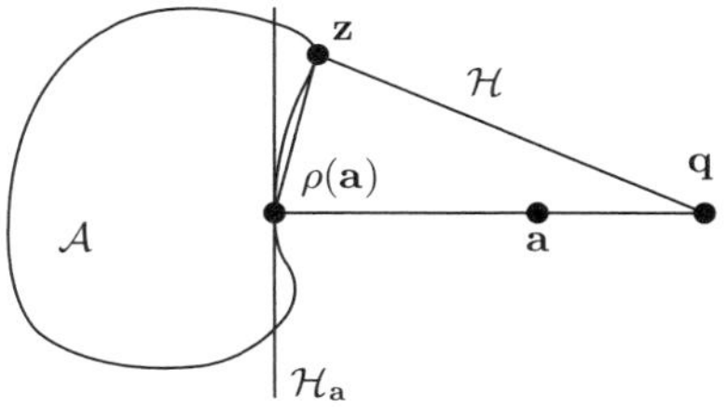

図 1.5　$\mathcal{A} \subset \mathcal{H}_\mathbf{a}^{(+)}$

（第 2 段）有界閉凸集合 $\mathcal{A}$ の境界 $\partial\mathcal{A}$ に属する任意の点 $\mathbf{x}$ が与えられたとき，$\mathbf{a} \in \mathrm{aff}(\mathcal{A}) \setminus \mathcal{A}$ で，$\rho(\mathbf{a})=\mathbf{x}$ となるものが存在することを示す[17)]．

凸集合 $\mathcal{A}$ は有界であるから，実数 $r>0$ を十分大きく選ぶと

$$\mathcal{A} \subset \mathbb{B}_r^N(\mathbf{0}) \setminus \mathbb{S}_r^N(\mathbf{0})$$

とできる．

いま，$\mathbf{x} \in \partial\mathcal{A}$ であるから，任意の整数 $n \geq 1$ について

$$|\mathbf{x}-\mathbf{z}_n| < \frac{1}{n}$$

となる

$$\mathbf{z}_n \in \mathrm{aff}(\mathcal{A}) \setminus \mathcal{A}$$

が存在する．

半直線

$$\mathcal{L}'' = \{\, \lambda\mathbf{z}_n + (1-\lambda)\rho(\mathbf{z}_n) \;:\; \lambda \geq 0\}$$

17) すると，（第 1 段）の結果が使える．

と $\mathbb{S}_r(\mathbf{0})$ の交点を $\mathbf{y}_n$ とする．すると，

$$\rho(\mathbf{y}_n) = \rho(\mathbf{z}_n)$$

である．

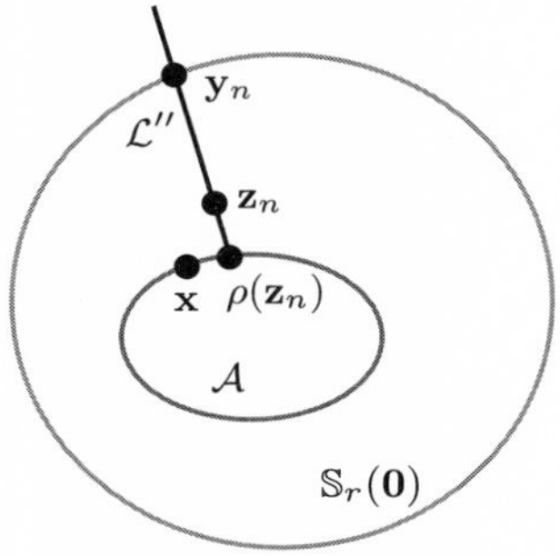

図 1.6　$\rho(\mathbf{y}_n) = \rho(\mathbf{z}_n)$

球面 $\mathbb{S}_r(\mathbf{0})$ はコンパクト集合であるから，数列 $\{\mathbf{y}_n\}_{n=1}^{\infty}$ は収束する部分数列 $\{\mathbf{y}_{n_j}\}_{j=1}^{\infty}$ を持つ．そこで，

$$\lim_{j\to\infty} \mathbf{y}_{n_j} = \mathbf{y} \in \mathbb{S}_r(\mathbf{0})$$

とする．このとき，

$$|\mathbf{x} - \rho(\mathbf{z}_n)| \leq |\mathbf{x} - \mathbf{z}_n| < \frac{1}{n}$$

であることから，

$$\rho(\mathbf{y}) = \rho(\lim_{j\to\infty} \mathbf{y}_{n_j}) = \lim_{j\to\infty} \rho(\mathbf{y}_{n_j}) = \lim_{j\to\infty} \rho(\mathbf{z}_{n_j}) = \mathbf{x}$$

となる．■

(1.1.8) 系　有界閉凸集合 $\mathcal{A} \subset \mathbb{R}^N$ の支持超平面を

$$\{\mathcal{H}_j\}_{j\in J}$$

とすると，

$$\partial\mathcal{A} = \bigcup_{j\in J} (\mathcal{A} \cap \mathcal{H}_j) \tag{1.6}$$

となる．——

g）端点

空間 $\mathbb{R}^N$ の有界閉凸集合 $\mathcal{A}$ の端点を導入する．有界閉凸集合 $\mathcal{A} \subset \mathbb{R}^N$ に属する点 $\mathbf{x}$ が $\mathcal{A}$ の**端点**であるとは，条件

$$\mathbf{x} = (\mathbf{a} + \mathbf{a}')/2, \ \ \mathbf{a} \in \mathcal{A}, \ \ \mathbf{a}' \in \mathcal{A} \quad \text{ならば} \quad \mathbf{a} = \mathbf{a}' = \mathbf{x}$$

が成立するときにいう．

有界閉凸集合 $\mathcal{A} \subset \mathbb{R}^N$ の内部に属する点は端点とはならない[18]．すなわち，$\mathcal{A}$ の端点は $\mathcal{A}$ の境界 $\partial\mathcal{A}$ に属する[19]．

(1.1.9) 例　xy 平面の上の円盤の 1/2 と正方形の和集合である有界閉凸集合の端点は，円の 1/2 に属する点と点 A, B である．——

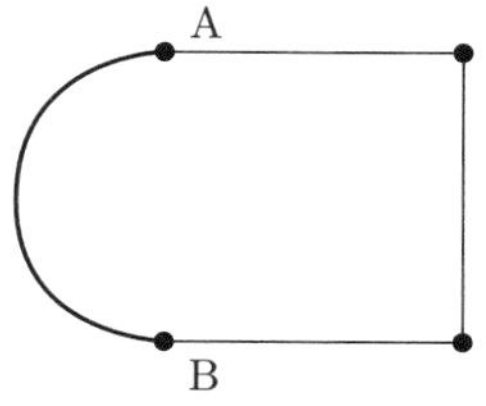

図 1.7　有界閉凸集合の端点

空間 $\mathbb{R}^N$ の有界閉凸集合 $\mathcal{A}$ の端点の全体の集合を

$$\mathrm{ext}(\mathcal{A})$$

とする[20]．

18) 条件（#）から従う．

19) 一般に，境界に属する点は端点であるとは限らないが，たとえば，球体の境界に属する任意の点は，その球体の端点となる．

20) 有界閉凸集合 $\mathcal{A}$ の端点の集合 $\mathrm{ext}(\mathcal{A})$ は有限集合とは限らない．

(1.1.10) 定理　空間 $\mathbb{R}^N$ の有界閉凸集合 $\mathcal{A}$ は $\mathrm{ext}(\mathcal{A})$ の凸閉包である．

$$\mathcal{A} = \mathrm{conv}(\mathrm{ext}(\mathcal{A}))$$

［証明］ 包含関係 $\mathrm{conv}(\mathrm{ext}(\mathcal{A})) \subset \mathcal{A}$ は明らかである．逆の包含関係

$$\mathcal{A} \subset \mathrm{conv}(\mathrm{ext}(\mathcal{A}))$$

を示す．まず，有界閉凸集合 $\mathcal{A}$ の境界 $\partial\mathcal{A}$ が $\mathrm{conv}(\mathrm{ext}(\mathcal{A}))$ に含まれることを示す．系（1.1.8）から

$$\partial\mathcal{A} = \bigcup_{\mathcal{H}\ \text{は}\ \mathcal{A}\ \text{の支持超平面}} \mathcal{A} \cap \mathcal{H}$$

である．すると，

$$\mathcal{A} \cap \mathcal{H} \subset \mathrm{conv}(\mathrm{ext}(\mathcal{A}))$$

をいえばよい．

凸集合 $\mathcal{F} = \mathcal{A} \cap \mathcal{H}$ は有界閉凸集合である．しかも，$\mathcal{F}$ の次元は $\mathcal{A}$ の次元よりも小さい．すると，次元に関する数学的帰納法を使うと，

$$\mathcal{F} \subset \mathrm{conv}(\mathrm{ext}(\mathcal{F}))$$

が従う．ところが，$\mathcal{F}$ の端点は $\mathcal{A}$ の端点である．［実際，$\mathcal{F}$ の端点 $\mathbf{x}$ が $\mathcal{A}$ の端点でないとすると，$\mathbf{x} = (\mathbf{a} + \mathbf{a}')/2$ となる $\mathbf{x} \neq \mathbf{a} \in \mathcal{A}$ と $\mathbf{x} \neq \mathbf{a}' \in \mathcal{A}$ が存在するが，$\mathbf{a}$ と $\mathbf{a}'$ のどちらかが $\mathcal{F} = \mathcal{A} \cap \mathcal{H}$ に属するならば，両者とも $\mathcal{F}$ に属するから，$\mathbf{x}$ が $\mathcal{F}$ の端点より，$\mathbf{a}$ と $\mathbf{a}'$ の両者とも $\mathcal{F}$ に属さない．いま，$\mathcal{A} \subset \mathcal{H}^{(+)}$ とすると，$\mathbf{a}$ と $\mathbf{a}'$ の両者とも $\mathcal{H}^{(+)} \setminus \mathcal{H}$ に属するが，$\mathcal{H}^{(+)} \setminus \mathcal{H}$ は凸集合だから，$\mathbf{x} \in \mathcal{H}^{(+)} \setminus \mathcal{H}$ となり，$\mathbf{x} \in \mathcal{F}$ に矛盾する．］すると，$\mathcal{F} \subset \mathrm{conv}(\mathrm{ext}(\mathcal{A}))$ が従う．

次に，有界閉凸集合 $\mathcal{A}$ の内部 $\mathcal{A} \setminus \partial\mathcal{A}$ が $\mathrm{conv}(\mathrm{ext}(\mathcal{A}))$ に含まれることを示す．任意の点 $\mathbf{x} \in \mathcal{A} \setminus \partial\mathcal{A}$ を通る直線 $\mathcal{L} \subset \mathrm{aff}(\mathcal{A})$ を選ぶと，

$$\mathcal{L} \cap \partial\mathcal{A} = [\mathbf{a}, \mathbf{a}']$$

となる $\mathbf{a} \in \partial\mathcal{A}$ と $\mathbf{a}' \in \partial\mathcal{A}$ が存在[21]し，$\mathbf{a}$ と $\mathbf{a}'$ は $\mathrm{conv}(\mathrm{ext}(\mathcal{A}))$ に属する．すると，$\mathbf{x} \in [\mathbf{a}, \mathbf{a}']$ も $\mathrm{conv}(\mathrm{ext}(\mathcal{A}))$ に属する．すなわち，

$$\mathcal{A} \setminus \partial\mathcal{A} \subset \mathrm{conv}(\mathrm{ext}(\mathcal{A}))$$

である．■

h）突点

空間 $\mathbb{R}^N$ の有界閉凸集合 $\mathcal{A}$ の突点を導入する．有界閉凸集合 $\mathcal{A} \subset \mathbb{R}^N$ の突点とは，

$$\mathcal{A} \cap \mathcal{H} = \{\mathbf{x}\}$$

となる $\mathcal{A}$ の支持超平面 $\mathcal{H}$ が存在する $\mathbf{x} \in \mathcal{A}$ と定義する．

(1.1.11) 補題　有界閉凸集合の突点は端点である．

[証明] 有界閉凸集合 $\mathcal{A} \subset \mathbb{R}^N$ の突点 $\mathbf{x}$ が端点でないとすると $\mathbf{x} = (\mathbf{a} + \mathbf{a}')/2$ となる $\mathbf{x} \neq \mathbf{a} \in \mathcal{A}$ と $\mathbf{x} \neq \mathbf{a}' \in \mathcal{A}$ が存在する．いま，$\mathcal{A} \cap \mathcal{H} = \{\mathbf{x}\}$ となる支持超平面 $\mathcal{H}$ を選び，$\mathcal{A} \subset \mathcal{H}^{(+)}$ とすると，$\mathbf{a}$ と $\mathbf{a}'$ は $\mathcal{H}^{(+)} \setminus \mathcal{H}$ に属する．すると，$\mathcal{H}^{(+)} \setminus \mathcal{H}$ が凸集合であることから，$\mathbf{x}$ も $\mathcal{H}^{(+)} \setminus \mathcal{H}$ に属し，矛盾する．■

しかしながら，有界閉凸集合の端点は必ずしも突点とは限らない．たとえば，図 1.7 の有界閉凸集合の点 A と点 B は，端点であるが，突点ではない．つまり，補題 (1.1.11) は，端点と突点を入れ替えると成立しない．

1.2　凸多面体

凸集合の一般論を礎とし，凸多面体の一般論を展開する．

---

21) 一般に，有界凸閉集合 $\mathcal{A}$ の内部 $\mathcal{A} \setminus \partial\mathcal{A}$ に属する点 $\mathbf{x}$ を通過し，$\mathrm{aff}\mathcal{A}$ に含まれる直線 $L = \{\, \mathbf{x} + \lambda\mathbf{a} \,:\, \lambda \in \mathbb{R} \,\}$ を考え，$\sup\{\, \lambda \,:\, \mathbf{x} + \lambda\mathbf{a} \in \mathcal{A} \,\}$ と $\inf\{\, \lambda \,:\, \mathbf{x} + \lambda\mathbf{a} \in \mathcal{A} \,\}$ を，それぞれ，$\lambda^{\sup}, \lambda_{\inf}$ とすると，$\mathbf{y} = \mathbf{x} + \lambda^{\sup}\,\mathbf{a}$ と $\mathbf{z} = \mathbf{x} + \lambda_{\inf}\,\mathbf{a}$ は，両者とも境界 $\partial\mathcal{A}$ に属する．但し，sup は上限，inf は下限を表す．

a）定義

空間 $\mathbb{R}^N$ の有限集合 $V \neq \emptyset$ の凸閉包 $\mathcal{P} = \mathrm{conv}(V)$ を，空間 $\mathbb{R}^N$ の**凸多面体**と呼ぶ．凸多面体 $\mathcal{P} \subset \mathbb{R}^N$ の**次元**とは，$\mathcal{P}$ の凸集合としての次元のことである．

(1.2.1) 補題　凸多面体 $\mathcal{P} \subset \mathbb{R}^N$ は有界閉凸集合である．

[証明] 凸多面体 $\mathcal{P} \subset \mathbb{R}^N$ を $\mathcal{P} = \mathrm{conv}(\{\mathbf{a}_1, \ldots, \mathbf{a}_s\})$ とし，距離空間

$$\mathbb{R}^s = \{\, (x_1, x_2, \ldots, x_s) \,:\, x_i \in \mathbb{R} \,\}$$

から $\mathbb{R}^N$ への写像 Ψ を

$$\Psi(x_1, x_2, \ldots, x_s) = \sum_{i=1}^{s} x_i \mathbf{a}_i$$

と定義する．すると，Ψ は連続写像である．距離空間 $\mathbb{R}^s$ の部分集合

$$E = \left\{ (x_1, x_2, \ldots, x_s) \in \mathbb{R}^s \,:\, x_i \geq 0, \sum_{i=1}^{s} x_i = 1 \right\}$$

はコンパクト集合であるから，その連続写像 Ψ による像 $\Psi(E)$ もコンパクト集合である．表示 (1.3) から

$$\Psi(E) = \mathcal{P}$$

であるから，$\mathcal{P}$ はコンパクト集合である．凸多面体は凸集合であるから，凸多面体はコンパクトな凸集合，すなわち，有界閉凸集合である[22)]．■

(1.2.2) 定理　空間 $\mathbb{R}^N$ の凸多面体 $\mathcal{P} = \mathrm{conv}(V)$ とその支持超平面 $\mathcal{H}$ があったとき，

$$\mathcal{P} \cap \mathcal{H} = \mathrm{conv}(V \cap \mathcal{H})$$

が成立する．

---

22) 連続写像とコンパクト集合の概念を使わず，素朴な証明をすることも，たとえば，高校数学の観点からならば，及第である．［証明：凸多面体 $\mathcal{P} \subset \mathbb{R}^N$ を有限集合 $V \subset \mathbb{R}^N$ の凸閉包とし，半径 $r > 0$ が十分大きな球体 $\mathbb{B}_r^N(\mathbf{0})$ を，V を含むように選ぶ．球体 $\mathbb{B}_r^N(\mathbf{0})$ は凸集合であるから，$\mathcal{P} \subset \mathbb{B}_r^N(\mathbf{0})$ となる．すると，$\mathcal{P}$ は有界である．凸多面体 $\mathcal{P} \subset \mathbb{R}^N$ が閉であることは，表示 (1.3) から従う．］

[証明] 支持超平面 $\mathcal{H}$ の定義方程式を

$$a_1x_1 + \cdots + a_Nx_N = b$$

とし，$\mathcal{P} \subset \mathcal{H}^{(+)}$ とする．次に，

$$V = \{\mathbf{a}_1, \ldots, \mathbf{a}_s\}$$

とし，簡単のため，$\mathbf{a}_1, \ldots, \mathbf{a}_q$ は $\mathcal{H}$ に属し，$\mathbf{a}_{q+1}, \ldots, \mathbf{a}_s$ は $\mathcal{H}$ に属さないとする．但し，$1 \leq q < s$ である．すると，$\mathbf{a}_{q+1}, \ldots, \mathbf{a}_s$ は $\mathcal{H}^{(+)} \setminus \mathcal{H}$ に属するから，

$$\begin{aligned}
\langle \mathbf{a}_i, (a_1, \ldots, a_N) \rangle &= b, \quad 1 \leq i \leq q, \\
\langle \mathbf{a}_j, (a_1, \ldots, a_N) \rangle &> b, \quad q < j \leq s
\end{aligned}$$

となる．いま，$\mathbf{x} \in \mathrm{conv}(V)$ を

$$\mathbf{x} = \sum_{i=1}^{s} \lambda_i \mathbf{a}_i, \quad \lambda_i \geq 0, \quad \sum_{i=1}^{s} \lambda_i = 1$$

と表す[23]．すると，

$$\begin{aligned}
\langle \mathbf{x}, (a_1, \ldots, a_N) \rangle &= \sum_{i=1}^{s} \lambda_i \langle \mathbf{a}_i, (a_1, \ldots, a_N) \rangle \\
&= b \sum_{i=1}^{q} \lambda_i + \sum_{j=q+1}^{s} \lambda_j \langle \mathbf{a}_j, (a_1, \ldots, a_N) \rangle
\end{aligned}$$

である．いま，

$$\sum_{j=q+1}^{s} \lambda_j > 0$$

とすると，

$$\sum_{j=q+1}^{s} \lambda_j \langle \mathbf{a}_j, (a_1, \ldots, a_N) \rangle > b \sum_{j=q+1}^{s} \lambda_j$$

であるから，

$$b \sum_{i=1}^{q} \lambda_i + \sum_{j=q+1}^{s} \lambda_j \langle \mathbf{a}_j, (a_1, \ldots, a_N) \rangle > b \sum_{i=1}^{s} \lambda_j = b$$

---

[23] 定理（1.1.4）

となる．換言すると，$\mathbf{x} \in \mathcal{H}$ となること，すなわち

$$\langle \mathbf{x}, (a_1, \ldots, a_N) \rangle = b$$

となることと，

$$\sum_{j=q+1}^{s} \lambda_j = 0$$

であること，すなわち

$$\lambda_{q+1} = \cdots = \lambda_s = 0$$

となることは同値である．従って，$\mathcal{P} \cap \mathcal{H} = \mathrm{conv}(V \cap \mathcal{H})$ である．■

すると，空間 $\mathbb{R}^N$ の凸多面体 $\mathcal{P} = \mathrm{conv}(V)$ とその支持超平面 $\mathcal{H}$ があったとき，集合 $\mathcal{P} \cap \mathcal{H}$ は超平面 $\mathcal{H}$ に含まれる有限集合の凸閉包である．すなわち，$\mathcal{P} \cap \mathcal{H}$ も空間 $\mathbb{R}^N$ の凸多面体である．

b) 頂点，辺，面

空間 $\mathbb{R}^N$ の凸多面体 $\mathcal{P}$ の**面**とは，$\mathcal{P} \cap \mathcal{H}$ なる型の $\mathcal{P}$ の部分集合のことである．但し，$\mathcal{H}$ は $\mathcal{P}$ の支持超平面である．

特に，凸多面体 $\mathcal{P} \subset \mathbb{R}^N$ の面は，再び，凸多面体である．面 $\mathcal{F}$ の凸多面体としての次元が j のとき，面 $\mathcal{F}$ を j **面**と呼ぶ．

凸多面体 $\mathcal{P} \subset \mathbb{R}^N$ に属する点 $\mathbf{x}$ が $\mathcal{P}$ の**頂点**とは，$\mathcal{F} = \{\mathbf{x}\}$ が $\mathcal{P}$ の 0 面であるときにいう[24)]．面 $\mathcal{F}$ が $\mathcal{P}$ の**辺**とは，$\mathcal{F}$ が $\mathcal{P}$ の 1 面[25)] であるときにいう．凸多面体 $\mathcal{P}$ の次元が d のとき，$\mathcal{P}$ の $d-1$ 面を $\mathcal{P}$ の**ファセット**と呼ぶ．

(1.2.3) 系　凸多面体の面の個数は有限個である．

[証明] 定理 (1.2.2) から，面の個数の総和は，V の部分集合の個数を越えない．すると，V が有限集合であることから，面の個数は有限個である．■

(1.2.4) 補題　凸多面体 $\mathcal{P} \subset \mathbb{R}^N$ が有限集合 V の凸閉包であるとき，$\mathcal{P}$ の任意の頂点は V に属する．

---

24) 凸多面体の頂点とは，その凸多面体の有界凸集合としての突点のことである．

25) なお，1 面とは，すなわち，線分のことである．

[証明] まず，$\mathcal{P} = \mathrm{conv}(V)$ とし，$\mathbf{x}$ を $\mathcal{P}$ の頂点とすると，頂点の定義から，$\mathcal{P} \cap \mathcal{H} = \{\mathbf{x}\}$ となる $\mathcal{P}$ の支持超平面 $\mathcal{H}$ が存在する．すると，$\mathcal{P} \cap \mathcal{H} = \mathrm{conv}(V \cap \mathcal{H})$ から，$V \cap \mathcal{H} = \{\mathbf{x}\}$ となる．特に，$\mathbf{x} \in V$ となる．■

(1.2.5) 定理　空間 $\mathbb{R}^N$ の凸多面体 $\mathcal{P}$ の頂点の全体の集合[26] を V とすると，

$$\mathcal{P} = \mathrm{conv}(V)$$

である．

[証明] 凸多面体 $\mathcal{P} \subset \mathbb{R}^N$ が，有限集合 $W \subset \mathbb{R}^N$ の凸閉包であるとする．すると，補題（1.2.4）から，任意の頂点は W に属する．

いま，W は $\mathcal{P} = \mathrm{conv}(W)$ となる有限集合 W で無駄がないものとする．すなわち，

$$\mathrm{conv}(W \setminus \{\mathbf{a}\}) \neq \mathcal{P}, \qquad \forall \mathbf{a} \in W$$

を仮定する．このとき，任意の $\mathbf{a} \in W$ が $\mathcal{P}$ の頂点であることを示す．

有限集合 $W \setminus \{\mathbf{a}\}$ の凸閉包を $\mathcal{Q}$ とし，$\mathcal{Q}$ に属する点で $\mathbf{a}$ にもっとも近いものを $\rho(\mathbf{a})$ とする．補題（1.1.7）の証明を踏まえると，超平面

$$\mathcal{H} = \{\, \mathbf{x} \in \mathbb{R}^N : \langle \mathbf{x} - \mathbf{a}, \mathbf{a} - \rho(\mathbf{a}) \rangle = 0 \}$$

は，$\mathbf{a}$ を通過し，線分 $[\mathbf{a}, \rho(\mathbf{a})]$ と直交し，$\mathcal{Q} \cap \mathcal{H} = \emptyset$ である．超平面 $\mathcal{H}$ は凸多面体 $\mathcal{P}$ の支持超平面である．しかも，$\mathcal{P} \cap \mathcal{H} = \{\mathbf{a}\}$ となる．

実際，$\mathcal{P} \cap \mathcal{H} \neq \{\mathbf{a}\}$ とし，$\mathbf{a}' \in \mathcal{P} \cap \mathcal{H}$ となる点 $\mathbf{a}' \neq \mathbf{a}$ が存在するとし，

$$\mathbf{a}' = \lambda \mathbf{a} + (1 - \lambda)\mathbf{a}'',\ \mathbf{a}'' \in \mathrm{conv}(W \setminus \{\mathbf{a}\}) = \mathcal{Q},\ 0 < \lambda < 1$$

とする．すると，$\mathbf{a} \in \mathcal{H}$ と $\mathbf{a}'' \notin \mathcal{H}$ から，$\mathbf{a}' \notin \mathcal{H}$ となる．すなわち，そのような $\mathbf{a}'$ は存在しないから，$\mathbf{a}$ は $\mathcal{P}$ の頂点である．■

(1.2.6) 系　次元 d の凸多面体 $\mathcal{P} \subset \mathbb{R}^N$ の頂点集合 V は，$|V| \geq d + 1$ を満たす[27]．

---

26) 頂点の全体の集合を**頂点集合**と呼ぶ．

27) 一般に，有限集合 V に属する元の個数を $|V|$ と表す．

[証明] 頂点集合 V を $\{\mathbf{a}_1, \ldots, \mathbf{a}_s\}$ とすると，$\mathcal{P} - \mathbf{a}_1$ に属する任意の点 $\mathbf{x}$ は

$$\mathbf{x} - \mathbf{a}_1 = \sum_{i=2}^{s} \lambda_i(\mathbf{a}_i - \mathbf{a}_1), \quad \lambda_i \geq 0, \ \sum_{i=2}^{s} \lambda_i \leq 1$$

と表される[28]．すると，線型部分空間 $\mathrm{aff}(\mathcal{P}) - \mathbf{a}_1$ は

$$\left\{ \sum_{i=2}^{s} \lambda_i(\mathbf{a}_i - \mathbf{a}_1) \, : \, \lambda_i \in \mathbb{R} \right\}$$

と一致する[29]．線型部分空間 $\mathrm{aff}(\mathcal{P}) - \mathbf{a}_1$ の次元は d だから，$d \leq s - 1$ となる．すなわち，$|V| \geq d + 1$ となる．■

(1.2.7) 補題　次元 d の凸多面体 $\mathcal{P} \subset \mathbb{R}^N$ に属する任意の点 $\mathbf{x}$ は，$d + 1$ 個の頂点 $\mathbf{y}_0, \mathbf{y}_1, \ldots, \mathbf{y}_d$ を適当に選んで，

$$\mathbf{x} \in \mathrm{conv}(\{\mathbf{y}_0, \mathbf{y}_1, \ldots, \mathbf{y}_d\})$$

とできる．

[証明] まず，$\mathcal{P}$ の頂点 $\mathbf{z}_1, \ldots, \mathbf{z}_r$ を適当に選び，

$$\mathbf{x} \in \mathrm{conv}(\{\mathbf{z}_1, \ldots, \mathbf{z}_r\})$$

とすると，

$$\mathbf{x} = \sum_{i=1}^{r} \lambda_i \mathbf{z}_i, \quad \lambda_i \geq 0, \ \sum_{i=1}^{r} \lambda_i = 1 \tag{1.7}$$

と表示される．但し，r は，$\mathcal{P}$ の $r - 1$ 個の頂点 $\mathbf{z}'_1, \ldots, \mathbf{z}'_{r-1}$ をどのように選んでも，$\mathbf{x} \notin \mathrm{conv}(\{\mathbf{z}'_1, \ldots, \mathbf{z}'_{r-1}\})$ となるものとする．特に，(1.7) のそれぞれの $\lambda_i > 0$ となる．

いま，$r > d + 1$ とすると，$\mathbf{z}_1, \mathbf{z}_2, \ldots, \mathbf{z}_r$ はアフィン従属である[30]．アフィン従属の関係式を

$$\sum_{i=1}^{r} \mu_i \mathbf{z}_i = \mathbf{0}, \quad \mu_i \in \mathbb{R}, \ \sum_{i=1}^{r} \mu_i = 0$$

---

28) 定理（1.1.4）と定理（1.2.5）

29) すると，$\mathcal{P}$ に属する $d + 1$ 個のアフィン独立な点は，V から選ぶことができる．

30) アフィン独立でないとき，**アフィン従属**という．

と表す．[31] その関係式に現れる $\mu_i \neq 0$ のすべてを考え，λ_i/μ_i が正であるもののなかで最小となるものを λ_{i_0}/μ_{i_0} とする．すなわち，

$$\lambda_{i_0}/\mu_{i_0} = \min\{\, \lambda_i/\mu_i \,:\, \mu_i \neq 0,\, \lambda_i/\mu_i > 0 \,\}$$

である．すると，

$$\mathbf{x} = \sum_{i=1}^{r} \left(\lambda_i - \frac{\lambda_{i_0}}{\mu_{i_0}} \mu_i \right) \mathbf{z}_i$$

は $\mathrm{conv}(\{\mathbf{z}_1, \ldots, \mathbf{z}_r\} \setminus \{\mathbf{z}_{i_0}\})$ に属するから，r の条件に矛盾する．■

c）境界と内部

凸多面体の面の定義と，系（1.1.8）から，

(1.2.8) 補題　凸多面体 $\mathcal{P} \subset \mathbb{R}^N$ の境界 $\partial\mathcal{P}$ は，$\mathcal{P}$ の面の全体の $\mathbb{R}^N$ における和集合と一致する．——

(1.2.9) 系　凸多面体 $\mathcal{P} \subset \mathbb{R}^N$ の頂点の集合を $\{\mathbf{a}_1, \ldots, \mathbf{a}_s\}$ とすると，$\mathcal{P}$ の内部 $\mathcal{P} \setminus \partial\mathcal{P}$ は

$$\mathcal{P} \setminus \partial\mathcal{P} = \left\{ \sum_{i=1}^{s} \lambda_i \mathbf{a}_i \,:\, \lambda_i > 0,\, \sum_{i=1}^{s} \lambda_i = 1 \right\} \tag{1.8}$$

となる．

[証明] まず，(1.8) の右辺が $\mathcal{P}$ の内部に含まれることを示す．補題（1.2.8）を使う．点 $\mathbf{y} \in \mathcal{P}$ が (1.8) の右辺の集合に属するならば，$\mathcal{P}$ の任意の面 $\mathcal{F}$ は $\mathbf{y}$ を含まないことを示す．定義方程式を $\langle \mathbf{a}, \mathbf{x} \rangle = b$ とする支持超平面 $\mathcal{H}$ は，$\mathcal{P} \subset \mathcal{H}^{(+)}$, $\mathcal{P} \cap \mathcal{H} = \mathcal{F}$ とし，簡単のため，

$$\mathcal{H} \cap \{\mathbf{a}_1, \ldots, \mathbf{a}_s\} = \{\mathbf{a}_1, \ldots, \mathbf{a}_{s'}\}, \quad 1 \leq s' < s$$

とすると，

$$\langle \mathbf{a}, \mathbf{a}_i \rangle = b, \quad 1 \leq i \leq s',$$

---

[31] すると，いずれかの $\mu_i \neq 0$ となる．

$$\langle \mathbf{a}, \mathbf{a}_j \rangle > b, \quad s' < j \leq s$$

となる．すると，$\mathbf{y}$ が (1.8) の右辺の集合に属することから，

$$\langle \mathbf{a}, \mathbf{y} \rangle = \sum_{i=1}^{s} \lambda_i \langle \mathbf{a}, \mathbf{a}_i \rangle > b \sum_{i=1}^{s} \lambda_i = b$$

となる．すなわち，$\mathbf{y} \notin \mathcal{F}$ となる．

次に，逆の包含関係を示す．凸多面体 $\mathcal{P}$ の点 $\mathbf{y}$ は $\mathcal{P}$ の内部 $\mathcal{P} \setminus \partial\mathcal{P}$ に属すると仮定し，

$$\mathbf{z} = (\mathbf{a}_1 + \cdots + \mathbf{a}_s)/s$$

と置く．すると，証明の前半から，$\mathbf{z} \in \mathcal{P} \setminus \partial\mathcal{P}$ である．いま，$\mathbf{y} \neq \mathbf{z}$ とすると，点 $\mathbf{y}' \in \mathcal{P}$ と実数 $0 < \lambda < 1$ で

$$\mathbf{y} = (1 - \lambda)\mathbf{y}' + \lambda \mathbf{z}$$

となるものが存在する．このとき，(1.3) の表示から

$$\mathbf{y}' = \sum_{i=1}^{s} \lambda_i' \mathbf{a}_i, \quad \lambda_i' \geq 0, \ \sum_{i=1}^{s} \lambda_i' = 1$$

とすると，

$$\mathbf{y} = \sum_{i=1}^{s} ((1 - \lambda)\lambda_i' + \lambda/s)\mathbf{a}_i$$

となる．ところが，

$$(1 - \lambda)\lambda_i' + \lambda/s > 0, \quad \sum_{i=1}^{s} ((1 - \lambda)\lambda_i' + \lambda/s) = 1$$

であるから，$\mathbf{y}$ は (1.8) の右辺に属する．■

d）アフィン変換

一般に，線型変換[32] $\varphi : \mathbb{R}^N \to \mathbb{R}^N$ と平行移動の合成写像

$$\psi(\mathbf{x}) = \varphi(\mathbf{x}) + \mathbf{a}, \quad \mathbf{x} \in \mathbb{R}^N$$

[32] 線型空間 $\mathbb{R}^N$ から $\mathbb{R}^N$ への同型写像を，線型空間 $\mathbb{R}^N$ の線型変換と呼ぶ．

を $\mathbb{R}^N$ の**アフィン変換**という．但し，$\mathbf{a} \in \mathbb{R}^N$ である．

アフィン部分空間のアフィン変換による像は，アフィン部分空間である．次元 d の凸集合のアフィン変換による像は，次元 d の凸集合である．

なお，次元 d の凸集合 $\mathcal{A} \subset \mathbb{R}^N$ を議論するときは，簡単のため，$d = N$ としてもよい．実際，$\mathrm{aff}(\mathcal{A})$ を平行移動させ，$\mathrm{aff}(\mathcal{A})$ を $\mathbb{R}^N$ の次元 d の線型部分空間とし，線型変換 $\varphi : \mathbb{R}^N \to \mathbb{R}^N$ で $\varphi(\mathrm{aff}(\mathcal{A})) = \mathbb{R}^d \subset \mathbb{R}^N$ となるものを考え，$\mathcal{A} \subset \mathbb{R}^N$ と $\varphi(\mathcal{A}) \subset \mathbb{R}^d$ を同一視すれば，$d = N$ となる．

次元 d の凸多面体 $\mathcal{P} \subset \mathbb{R}^N$ のアフィン変換 ψ による像 $\psi(\mathcal{P})$ は，次元 d の凸多面体である．しかも，$\mathcal{F}$ が $\mathcal{P}$ の i 面であれば，$\psi(\mathcal{F})$ は $\psi(\mathcal{P})$ の i 面である．すると，$\mathcal{P}$ の面の全体の集合と $\psi(\mathcal{P})$ の面の全体の集合の間には，包含関係を保つ全単射が存在する．換言すると，凸多面体の面の議論をするときは，$\mathcal{P}$ と $\psi(\mathcal{P})$ を同一視し，$d = N$ としてもよい．

e）有限個の閉半空間の共通部分

凸多面体は，有限集合の凸閉包と定義されるが，定理（1.2.10）のお陰で，凸多面体とは，有限個の閉半空間の共通部分として表される有界集合である，と換言できる．

(1.2.10) 定理　空間 $\mathbb{R}^N$ の有限個の閉半空間 $\mathcal{H}_1^{(+)}, \ldots, \mathcal{H}_s^{(+)}$ の共通部分

$$\mathcal{Q} = \bigcap_{i=1}^{s} \mathcal{H}_i^{(+)}$$

は，$\mathbb{R}^N$ の空でない有界集合であるならば，$\mathbb{R}^N$ の凸多面体である．

[証明] 集合 $\mathcal{Q}$ は $\mathbb{R}^N$ の有界凸閉集合である[33]．その次元を d とする．簡単のため，$d = N$ とする．いま，$\mathcal{F}_i = \mathcal{H}_i \cap \mathcal{Q}$ と置くと，$\mathcal{F}_i = \mathcal{Q} \cap \mathcal{H}_i^{(-)}$ となる．すると，$\mathcal{F}_i$ は，有限個の閉半空間の共通部分で有界，しかも，その次元は $\mathcal{H}_i$ の次元である $d-1$ を越えない[34]．次元に関する数学的帰納法を使うと，$\mathcal{F}_i$ は有限集合 V_i の凸閉包となる．そこで，$V = V_1 \cup \cdots \cup V_s$ と置くと，$V \subset \mathcal{Q}$ と $\mathcal{Q}$ が凸集合であることから，$\mathrm{conv}(V) \subset \mathcal{Q}$ となる．

---

[33] 補題（1.1.2）

[34] なお，$\mathcal{F}_i = \emptyset$ となることもある．

有界閉凸集合 $\mathcal{Q}$ の境界は

$$\partial\mathcal{Q} = \bigcup_{i=1}^{s} \mathcal{F}_i \tag{1.9}$$

となる．実際，いずれかの $\mathcal{F}_i$ に属する任意の点 $\mathbf{x}$ は，境界の条件（$*$）を満たすし，$\mathbf{x} \in \mathcal{Q}$ がどの $\mathcal{F}_i$ にも属さなければ，

$$\mathbf{x} \in \bigcap_{i=1}^{s} (\mathcal{H}_i^{(+)} \setminus \mathcal{H}_i)$$

となるから，$\mathbf{x}$ は，内部の条件（#）を満たす．すると，$\partial\mathcal{Q} \subset \mathrm{conv}(V)$ となる．

有界閉凸集合 $\mathcal{Q}$ の内部 $\mathcal{Q} \setminus \partial\mathcal{Q}$ に属する点 $\mathbf{x}$ を通過し，$\mathrm{aff}(\mathcal{Q})$ に含まれる直線が，境界 $\partial\mathcal{Q}$ と交わる点を $\mathbf{y}$, $\mathbf{z}$ とすると，それらが $\mathrm{conv}(V)$ に属することから，$\mathbf{x}$ も $\mathrm{conv}(V)$ に属する．すると，$\mathcal{Q} \subset \mathrm{conv}(V)$ となる．■

(1.2.11) 定理　凸多面体 $\mathcal{P} \subset \mathbb{R}^N$ のファセットの全体を $\mathcal{F}_1, \ldots, \mathcal{F}_f$ とする．それぞれの $\mathcal{F}_i$ に $\mathcal{P} \cap \mathcal{H}_i = \mathcal{F}_i$ となる $\mathcal{P}$ の支持超平面 $\mathcal{H}_i$ を対応させ，$\mathcal{P} \subset \mathcal{H}_i^{(+)}$ とする．すると，

$$\mathcal{P} = \left(\bigcap_{i=1}^{f} \mathcal{H}_i^{(+)} \right) \bigcap \mathrm{aff}(\mathcal{P})$$

となる．

[証明] 凸多面体 $\mathcal{P} \subset \mathbb{R}^N$ の次元を d とし，簡単のため，$d = N$ とする．包含関係 $\mathcal{P} \subset \bigcap_{i=1}^{f} \mathcal{H}_i^{(+)}$ は明白である．逆の包含関係を示すため，$\bigcap_{i=1}^{f} \mathcal{H}_i^{(+)}$ に属する点 $\mathbf{x}$ で，$\mathbf{x} \notin \mathcal{P}$ なるものが存在すると仮定する．凸多面体 $\mathcal{P}$ の頂点集合を V とし，$|Y| \leq d-1$ を満たす V の部分集合 Y に，アフィン部分空間 $\mathrm{aff}(\mathrm{conv}(\{\mathbf{x}\} \cup Y))$ を対応させ，それらの和集合を W とする．すなわち，

$$W = \bigcup_{Y \subset V,\, |Y| \leq d-1} \mathrm{aff}(\mathrm{conv}(\{\mathbf{x}\} \cup Y))$$

とする．凸多面体 $\mathcal{P}$ の次元は d であるから，$\mathcal{P} \setminus \partial\mathcal{P} \not\subset W$ である．［証明：実際，$\mathcal{P} \setminus \partial\mathcal{P} \subset W$ とすると，平行移動することから，$r > 0$ を十分小さくす

れば，原点を中心とする半径 $r>0$ の d 球体 $\mathbb{B}_r^d(\mathbf{0})$ が，次元が $d-1$ を越えないアフィン部分空間の有限個の和集合に含まれる．すると，体積 >0 の d 球体 $\mathbb{B}_r^d(\mathbf{0})\subset\mathbb{R}^d$ は有限個の超平面の和集合に含まれる．しかしながら，d 球体 $\mathbb{B}_r^d(\mathbf{0})$ と超平面の共通部分の体積は 0 であり，体積 0 の領域の有限個の和集合の体積も 0 である．］すると，$\mathbf{y}\notin W$ となる $\mathbf{y}\in\mathcal{P}\setminus\partial\mathcal{P}$ が存在する．線分 $[\mathbf{x},\mathbf{y}]$ は，$\mathbf{x}\notin\mathcal{P}$ から，$\mathcal{P}$ の境界 $\partial\mathcal{P}$ と唯一つの点 $\mathbf{z}$ で交わる．このとき，$\mathbf{z}$ を含む $\mathcal{P}$ の j 面で $0\leq j\leq d-2$ となるものは存在しない．

実際，$\mathbf{z}$ が $\mathcal{P}$ の j 面 $\mathcal{F}$ に属すれば，$|Y|\leq j+1$ となる部分集合 $Y\subset V$ で，$\mathbf{z}\in\mathrm{conv}(Y)$ となるものが存在する[35]．すると，$\mathbf{z}\in\mathrm{aff}(\mathrm{conv}(\{\mathbf{x}\}\cup Y))$ となる．これより，$\mathbf{y}\in\mathrm{aff}(\mathrm{conv}(\{\mathbf{x}\}\cup Y))\subset W$ となるから，矛盾する．

いま，$\mathbf{z}\in\mathcal{F}$ となる $\mathcal{P}$ の面 $\mathcal{F}$ が存在する[36]．すなわち，$\mathbf{z}$ を含むファセット $\mathcal{F}_i=\mathcal{P}\cap\mathcal{H}_i$ が存在する[37]．ところが，$\mathbf{y}\in\mathcal{P}\setminus\partial\mathcal{P}\subset\mathcal{H}_i^{(+)}$ であるから，$\mathbf{x}\in\mathcal{H}_i^{(-)}\setminus\mathcal{H}_i$ となり，$\mathbf{x}\in\bigcap_{i=1}^{f}\mathcal{H}_i^{(+)}$ と矛盾する．■

定理（1.2.10）の証明の (1.9) と定理（1.2.11）から，

(1.2.12) 系 凸多面体 $\mathcal{P}\subset\mathbb{R}^N$ の境界 $\partial\mathcal{P}$ は，$\mathcal{P}$ のファセットの和集合と一致する．——

f) 面とファセット

凸多面体の面とファセットの諸性質を集約する．

(1.2.13) 定理

(a) 凸多面体 $\mathcal{P}\subset\mathbb{R}^N$ の面 $\mathcal{F}$ と $\mathcal{F}'$ が $\mathcal{F}'\subset\mathcal{F}$ を満たすならば，$\mathcal{F}'$ は $\mathcal{F}$ の面である．

(b) 凸多面体 $\mathcal{P}\subset\mathbb{R}^N$ の面 $\mathcal{F}$ の面 $\mathcal{F}'$ は $\mathcal{P}$ の面である．

(c) 凸多面体 $\mathcal{P}\subset\mathbb{R}^N$ の面 $\mathcal{F}$ と $\mathcal{F}'$ の共通部分 $\mathcal{F}\cap\mathcal{F}'$ は $\mathcal{P}$ の面である．

---

35) 補題（1.2.7）

36) 補題（1.2.8）

37) 定理（1.2.11）の証明の途中で指摘することは奇妙であるが，W の議論を踏まえると，特に，凸多面体にはファセットが存在することが従う．

(d) 凸多面体 $\mathcal{P} \subset \mathbb{R}^N$ の任意の面は $\mathcal{P}$ の或るファセットの面である．

［証明］ (a) 凸多面体 $\mathcal{P}$ の支持超平面 $\mathcal{H}$ が $\mathcal{P} \cap \mathcal{H} = \mathcal{F}'$ を満たすとき，$\mathcal{H}$ は，凸多面体 $\mathcal{F}$ の支持超平面でもあり，しかも，$\mathcal{F} \cap \mathcal{H} = \mathcal{F}'$ となる．すると，$\mathcal{F}'$ は $\mathcal{F}$ の面である．

(b) 凸多面体 $\mathcal{P} \subset \mathbb{R}^N$ の次元を d とし，簡単のため，$d = N$ とする．空間 $\mathbb{R}^d$ の平行移動を施し，$\mathcal{F}'$ は $\mathbb{R}^d$ の原点を含むとする．凸多面体 $\mathcal{P}$ の支持超平面

$$\mathcal{H} = \{\, \mathbf{x} \in \mathbb{R}^d \,:\, \langle \mathbf{a}, \mathbf{x} \rangle = 0 \,\}, \quad \mathbf{a} \in \mathbb{R}^d$$

を選んで，

$$\mathcal{F} = \mathcal{P} \cap \mathcal{H}, \quad \mathcal{P} \subset \mathcal{H}^{(+)}$$

とする．

空間 $\mathcal{H}$ における凸多面体 $\mathcal{F}$ の支持超平面

$$\mathcal{H}' = \{\, \mathbf{x} \in \mathcal{H} \,:\, \langle \mathbf{a}', \mathbf{x} \rangle = 0 \,\}, \quad \mathbf{a}' \in \mathbb{R}^d$$

を選んで，

$$\mathcal{F}' = \mathcal{F} \cap \mathcal{H}', \quad \mathcal{F} \subset \mathcal{H}'^{(+)}$$

とする．

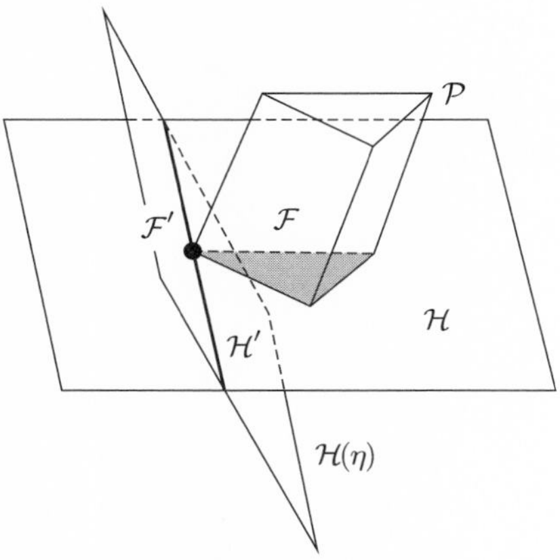

図 1.8　面 $\mathcal{F}$ の面 $\mathcal{F}'$

実数 η について，空間 $\mathbb{R}^d$ の超平面 $\mathcal{H}(\eta)$ を

$$\mathcal{H}(\eta) = \{\, \mathbf{x} \in \mathbb{R}^d \,:\, \langle \eta\mathbf{a} + \mathbf{a}', \mathbf{x} \rangle = 0 \,\}$$

と定義すると，任意の η で

$$\mathcal{F}' \subset \mathcal{H}' \subset \mathcal{H}(\eta)$$

となる．このとき，η を適当に選ぶと，

$$\mathcal{F}' = \mathcal{P} \cap \mathcal{H}(\eta), \quad \mathcal{P} \subset \mathcal{H}(\eta)^{(+)}$$

となることを示す．

凸多面体 $\mathcal{P}$, $\mathcal{F}$, $\mathcal{F}'$ の頂点集合を，それぞれ，V, W, W' とし，

$$\eta > \min\{\, -\langle \mathbf{a}', \mathbf{w} \rangle / \langle \mathbf{a}, \mathbf{w} \rangle \,:\, \mathbf{w} \in V \setminus W \,\}$$

となる実数 η を固定する．すると，

- $\mathbf{w} \in V \setminus W$ ならば $\langle \eta\mathbf{a} + \mathbf{a}', \mathbf{w} \rangle > 0$
- $\mathbf{w} \in W \setminus W'$ ならば $\langle \eta\mathbf{a} + \mathbf{a}', \mathbf{w} \rangle = \langle \mathbf{a}', \mathbf{w} \rangle > 0$
- $\mathbf{w} \in W'$ ならば $\langle \eta\mathbf{a} + \mathbf{a}', \mathbf{w} \rangle = 0$

となる．換言すると，W' に属する任意の点は $\mathcal{H}(\eta)$ に含まれ，$V \setminus W'$ に属する任意の点は $\mathcal{H}(\eta)^{(+)} \setminus \mathcal{H}(\eta)$ に含まれる．すると，$\mathcal{H}(\eta)$ は $\mathcal{P}$ の支持超平面で，$\mathcal{P} \cap \mathcal{H}(\eta) = \mathcal{F}'$ を満たす．

(c) まず，$d = N$ とし，$\mathcal{G} = \mathcal{F} \cap \mathcal{F}' \neq \emptyset$ とする．空間 $\mathbb{R}^N$ の平行移動を施し，$\mathbb{R}^d$ の原点が $\mathcal{G}$ に属するようにする．凸多面体 $\mathcal{P}$ の支持超平面

$$\mathcal{H} = \{\, \mathbf{x} \in \mathbb{R}^d \,:\, \langle \mathbf{a}, \mathbf{x} \rangle = 0 \,\}, \quad \mathbf{a} \in \mathbb{R}^d,$$

$$\mathcal{H}' = \{\, \mathbf{x} \in \mathbb{R}^d \,:\, \langle \mathbf{a}', \mathbf{x} \rangle = 0 \,\}, \quad \mathbf{a}' \in \mathbb{R}^d$$

を選んで，

$$\mathcal{F} = \mathcal{P} \cap \mathcal{H}, \quad \mathcal{P} \subset \mathcal{H}^{(+)},$$

$$\mathcal{F}' = \mathcal{P} \cap \mathcal{H}', \quad \mathcal{P} \subset \mathcal{H}'^{(+)}$$

とする．次に，$\mathbf{a}'' = \mathbf{a} + \mathbf{a}'$ とし，$\mathbb{R}^d$ の超平面

$$\mathcal{H}'' = \{\, \mathbf{x} \in \mathbb{R}^d \,:\, \langle \mathbf{a}'', \mathbf{x} \rangle = 0 \,\}$$

を考えると，

$$\mathcal{P} \subset (\mathcal{H}'')^{(+)}, \quad (0, \ldots, 0) \in \mathcal{P} \cap \mathcal{H}''$$

となる．すると，$\mathcal{H}''$ は $\mathcal{P}$ の支持超平面であって，$\mathcal{G} \subset \mathcal{P} \cap \mathcal{H}''$ となる．任意の点 $\mathbf{x} \in \mathcal{P} \cap \mathcal{H}''$ は，

$$\langle \mathbf{a}'', \mathbf{x} \rangle = 0, \ \langle \mathbf{a}, \mathbf{x} \rangle \geq 0, \ \langle \mathbf{a}', \mathbf{x} \rangle \geq 0$$

を満たすから，結局，

$$\langle \mathbf{a}, \mathbf{x} \rangle = \langle \mathbf{a}', \mathbf{x} \rangle = 0$$

となり，$\mathbf{x} \in \mathcal{G}$ となる．すると，$\mathcal{G} = \mathcal{P} \cap \mathcal{H}''$ となり，$\mathcal{G}$ は $\mathcal{P}$ の面となる．

(d) 凸多面体 $\mathcal{P}$ の任意の面 $\mathcal{F}'$ の内部 $\mathcal{F}' \setminus \partial\mathcal{F}'$ に属する点 $\mathbf{x}$ は $\mathcal{P}$ の境界 $\partial\mathcal{P}$ に属する[38)]．すると，$\mathbf{x} \in \mathcal{F}$ となるファセット $\mathcal{F}$ が存在する[39)]．このとき，$\mathcal{P} \cap \mathcal{H} = \mathcal{F}$ となる $\mathcal{P}$ の支持超平面 $\mathcal{H}$ は $\mathcal{F}' \subset \mathcal{H}$ を満たす．

実際，$\mathbf{y} \in \mathcal{F}'$ が $\mathcal{H}$ に属さないとすると，$\mathbf{x} \in \mathcal{F}' \setminus \partial\mathcal{F}'$ から，$\mathbf{x}$ と $\mathbf{y}$ を通過する直線 L は

$$L \cap \mathcal{F}' \cap (\mathcal{H}^{(+)} \setminus \mathcal{H}) \neq \emptyset, \quad L \cap \mathcal{F}' \cap (\mathcal{H}^{(-)} \setminus \mathcal{H}) \neq \emptyset$$

を満たすから，$\mathcal{H}$ が $\mathcal{P}$ の支持超平面であることに矛盾する．

すると，$\mathcal{F}' \subset \mathcal{F}$ となるから，(a) から，$\mathcal{F}'$ は $\mathcal{F}$ の面となる．■

g) f 列と諸例

次元 d の凸多面体 $\mathcal{P} \subset \mathbb{R}^N$ の i 面の個数を $f_i = f_i(\mathcal{P})$ とするとき，数列

$$f(\mathcal{P}) = (f_0, f_1, \ldots, f_{d-1})$$

を $\mathcal{P}$ の f 列と呼ぶ．

凸多面体の面の数え上げ理論とは，すなわち，凸多面体の f 列の振る舞いの理論である．

たとえば，正の整数の数列 (v, e, f) が xyz 空間の凸多面体の f 列となるための必要十分条件は，

$$v - e + f = 2, \ v \leq 2f - 4, \ f \leq 2v - 4$$

38) 補題（1.2.8）

39) 系（1.2.12）

が成立することである[40)].

すなわち，xyz 空間の凸多面体の f 列の振る舞いは完璧に掌握できる．しかしながら，次元 $d \geq 4$ の一般の状況だと，凸多面体の f 列の振る舞いは闇に潜んでおり，その姿を朧げながらにも眺めることは困難である．

以下，凸多面体の顕著な例を紹介し，それらの f 列を計算しよう．

● **単体**　次元 d の凸多面体 $\mathcal{P} \subset \mathbb{R}^N$ の頂点の個数は，少なくとも，$d+1$ 個である[41)]．次元 d の凸多面体 $\mathcal{P} \subset \mathbb{R}^N$ の頂点の個数がちょうど $d+1$ 個のとき，$\mathcal{P}$ を次元 d の**単体**と呼ぶ．次元 d の単体の頂点 $\mathbf{a}_1, \mathbf{a}_2, \ldots, \mathbf{a}_{d+1}$ は，アフィン独立である．

たとえば，空間 $\mathbb{R}^d$ の $d+1$ 個の点

$$\mathbf{0} = (0, \ldots, 0), \mathbf{e}_1^{(d)} = (1, 0, \ldots, 0), \ldots, \mathbf{e}_d^{(d)} = (0, \ldots, 0, 1)$$

の凸閉包は，次元 d の単体である．空間 $\mathbb{R}^{d+1}$ の $d+1$ 個の点

$$\mathbf{e}_1^{(d+1)} = (1, 0, \ldots, 0), \ldots, \mathbf{e}_{d+1}^{(d+1)} = (0, \ldots, 0, 1)$$

の凸閉包も，次元 d の単体である．

(1.2.14) 補題　次元 d の単体の f 列 $(f_0, f_1, \ldots, f_{d-1})$ は，

$$f_i = \binom{d+1}{i+1}, \quad 0 \leq i \leq d-1$$

である．

[証明] 次元 d の単体 $\mathcal{P} \subset \mathbb{R}^N$ の頂点集合を V とし，部分集合 $W \subset V$ で，$|W| = d = |V - 1|$ となるものを固定する．簡単のため，$d = N$ とし，$\mathbb{R}^d$ の平行移動を施し，$V \setminus W = \{\mathbf{0}\}$ とする．いま，W に属する d 個の点は線型独立だから，定義方程式を $\langle \mathbf{a}, \mathbf{x} \rangle = 1$ とする $\mathbb{R}^d$ の超平面 $\mathcal{H}$ で，$W \subset \mathcal{H}$ となるものが存在する．すると，$\mathcal{P} \subset \mathcal{H}^{(-)}$ であるから，$\mathcal{H}$ は $\mathcal{P}$ の支持超平面となり，$\mathcal{F} = \mathrm{conv}(V \cap \mathcal{H}) = \mathrm{conv}(W)$ は $\mathcal{P}$ の面である．しかも，W に属す

40) たとえば，[28, 定理 (4.1)] を参照されたい．

41) 系 (1.2.6)

る d 個の点は，アフィン独立であるから，$\mathcal{F}$ は次元 $d-1$ の単体で，$\mathcal{P}$ のファセットとなる．すると，次元に関する数学的帰納法から，W の任意の部分集合 $\emptyset \neq W' \subsetneq W$ の凸閉包 $\mathrm{conv}(W')$ は，$\mathcal{F}$ の $(|W'|-1)$ 面となる．すなわち，$\mathcal{P}$ の $(|W'|-1)$ 面となる．

すると，V の任意の部分集合 $\emptyset \neq V' \subsetneq V$ の凸閉包 $\mathrm{conv}(V')$ は，$\mathcal{P}$ の $(|V'|-1)$ 面となる．しかも，$V' \neq V''$ ならば $\mathrm{conv}(V') \neq \mathrm{conv}(V'')$ である．それゆえ，$\mathcal{P}$ の i 面の個数は，V の部分集合で $i+1$ 個の元からなるものの個数，すなわち，$\binom{d+1}{i+1}$ となる[42)]．■

● **角錐**　次元 $d-1$ の凸多面体 $\mathcal{Q} \subset \mathbb{R}^N$ と[43)] 点 $A \notin \mathrm{aff}(\mathcal{P})$ の凸閉包

$$\mathcal{P} = \mathrm{conv}(\mathcal{Q} \cup \{A\}) \subset \mathbb{R}^N \tag{1.10}$$

を，$\mathcal{Q}$ を**底**とし，A を**頂上**とする**角錐**と呼ぶ．たとえば，次元 $d-1$ の単体を底とする角錐は，次元 d の単体となる．角錐 (1.10) の次元は d となる．角錐の f 列を計算しよう．

(1.2.15) 補題　角錐 (1.10) の f 列とその底の f 列を，それぞれ，

$$(f_0, f_1, \ldots, f_{d-1}), \quad (f'_0, f'_1, \ldots, f'_{d-2})$$

とすると，

$$\begin{aligned} f_0 &= f'_0 + 1, \\ f_i &= f'_i + f'_{i-1}, \quad 1 \leq i \leq d-2, \\ f_{d-1} &= f'_{d-2} + 1 \end{aligned}$$

となる．

[証明] 角錐 (1.10) の底 $\mathcal{Q}$ の頂点集合を V とすると，角錐 (1.10) の頂点集合は $V \cup \{A\}$ となる．底 $\mathcal{Q}$ は角錐 $\mathcal{P}$ のファセットとなる．角錐 $\mathcal{P}$ の支持超平面 $\mathcal{H} \subset \mathbb{R}^N$ と i 面 $\mathcal{F} = \mathcal{P} \cap \mathcal{H}$ を考える．但し，$1 \leq i \leq d-2$ とする．支持超平面 $\mathcal{H}$ は，$\mathcal{Q}$ の支持超平面でもある．

---

42) 一般に，n 個のものから r 個を選ぶ組合せの個数を $\binom{n}{r}$ と表す．

43) 但し，$N \geq d$ とする．

まず，$A \notin \mathcal{F}$ ならば，$\mathcal{F}$ は $\mathcal{Q}$ の i 面である[44]．次に，$A \in \mathcal{F}$ ならば，$\mathcal{H} \cap \mathcal{Q}$ は $\mathcal{Q}$ の $i-1$ 面であるから，$\mathcal{F}$ は $\mathcal{H} \cap \mathcal{Q}$ を底とし A を頂上とする角錐となる．これより，$f_i = f'_i + f'_{i-1}$ である．

なお，$i = d-1$, $A \in \mathcal{F}$ のときを考えると，$f_{d-1} = f'_{d-2} + 1$ が従う．■

● **双角錐**　次元 $d-1$ の凸多面体 $\mathcal{Q} \subset \mathbb{R}^N$ と[45] 線分 $I \subset \mathbb{R}^N$ で，$I \cap \mathcal{Q}$ が $\mathcal{Q}$ の内部に属し，しかも，I の内部に属する 1 点の集合であるとき，和集合 $\mathcal{Q} \cup I$ の凸閉包

$$\mathcal{P} = \mathrm{conv}(\mathcal{Q} \cup I) \subset \mathbb{R}^N \qquad (1.11)$$

を，$\mathcal{Q}$ を底とする**双角錐**と呼ぶ．双角錐 (1.11) の次元は d となる．双角錐の f 列を計算しよう．

(1.2.16) 補題　双角錐 (1.11) の f 列とその底の f 列を，それぞれ，

$$(f_0, f_1, \ldots, f_{d-1}), \quad (f'_0, f'_1, \ldots, f'_{d-2})$$

とすると，

$$\begin{aligned} f_0 &= f'_0 + 2, \\ f_i &= 2f'_{i-1} + f'_i, \quad 1 \le i \le d-2, \\ f_{d-1} &= 2f'_{d-2} \end{aligned}$$

となる．

[証明] 線分 I の端点を $\mathbf{x}, \mathbf{y}$ とすると，$\mathbf{x}$ も $\mathbf{y}$ も $\mathrm{aff}(\mathcal{Q})$ には属さない．底 $\mathcal{Q}$ の頂点集合を V とすると，双角錐 (1.11) の頂点集合は $V \cup \{\mathbf{x}, \mathbf{y}\}$ となる．

双角錐 (1.11) の i 面は，$1 \le i \le d-2$ ならば，$\mathcal{Q}$ の $i-1$ 面を底とし，$\mathbf{x}$ または $\mathbf{y}$ を頂上とする角錐か，あるいは，$\mathcal{Q}$ の i 面である．双角錐 (1.11) のファセットは，底 $\mathcal{Q}$ のファセットを底とし，$\mathbf{x}$ または $\mathbf{y}$ を頂上とする角錐である．■

---

[44] 定理（1.2.13）の (b) から，底 $\mathcal{Q}$ の i 面は角錐 $\mathcal{P}$ の i 面となる．

[45] 但し，$N \ge d$ とする．

空間 $\mathbb{R}^d$ の d 個の線分

$$I_i = \mathrm{conv}(\{-\mathbf{e}_i^{(d)}, \mathbf{e}_i^{(d)}\}), \quad 1 \leq i \leq d$$

の凸閉包

$$\mathrm{conv}(I_1 \cup \cdots \cup I_d) \subset \mathbb{R}^d \tag{1.12}$$

は，線分から双角錐を作る操作を，繰り返し $d-1$ 回施すことから得られる．次元 d の凸多面体 (1.12) を，次元 d の**横断凸多面体**と呼ぶ[46)]．次元 d の横断凸多面体の i 面の個数は，

$$2^{i+1}\binom{d}{i+1}, \quad 0 \leq i \leq d-1$$

となる．

● **角柱**　次元 $d-1$ の凸多面体 $\mathcal{Q} \subset \mathbb{R}^N$ と[47)] その平行移動

$$\mathcal{Q} + \mathbf{a}, \quad \mathbf{a} \in \mathbb{R}^N$$

の和集合の凸閉包

$$\mathcal{P} = \mathrm{conv}(\mathcal{Q} \cup (\mathcal{Q} + \mathbf{a})) \subset \mathbb{R}^N \tag{1.13}$$

を，$\mathcal{Q}$ を底とする**角柱**と呼ぶ．但し，

$$(\mathcal{Q} + \mathbf{a}) \cap \mathrm{aff}(\mathcal{Q}) = \emptyset$$

とする．角柱 (1.13) の次元は d となる．角柱の f 列を計算しよう．

(1.2.17) 補題　角柱 (1.13) の f 列とその底の f 列を，それぞれ，

$$(f_0, f_1, \ldots, f_{d-1}), \quad (f'_0, f'_1, \ldots, f'_{d-2})$$

とすると，

$$f_0 = 2f'_0,$$

46) xyz 空間の横断凸多面体は八面体である．
47) 但し，$N \geq d$ とする．

$$f_i = 2f'_i + f'_{i-1}, \quad 1 \leq i \leq d-2,$$
$$f_{d-1} = f'_{d-2} + 2$$

となる．

[証明] 角柱 (1.13) の頂点集合は $V \cup (V + \mathbf{a})$ となる[48]．但し，V は，底 $\mathcal{Q}$ の頂点集合である．底 $\mathcal{Q}$ と $\mathcal{Q} + \mathbf{a}$ は，両者とも，角柱 (1.13) のファセットである．角柱 (1.13) の他のファセットは，$\mathcal{Q}$ のファセットを底とする角柱である．すると，$f_{d-1} = f'_{d-2} + 2$ となる．角柱 (1.13) の i 面は，$\mathcal{Q}$ の i 面であるか，$\mathcal{Q} + \mathbf{a}$ の i 面であるか，あるいは，$\mathcal{Q}$ の $i-1$ 面を底とする角柱である．但し，$1 \leq i \leq d-2$ とする．すると，$f_i = 2f'_i + f'_{i-1}$ が従う．■

次元 d の**キューブ**

$$\{ (x_1, \ldots, x_d) \in \mathbb{R}^d \,:\, 0 \leq x_i \leq 1,\, i = 1, \ldots, d \}$$

は，線分から角柱を作る操作を $d-1$ 回施すことから得られる[49]．次元 d のキューブの i 面の個数は，

$$2^{d-i}\binom{d}{i}, \quad 0 \leq i \leq d-1$$

となる．

1.3　双対性

双対性の議論をするときは，$N = d$ を仮定する．次元 d の有界凸集合 $\mathcal{A} \subset \mathbb{R}^d$ の内部 $\mathcal{A} \setminus \partial\mathcal{A}$ が $\mathbb{R}^d$ の原点を含むとき，$\mathcal{A}$ の極集合 $\mathcal{A}^\vee \subset \mathbb{R}^d$ を

$$\mathcal{A}^\vee = \{ \mathbf{x} \in \mathbb{R}^d \,:\, \langle \mathbf{x}, \mathbf{y} \rangle \leq 1,\, \forall \mathbf{y} \in \mathcal{A} \}$$

と定義する[50]．

---

[48] なお，$V + \mathbf{a} = \{ \mathbf{x} + \mathbf{a} \,:\, \mathbf{x} \in V \}$ である．

[49] xyz 空間のキューブは六面体である．

[50] 極集合 $\mathcal{A}^\vee$ が空集合となることを避けるため，凸集合 $\mathcal{A}$ は有界とする．

たとえば，空間$\mathbb{R}^d$の原点を中心とする半径$r > 0$のd球体$\mathbb{B}^d_r(\mathbf{0})$の極集合は，原点を中心とする半径$1/r$の$d$球体$\mathbb{B}^d_{1/r}(\mathbf{0})$となる．

xy平面の$(1,1)$, $(-1,0)$, $(0,-1)$を頂点とする三角形の極集合は，

$$(-1,2),\ \ (2,-1),\ \ (-1,-1)$$

を頂点とする三角形である．

次元dの有界凸集合$\mathcal{A} \subset \mathbb{R}^d$と次元$d$の有界凸集合$\mathcal{B} \subset \mathbb{R}^d$の両者が，空間$\mathbb{R}^d$の原点を内部に含むとき，$\mathcal{A} \subset \mathcal{B}$ならば，$\mathcal{B}^\vee \subset \mathcal{A}^\vee$となる．

(1.3.1) 補題　空間$\mathbb{R}^d$の原点を内部に含む次元dの有界凸集合$\mathcal{A} \subset \mathbb{R}^d$の極集合$\mathcal{A}^\vee \subset \mathbb{R}^d$は，原点を内部に含む次元$d$の有界凸集合である．

[証明] 極集合$\mathcal{A}^\vee$に属する任意の点$\mathbf{x}$と$\mathbf{x}'$を結ぶ線分$[\mathbf{x}, \mathbf{x}']$に属する任意の点$\mathbf{z} = \lambda\mathbf{x} + (1-\lambda)\mathbf{x}'$と[51]任意の点$\mathbf{y} \in \mathcal{A}$を選ぶと，

$$\langle \mathbf{z}, \mathbf{y} \rangle = \lambda \langle \mathbf{x}, \mathbf{y} \rangle + (1-\lambda)\langle \mathbf{x}', \mathbf{y} \rangle \leq \lambda + (1-\lambda) = 1$$

となるから，$\mathbf{z} \in \mathcal{A}^\vee$となる．すなわち，$\mathcal{A}^\vee$は凸集合である．

凸集合$\mathcal{A} \subset \mathbb{R}^d$は，原点を内部に含むから，$\mathbb{B}^d_r(\mathbf{0}) \subset \mathcal{A}$となる$r > 0$が存在する．すると，

$$\mathcal{A}^\vee \subset \mathbb{B}^d_{1/r}(\mathbf{0})$$

となるから，$\mathcal{A}^\vee$は有界となる．

凸集合$\mathcal{A} \subset \mathbb{R}^d$は，有界だから，$\mathcal{A} \subset \mathbb{B}^d_{r'}(\mathbf{0})$となる$r' > 0$が存在する．すると，

$$\mathbb{B}^d_{1/r'}(\mathbf{0}) \subset \mathcal{A}^\vee$$

となるから，$\mathcal{A}^\vee$は，原点を内部に含む．球体$\mathbb{B}^d_{1/r'}(\mathbf{0})$の次元は$d$であるから，$\mathcal{A}^\vee$の次元も$d$である．■

一般の有界凸集合の極集合よりも，寧ろ，凸多面体の極集合が興味深い．

[51] 但し，$0 \leq \lambda \leq 1$とする．

(1.3.2) 定理 空間 $\mathbb{R}^d$ の原点を内部に含む次元 d の凸多面体 $\mathcal{P} \subset \mathbb{R}^d$ の極集合 $\mathcal{P}^\vee \subset \mathbb{R}^d$ は，原点を内部に含む次元 d の凸多面体である．しかも，

$$(\mathcal{P}^\vee)^\vee = \mathcal{P}$$

が成立する．

[証明] 凸多面体 $\mathcal{P} \subset \mathbb{R}^d$ の頂点集合を $\{\mathbf{a}_1, \ldots, \mathbf{a}_s\}$ とし，空間 $\mathbb{R}^d$ の閉半空間 $\mathcal{H}_i^{(-)}$ を

$$\mathcal{H}_i^{(-)} = \{\, \mathbf{y} \in \mathbb{R}^d \,:\, \langle \mathbf{a}_i, \mathbf{y} \rangle \leq 1 \,\}, \quad 1 \leq i \leq s,$$

と定義する．すると，極集合の定義から

$$\mathcal{P}^\vee \subset \bigcap_{i=1}^{s} \mathcal{H}_i^{(-)}$$

が従う．逆の包含関係を示す．凸多面体 $\mathcal{P}$ に属する任意の点 α を

$$\alpha = \sum_{i=1}^{s} r_i \mathbf{a}_i, \quad r_i \geq 0, \ \sum_{i=1}^{s} r_i = 1$$

と表示する[52]．すると，

$$\langle \mathbf{a}_i, \mathbf{y} \rangle \leq 1, \quad 1 \leq i \leq s$$

ならば

$$\langle \alpha, \mathbf{y} \rangle \leq 1$$

である．それゆえ，逆の包含関係も成立し，

$$\mathcal{P}^\vee = \bigcap_{i=1}^{s} \mathcal{H}_i^{(-)}$$

となる．

極集合 $\mathcal{P}^\vee$ は $\mathbb{R}^d$ の有界凸集合である．すると，定理 (1.2.10) のお陰で，有界閉凸集合 $\mathcal{P}^\vee$ は凸多面体となる．しかも，原点を内部に含む．

---

[52] 定理 (1.1.4) と定理 (1.2.5)

任意の点 $\mathbf{x} \in \mathcal{P}$ と任意の点 $\mathbf{y} \in \mathcal{P}^\vee$ は，$\langle \mathbf{x}, \mathbf{y} \rangle \leq 1$ を満たすから，包含関係 $\mathcal{P} \subset (\mathcal{P}^\vee)^\vee$ が従う．逆の包含関係を示すため，$\mathcal{P}$ に属さない点 $\mathbf{z} \in \mathbb{R}^d$ を任意に選ぶ．このとき，$\mathcal{P}$ の支持超平面 $\mathcal{H}$ を適当に選ぶと，

$$\mathcal{P} \subset \mathcal{H}^{(-)}, \quad \mathbf{z} \in \mathcal{H}^{(+)} \setminus \mathcal{H}$$

となる[53]．超平面 $\mathcal{H}$ の定義方程式を $\langle \mathbf{a}, \mathbf{x} \rangle = 1$ とすると，任意の点 $\mathbf{w} \in \mathcal{P}$ は $\langle \mathbf{a}, \mathbf{w} \rangle \leq 1$ を満たすから，$\mathbf{a} \in \mathcal{P}^\vee$ となる．ところが，$\mathbf{z} \in \mathcal{H}^{(+)} \setminus \mathcal{H}$ より，$\langle \mathbf{a}, \mathbf{z} \rangle > 1$ だから，$\mathbf{z} \notin (\mathcal{P}^\vee)^\vee$ となる．すると，$(\mathcal{P}^\vee)^\vee \subset \mathcal{P}$ が従う．■

次元 d の凸多面体 $\mathcal{P} \subset \mathbb{R}^d$ が空間 $\mathbb{R}^d$ の原点を内部に含むとき，次元 d の凸多面体 $\mathcal{P}^\vee \subset \mathbb{R}^d$ を，$\mathcal{P}$ の**双対凸多面体**と呼ぶ．

(1.3.3) 補題　次元 d の凸多面体 $\mathcal{P} \subset \mathbb{R}^d$ が空間 $\mathbb{R}^d$ の原点を内部に含むとき，境界 $\partial\mathcal{P}$ に属する任意の点 $\mathbf{a}$ について，定義方程式を $\langle \mathbf{a}, \mathbf{x} \rangle = 1$ とする $\mathbb{R}^d$ の超平面 $\mathcal{H}$ は，双対凸多面体 $\mathcal{P}^\vee \subset \mathbb{R}^d$ の支持超平面となる．

[証明] まず，点 $\mathbf{a} \in \mathcal{P}$ だから，$\mathcal{P}^\vee \subset \mathcal{H}^{(-)}$ である．すると，$\mathcal{P}^\vee \cap \mathcal{H} \neq \emptyset$ を示せば，$\mathcal{H}$ は $\mathcal{P}^\vee \subset \mathbb{R}^d$ の支持超平面となる．いま，

$$0 < \sup_{\mathbf{x} \in \mathcal{P}^\vee} \langle \mathbf{a}, \mathbf{x} \rangle \leq 1$$

であるが，≤ 1 が < 1 であったと仮定すると，

$$0 < \sup_{\mathbf{x} \in \mathcal{P}^\vee} \langle \lambda\mathbf{a}, \mathbf{x} \rangle = 1$$

となる実数 $\lambda > 1$ が存在する．すると，

$$\mathbf{a}' = \lambda\mathbf{a} \in (\mathcal{P}^\vee)^\vee = \mathcal{P}$$

から，$\mathbf{a} = (1/\lambda)\mathbf{a}'$ は $\mathcal{P}$ の内部に属し，矛盾する．■

(1.3.4) 定理　次元 d の凸多面体 $\mathcal{P} \subset \mathbb{R}^d$ は空間 $\mathbb{R}^d$ の原点を内部に含むとし，$\mathcal{P}^\vee \subset \mathbb{R}^d$ をその双対凸多面体とする．いま，$\mathcal{P}$ の面 $\mathcal{F}$ について，$\mathcal{F}^\vee \subset \mathcal{P}^\vee$ を

$$\mathcal{F}^\vee = \{ \mathbf{x} \in \mathcal{P}^\vee : \langle \mathbf{x}, \mathbf{y} \rangle = 1, \forall \mathbf{y} \in \mathcal{F} \}$$

と定義する．

---

[53] 定理（1.2.5）の証明を参照のこと．

- $\mathcal{F}^\vee$ は $\mathcal{P}^\vee$ の面である．
- $(\mathcal{P}^\vee)^\vee = \mathcal{P}$ の面 $(\mathcal{F}^\vee)^\vee$ は $\mathcal{F}$ と一致する．
- $\mathcal{F}$ と $\mathcal{F}'$ が $\mathcal{P}$ の面で $\mathcal{F} \subset \mathcal{F}'$ ならば $(\mathcal{F}')^\vee \subset \mathcal{F}^\vee$ である．

すると，$\mathcal{P}$ の面の全体の集合と，$\mathcal{P}^\vee$ の面の全体の集合との間には，包含関係を逆転する全単射が存在する．

特に，$\mathcal{F}$ が $\mathcal{P}$ の i 面であれば，$\mathcal{F}^\vee$ は $\mathcal{P}^\vee$ の $(d-1)-i$ 面である．すると，$\mathcal{P}$ の i 面の個数と $\mathcal{P}^\vee$ の $(d-1)-i$ 面の個数は等しい．

［証明］面 $\mathcal{F}$ の内部 $\mathcal{F} \setminus \partial\mathcal{F}$ に属する任意の点 $\mathbf{a}$ を固定する．補題 (1.3.3) から，

$$\mathcal{F}' = \{\, \mathbf{x} \in \mathcal{P}^\vee \,:\, \langle \mathbf{a}, \mathbf{x} \rangle = 1 \,\}$$

は，$\mathcal{P}^\vee$ の面であって，$\mathcal{F}^\vee \subset \mathcal{F}'$ である[54]．いま，$\mathbf{w} \in \mathcal{P}^\vee$ で $\mathbf{w} \notin \mathcal{F}^\vee$ となるものを任意に選ぶと，$\langle \mathbf{a}', \mathbf{w} \rangle < 1$ となる $\mathbf{a}' \in \mathcal{F}$ が存在する[55]．点 $\mathbf{a}$ は $\mathcal{F}$ の内部 $\mathcal{F} \setminus \partial\mathcal{F}$ に属するから，$\mathbf{a}'' \in \mathcal{F}$ と実数 $0 < \lambda < 1$ を選んで，

$$\mathbf{a} = (1-\lambda)\mathbf{a}' + \lambda \mathbf{a}''$$

とできる．すると，

$$\langle \mathbf{a}, \mathbf{w} \rangle = (1-\lambda)\langle \mathbf{a}', \mathbf{w} \rangle + \lambda \langle \mathbf{a}'', \mathbf{w} \rangle < 1$$

から，$\mathbf{w} \notin \mathcal{F}'$ である．すると，$\mathcal{F}^\vee = \mathcal{F}'$ が従い，$\mathcal{F}^\vee$ は $\mathcal{P}^\vee$ の面である．

凸多面体 $\mathcal{P}$ の支持超平面 $\mathcal{H}$ の定義方程式を $\langle \mathbf{a}, \mathbf{x} \rangle = 1$ とし，

$$\mathcal{P} \subset \mathcal{H}^{(-)}, \quad \mathcal{F} = \mathcal{H} \cap \mathcal{P}$$

とする．すると，$\mathbf{a} \in \mathcal{F}^\vee$ となる．いま，$\mathbf{w} \in \mathcal{P} \setminus \mathcal{F}$ とすると，$\langle \mathbf{w}, \mathbf{a} \rangle < 1$ となる．すると，$\mathbf{w} \notin (\mathcal{F}^\vee)^\vee$ である．すなわち，$(\mathcal{F}^\vee)^\vee \subset \mathcal{F}$ となる．包含関係 $\mathcal{F} \subset (\mathcal{F}^\vee)^\vee$ は明白であるから，$(\mathcal{F}^\vee)^\vee = \mathcal{F}$ を得る．

さて，$\mathcal{P}$ の面の全体の集合から $\mathcal{P}^\vee$ の面の全体の集合への写像 Θ を，

$$\Theta(\mathcal{F}) = \mathcal{F}^\vee$$

---

[54] 面 $\mathcal{F}$ が 0 面ならば，$\mathcal{F} \setminus \partial\mathcal{F} = \emptyset$ であるが，補題 (1.3.3) から，$\mathcal{F}^\vee$ が $\mathcal{P}^\vee$ の面となることが従う．

[55] なお，$\mathbf{a} = \mathbf{a}'$ ならば $\mathbf{w} \notin \mathcal{F}'$ であるから，$\mathbf{a} \neq \mathbf{a}'$ とする．

と定義すると，$(\mathcal{F}^\vee)^\vee = \mathcal{F}$ から，Θ は単射である．双対凸多面体 $\mathcal{P}^\vee$ の任意の面 $\mathcal{G}$ について，$\mathcal{P} = (\mathcal{P}^\vee)^\vee$ の面 $\mathcal{F} = \mathcal{G}^\vee$ をとれば，

$$\Theta(\mathcal{F}) = \mathcal{F}^\vee = (\mathcal{G}^\vee)^\vee = \mathcal{G}$$

となるから，Θ は全射である．すると，写像 Θ は，包含関係を逆転する全単射である．

一般に，凸多面体の任意の面は或るファセットに含まれる．すると，$\mathcal{F}$ を $\mathcal{P}$ の i 面とすると，$\mathcal{P}$ の面の列

$$\mathcal{F}_1 \subsetneq \mathcal{F}_2 \subsetneq \cdots \subsetneq \mathcal{F}_{i-1} \subsetneq \mathcal{F} = \mathcal{F}_i \subsetneq \mathcal{F}_{i+1} \subsetneq \cdots \subsetneq \mathcal{F}_{d-1}$$

で，それぞれの $\mathcal{F}_j$ が j 面となるものが存在する．すると，

$$\mathcal{F}_{d-1}^\vee \subsetneq \cdots \subsetneq \mathcal{F}_{i+1}^\vee \subsetneq \mathcal{F}^\vee = \mathcal{F}_i^\vee \subsetneq \mathcal{F}_{i-1}^\vee \subsetneq \cdots \subsetneq \mathcal{F}_2^\vee \subsetneq \mathcal{F}_1^\vee$$

となる．すると，

$$\dim \mathcal{F}_{j+1}^\vee < \dim \mathcal{F}_j^\vee, \quad j = 1, 2, \ldots, d-2$$

から，$\mathcal{F}^\vee$ は $\mathcal{P}^\vee$ の $(d-1)-i$ 面となる．■

定理（1.3.4）の，凸多面体 $\mathcal{P}$ の i 面 $\mathcal{F}$ と双対凸多面体 $\mathcal{P}^\vee$ の $(d-1)-i$ 面 $\mathcal{F}^\vee$ の対応で，とりわけ重宝なのは，$i = d-1$ のときである．すなわち，

(1.3.5) 系　次元 d の凸多面体 $\mathcal{P} \subset \mathbb{R}^d$ が原点を内部に含み，$\mathcal{P}^\vee \subset \mathbb{R}^d$ をその双対凸多面体とする．このとき，点 $\mathbf{a} \in \mathbb{R}^d$ が $\mathcal{P}^\vee$ の頂点であるための必要十分条件は，定義方程式を $\langle \mathbf{a}, \mathbf{x} \rangle = 1$ とする $\mathbb{R}^d$ の超平面 $\mathcal{H}$ が $\mathcal{P}$ の支持超平面であり，しかも，$\mathcal{P} \cap \mathcal{H}$ が $\mathcal{P}$ のファセットとなることである．

[証明] 双対凸多面体 $\mathcal{P}^\vee$ の頂点 $\mathbf{a}$ と $\mathcal{P}$ のファセット $\mathcal{F}$ を，$\mathcal{F}^\vee = \{\mathbf{a}\}$ とする．任意の点 $\mathbf{x} \in \mathcal{P} = (\mathcal{P}^\vee)^\vee$ は，$\langle \mathbf{a}, \mathbf{x} \rangle \leq 1$ を満たすから，$\mathcal{P} \subset \mathcal{H}^{(-)}$ となる．しかも，

$$\mathcal{F} = \{\mathbf{a}\}^\vee = \{\, \mathbf{x} \in \mathcal{P} : \langle \mathbf{a}, \mathbf{x} \rangle = 1 \,\} = \mathcal{P} \cap \mathcal{H}$$

となるから，$\mathcal{H}$ は $\mathcal{P}$ の支持超平面で，$\mathcal{P} \cap \mathcal{H}$ は $\mathcal{P}$ のファセットとなる．

逆に，定義方程式を $\langle \mathbf{a}, \mathbf{x} \rangle = 1$ とする $\mathbb{R}^d$ の超平面 $\mathcal{H}$ が $\mathcal{P}$ の支持超平面で，$\mathcal{P} \cap \mathcal{H}$ が $\mathcal{P}$ のファセットと仮定する．空間 $\mathbb{R}^d$ の原点は $\mathcal{P}$ の内部に存在するから，$\mathcal{P} \subset \mathcal{H}^{(-)}$ である．すると，$\mathbf{a} \in \mathcal{P}^\vee$ である．いま，$\mathcal{P} \cap \mathcal{H} = \mathcal{F}$ とすれば，$\{\mathbf{a}\}^\vee \subset \mathcal{F}^\vee$ である．ところが，$\mathcal{F}^\vee$ は $\mathcal{P}^\vee$ の 0 面であるから，$\mathcal{F}^\vee = \{\mathbf{a}\}$ となる．すると，点 $\mathbf{a}$ は $\mathcal{P}^\vee$ の頂点である．■

(1.3.6) 例 xyz 空間の六面体 $\mathcal{P}$ の頂点を $(\pm 1, \pm 1, \pm 1)$ とするとき，その双対凸多面体 $\mathcal{P}^\vee$ は，$(\pm 1, 0, 0)$，$(0, \pm 1, 0)$，$(0, 0, \pm 1)$ を頂点とする八面体である．——

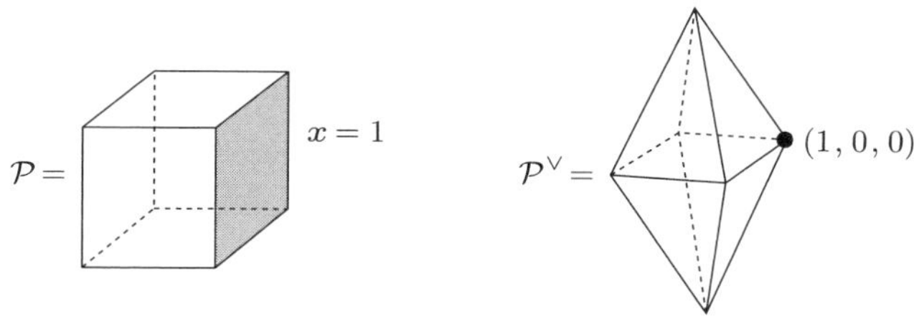

図 1.9 双対凸多面体

一般に，次元 d の凸多面体 $\mathcal{P} \subset \mathbb{R}^N$ を議論するときは，$N = d$ と仮定することができる．しかも，空間 $\mathbb{R}^d$ の平行移動を施せば，$\mathcal{P} \subset \mathbb{R}^d$ は，$\mathbb{R}^d$ の原点を内部に含むと仮定することもできる．それゆえ，任意の凸多面体 $\mathcal{P}$ の双対凸多面体 $\mathcal{P}^\vee \subset \mathbb{R}^d$ を議論することができる．

次元 d の凸多面体 $\mathcal{P}$ の f 列を

$$f(\mathcal{P}) = (f_0, f_1, \ldots, f_{d-1})$$

とすると，双対凸多面体 $\mathcal{P}^\vee$ の f 列は，

$$f(\mathcal{P}^\vee) = (f_{d-1}, f_{d-2}, \ldots, f_1, f_0)$$

である．

双対凸多面体の議論を踏まえ，単体的凸多面体と単純凸多面体の概念を導入する．

● **単体的凸多面体**　次元 d の凸多面体 $\mathcal{P} \subset \mathbb{R}^N$ の任意のファセットが単体のとき，$\mathcal{P}$ を**単体的凸多面体**と呼ぶ．

たとえば，xyz 空間の正四面体，正八面体と正二十面体は，単体的凸多面体である．一般に，単体的凸多面体を底とする角錐，及び，双角錐は，単体的凸多面体である．

なお，単体の任意の面は単体であるから，凸多面体 $\mathcal{P} \subset \mathbb{R}^N$ が単体的凸多面体であるならば，$\mathcal{P}$ の任意の面は単体である．

● **単純凸多面体**　一般に，次元 d の凸多面体 $\mathcal{P} \subset \mathbb{R}^N$ の任意の頂点は，少なくとも，d 個のファセットに含まれる[56)]．次元 d の凸多面体 $\mathcal{P} \subset \mathbb{R}^N$ の任意の頂点がちょうど d 個のファセットに含まれるとき，$\mathcal{P}$ を**単純凸多面体**と呼ぶ．

たとえば，xyz 空間の正四面体，正六面体と正十二面体は，単純凸多面体である．特に，正四面体は，単体的であり，しかも，単純である．一般に，単純凸多面体を底とする角柱は，単純凸多面体である．

(1.3.7) 補題　単体的凸多面体の双対凸多面体は単純凸多面体である．

[証明] 次元 d の凸多面体 $\mathcal{P}$ の任意のファセットが単体であることと，任意のファセットは，ちょうど d 個の頂点を含むことは同値である．すると，$\mathcal{P}$ の任意のファセットが単体であることと，双対凸多面体 $\mathcal{P}^\vee$ の任意の頂点は，ちょうど d 個のファセットに含まれることは同値である．■

たとえば，xyz 空間の正八面体と正二十面体の双対凸多面体は，それぞれ，正六面体と正十二面体である．正四面体の双対凸多面体は，正四面体である．

(1.3.8) 系　次元 d の凸多面体 $\mathcal{P} \subset \mathbb{R}^N$ が単純であるための必要十分条件は，任意の頂点が，ちょうど d 個の辺に属することである．

[証明] 一般に，次元 d の凸多面体 $\mathcal{Q}$ が単体であるための必要十分条件は，$\mathcal{Q}$ のファセットの個数が $d+1$ 個となることである．

56) 実際，双対凸多面体 $\mathcal{P}^\vee$ の任意のファセットは，少なくとも d 個の頂点を含むから $\mathcal{P} = (\mathcal{P}^\vee)^\vee$ の任意の頂点は，少なくとも d 個のファセットに含まれる．

実際，補題（1.2.14）から，単体 $\mathcal{Q}$ のファセットの個数は $d+1$ 個となる．逆に，凸多面体 $\mathcal{Q}$ のファセットの個数が $d+1$ 個ならば，双対凸多面体 $\mathcal{Q}^\vee$ の頂点の個数は $d+1$ 個だから，$\mathcal{Q}^\vee$ は単体である．すると，$\mathcal{Q}^\vee$ のファセットの個数は $d+1$ 個であるから，$\mathcal{Q}=(\mathcal{Q}^\vee)^\vee$ の頂点の個数は $d+1$ 個である．すなわち，$\mathcal{Q}$ は単体である[57]．

さて，凸多面体 $\mathcal{P}$ が単純であれば，双対凸多面体 $\mathcal{P}^\vee$ は単体的であるから，任意のファセットは次元 $d-1$ の単体となるから，ちょうど d 個の $d-2$ 面を含む．すなわち，$\mathcal{P}=(\mathcal{P}^\vee)^\vee$ の任意の頂点は，ちょうど d 個の辺に含まれる．逆に，次元 d の凸多面体 $\mathcal{P}$ の任意の頂点が，ちょうど d 個の辺に属するならば，双対凸多面体 $\mathcal{P}^\vee$ の任意のファセット $\mathcal{F}^\vee$ は，ちょうど d 個の $d-2$ 面を含む．すると，$\mathcal{F}^\vee$ は単体であるから $\mathcal{F}=(\mathcal{F}^\vee)^\vee$ も単体である．すると，$\mathcal{P}^\vee$ は単体的凸多面体であるから，$\mathcal{P}=(\mathcal{P}^\vee)^\vee$ は単純である．■

一般に，単体的凸多面体と単純凸多面体は，互いに双対の関係にあるから，とりわけ，面の数え上げを議論するときは，どちらを重宝とするかの差異はなく，単体的凸多面体の面の数え上げに関する結果は，単純凸多面体の面の数え上げに関する結果に翻訳することができる．しかしながら，どちらを扱うかで，議論の展開の煩雑さが激変する状況にもしばしば遭遇する．

1.4　オイラーの多面体定理

xyz 空間の凸多面体 $\mathcal{P}\subset\mathbb{R}^3$ の頂点，辺，面の個数を，それぞれ，

$$f_0=v,\ \ f_1=e,\ \ f_2=f$$

とすると，オイラーの等式

$$v-e+f=2$$

が成立する[58]．その等式を一般化し，一般次元の凸多面体の f 列が満たす等式を導く．定理（1.4.1）は，**オイラーの多面体定理**と呼ばれ，凸多面体の面の

---

57) 一般に，単体の双対凸多面体は単体である．

58) xyz 空間の凸多面体のオイラーの公式と xy 平面の格子多角形のピックの公式は，いずれも，xy 平面の三角形の貼り合わせの数え上げ公式から導かれる（[28, 第 1 部]）．

数え上げ理論の源である.

(1.4.1) 定理　次元 $d \geq 2$ の凸多面体 $\mathcal{P} \subset \mathbb{R}^N$ の f 列

$$f(\mathcal{P}) = (f_0, f_1, \ldots, f_{d-1})$$

は，等式

$$f_0 - f_1 + f_2 - \cdots + (-1)^{d-1} f_{d-1} = 1 + (-1)^{d-1} \tag{1.14}$$

を満たす. ——

まず，オイラーの多面体定理を証明するための補題を準備する.

(1.4.2) 補題　次元 $d \geq 2$ の凸多面体 $\mathcal{P} \subset \mathbb{R}^d$ があったとき，超平面 $\mathcal{H} \subset \mathbb{R}^d$ で，条件

(※) 超平面 $\mathcal{H}$ をどのように平行移動させても $\mathcal{P}$ の頂点を2個以上含むことはできない.

を満たすものが存在する.

[証明] 空間 $\mathbb{R}^d$ の異なる2点 $\mathbf{y}$ と $\mathbf{z}$ を通過する直線 $L_{\mathbf{y},\mathbf{z}}$ と直交し，原点を通過する超平面を $\mathcal{H}'_{\mathbf{y},\mathbf{z}}$ とする. このとき，$L_{\mathbf{y},\mathbf{z}}$ を含む平面 $\mathcal{H}_{\mathbf{y},\mathbf{z}}$ の法線ベクトル $\mathbf{a} \in \mathbb{R}^d$ は，$\mathcal{H}'_{\mathbf{y},\mathbf{z}}$ に属する.

すると，$\mathcal{P} \subset \mathbb{R}^d$ の頂点を $\mathbf{a}_1, \ldots, \mathbf{a}_v$（但し，$v = f_0(\mathcal{P})$ である）とし，

$$\mathbb{R}^d \setminus \bigcup_{1 \leq i < j \leq v} \mathcal{H}'_{\mathbf{a}_i, \mathbf{a}_j} \neq \emptyset$$

に属する任意の $\mathbf{a}'$ を選び，$\mathbf{a}'$ を法線ベクトルとする超平面を $\mathcal{H} \subset \mathbb{R}^d$ とすれば，$\mathcal{H}$ は条件（※）を満たす. ■

[定理（1.4.1）の証明] 次元 d に関する数学的帰納法を使う.

xy 平面の凸多角形の頂点の個数 f_0 と辺の個数 f_1 は一致するから，すなわち，$d = 2$ ならば，等式 (1.14) が成立する.

次元 $d \geq 3$ の凸多面体 $\mathcal{P} \subset \mathbb{R}^N$ の f 列を考え，次元 $d-1$ の任意の凸多面体の f 列は等式 (1.14) を満たすと仮定する．簡単のため，$N = d$ とする．

以下，$v = f_0(\mathcal{P})$ とし，$\mathcal{P}$ の頂点を $\mathbf{a}_1, \ldots, \mathbf{a}_v$ とする．条件（※）を満たす超平面 $\mathcal{H} \subset \mathbb{R}^d$ を固定する．

- 超平面 $\mathcal{H}$ と平行な超平面 $\mathcal{H}_1, \mathcal{H}_3, \ldots, \mathcal{H}_{2v-1}$ を，$\mathbf{a}_i \in \mathcal{H}_{2i-1}$ となるように選ぶ．但し，頂点の番号を適当に並べ替え，$\mathcal{H}_{2i-1}$ は $\mathcal{H}_{2i-3}$ と $\mathcal{H}_{2i+1}$ の間に位置するものとする．
- 超平面 $\mathcal{H}$ と平行な超平面 $\mathcal{H}_2, \mathcal{H}_4, \ldots, \mathcal{H}_{2v-2}$ を，$\mathcal{H}_{2i}$ は $\mathcal{H}_{2i-1}$ と $\mathcal{H}_{2i+1}$ の間に位置するように選ぶ．

すると，$\mathcal{H}_1$ と $\mathcal{H}_{2v-1}$ は $\mathcal{P}$ の支持超平面

$$\mathcal{P}_1 = \mathcal{H}_1 \cap \mathcal{P} = \{\mathbf{a}_1\}, \quad \mathcal{P}_{2v-1} = \mathcal{H}_{2v-1} \cap \mathcal{P} = \{\mathbf{a}_v\}$$

である．それぞれの

$$\mathcal{P}_2 = \mathcal{H}_2 \cap \mathcal{P}, \mathcal{P}_3 = \mathcal{H}_3 \cap \mathcal{P}, \ldots, \mathcal{P}_{2v-2} = \mathcal{H}_{2v-2} \cap \mathcal{P}$$

は，次元 $d-1$ の凸多面体である．

凸多面体 $\mathcal{P} \subset \mathbb{R}^d$ のそれぞれの j 面 $\mathcal{F}^j$（但し，$1 \leq j \leq d-1$）とそれぞれの $\mathcal{P}_i$（但し，$2 \leq i \leq 2v-2$）に対し，$\psi(\mathcal{F}^j, \mathcal{P}_i)$ を

$$\psi(\mathcal{F}^j, \mathcal{P}_i) = \begin{cases} 0, & \mathcal{P}_i \cap (\mathcal{F}^j \setminus \partial \mathcal{F}^j) = \emptyset \text{ のとき} \\ 1, & \mathcal{P}_i \cap (\mathcal{F}^j \setminus \partial \mathcal{F}^j) \neq \emptyset \text{ のとき} \end{cases}$$

と定義する．

面 $\mathcal{F}^j$ の頂点を含む $\mathcal{H}_i$ の内，添字 i がもっとも小さくなるものを $\mathcal{H}_\xi$ とし，添字 i がもっとも大きくなるものを $\mathcal{H}_\zeta$ とする．いま，ξ も ζ も奇数であるから，$\xi = 2m-1, \zeta = 2\ell - 1$ と置くと，$i = 2m, 2m+1, \ldots, 2\ell - 2$ のとき，しかも，そのときに限り，$\mathcal{P}_i \cap (\mathcal{F}^j \setminus \partial \mathcal{F}^j) \neq \emptyset$ であり，$\mathcal{P}_i \cap \mathcal{F}^j$ は $\mathcal{P}_i$ の $j-1$ 面となる．特に，$\psi(\mathcal{F}^j, \mathcal{P}_i) = 1$ となる添字 i で偶数のものの個数は，添字 i で奇数のもの個数よりもちょうど 1 個多い．

すると，

$$\sum_{i=2}^{2v-2} (-1)^i \psi(\mathcal{F}^j, \mathcal{P}_i) = 1$$

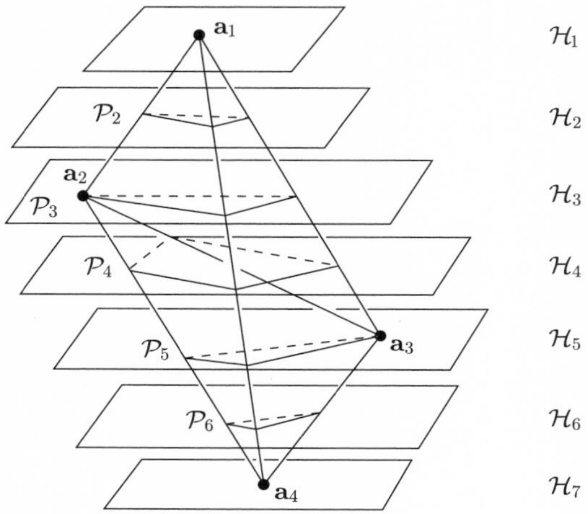

図 1.10　$\mathcal{P}_i = \mathcal{H}_i \cap \mathcal{P}$

となる．それゆえ，

$$\sum_{\mathcal{F}^j \text{は} \mathcal{P} \text{の} j \text{面}} \left(\sum_{i=2}^{2v-2} (-1)^i \psi(\mathcal{F}^j, \mathcal{P}_i) \right) = f_j(\mathcal{P})$$

となる．すると，

$$\sum_{j=1}^{d-1} (-1)^j \left(\sum_{\mathcal{F}^j \text{は} \mathcal{P} \text{の} j \text{面}} \left(\sum_{i=2}^{2v-2} (-1)^i \psi(\mathcal{F}^j, \mathcal{P}_i) \right) \right) \tag{1.15}$$

は，

$$\sum_{j=1}^{d-1} (-1)^j f_j(\mathcal{P})$$

と等しい．

煩雑な (1.15) を処理するため，次の事実に着目する．

- 添字 i が偶数ならば，$\mathcal{P}_i$ の $j-1$ 面は，$\mathcal{P}$ の j 面と $\mathcal{H}_i$ との共通部分である．
- 添字 i が奇数で $j > 1$ ならば，$\mathcal{P}_i$ の $j-1$ 面は，$\mathcal{P}$ の j 面と $\mathcal{H}_i$ との共通部分である．
- 添字 i が奇数（で，$j = 1$）ならば，$\mathcal{P}_i$ のちょうど一つの頂点は $\mathcal{P}$ の頂点であり，残りの頂点は $\mathcal{P}$ の辺と $\mathcal{H}_i$ との共通部分である．

すると，

$$\sum_{\mathcal{F}^j \text{は} \mathcal{P} \text{の} j \text{面}} \psi(\mathcal{F}^j, \mathcal{P}_i) = \begin{cases} f_0(\mathcal{P}_i) - 1, & i \text{は奇数で} j = 1 \text{のとき} \\ f_{j-1}(\mathcal{P}_i), & \text{その他} \end{cases}$$

となる．

数学的帰納法の仮定を次元 $d-1$ の凸多面体 $\mathcal{P}_i$ に使うと，

$$\sum_{j=1}^{d-1}(-1)^j \left(\sum_{\mathcal{F}^j \text{は} \mathcal{P} \text{の} j \text{面}} \psi(\mathcal{F}^j, \mathcal{P}_i) \right)$$

$$= \begin{cases} \displaystyle\sum_{j=1}^{d-1}(-1)^j f_{j-1}(\mathcal{P}_i) + 1, & i \text{は奇数のとき} \\ \displaystyle\sum_{j=1}^{d-1}(-1)^j f_{j-1}(\mathcal{P}_i), & i \text{は偶数のとき} \end{cases}$$

$$= \begin{cases} -(1 + (-1)^{d-2}) + 1, & i \text{は奇数のとき} \\ -(1 + (-1)^{d-2}), & i \text{は偶数のとき} \end{cases}$$

$$= \begin{cases} (-1)^{d-1}, & i \text{は奇数のとき} \\ (-1)^{d-1} - 1, & i \text{は偶数のとき} \end{cases}$$

となる．すると，

$$\sum_{i=2}^{2v-2}(-1)^i \left(\sum_{j=1}^{d-1}(-1)^j \left(\sum_{\mathcal{F}^j \text{は} \mathcal{P} \text{の} j \text{面}} \psi(\mathcal{F}^j, \mathcal{P}_i) \right) \right)$$

は

$$(-1)^{d-1} - (v-1)$$

となるから，(1.15) と $v = f_0(\mathcal{P})$ から，

$$\sum_{j=1}^{d-1}(-1)^j f_j(\mathcal{P}) = (-1)^{d-1} + 1 - f_0(\mathcal{P})$$

となる．すなわち，

$$\sum_{j=0}^{d-1}(-1)^j f_j(\mathcal{P}) = 1 + (-1)^{d-1}$$

を得る．■

ところで，定理（1.4.1）の証明を，$d=3$ とし辿れば，次元3の凸多面体のオイラーの等式 $v-e+f=2$ の別証になる．もっとも，[28, 第2章] で展開されているオイラーの等式の証明とは，雰囲気が著しく異なる．いずれにせよ，両者とも，数え上げの巧妙なテクニックを駆使するところは，趣がある．

1.5　Dehn–Sommerville 方程式

xyz 空間の単体的凸多面体 $\mathcal{P} \subset \mathbb{R}^3$ のそれぞれの面は三角形であるから，辺の個数 $f_1 = e$ と面の個数 $f_2 = f$ は，等式

$$3f = 2e$$

を満たす．但し，$f_0 = v$ とする．すると，オイラーの公式

$$v - e + f = 2$$

から，

$$e = 3v - 6, \quad f = 2v - 4$$

と表示される．

以下，次元 $d \geq 3$ の任意の単体的凸多面体の f 列が満たす顕著な等式を導く．定理 (1.5.1) の等式 (1.16) は，**Dehn–Sommerville 方程式**と呼ばれ，単体的凸多面体の面の個数の数え上げ理論の礎となる．

(1.5.1）定理　次元 $d \geq 3$ の単体的凸多面体 $\mathcal{P} \subset \mathbb{R}^N$ の f 列

$$f(\mathcal{P}) = (f_0, f_1, \ldots, f_{d-1})$$

は，等式

$$\sum_{j=i}^{d-1} (-1)^j \binom{j+1}{i+1} f_j = (-1)^{d-1} f_i, \quad i = -1, 0, 1, \ldots, d-1 \qquad (1.16)$$

を満たす．但し，$f_{-1} = 1$ とする．

［証明］ まず，$i=-1$ とすると，

$$\binom{j+1}{0}=1, \quad f_{-1}=1$$

であるから，(1.16) は，オイラーの多面体定理

$$\sum_{j=-1}^{d-1}(-1)^j f_j=(-1)^{d-1}$$

となる．

次元 d の単体的凸多面体 $\mathcal{P}$ のそれぞれの i 面 $\mathcal{F}^i$ とそれぞれの j 面 $\mathcal{F}^j$ に対し，$\varphi(\mathcal{F}^i,\mathcal{F}^j)$ を

$$\varphi(\mathcal{F}^i,\mathcal{F}^j)=\begin{cases} 0, & \mathcal{F}^i \not\subset \mathcal{F}^j \text{ のとき} \\ 1, & \mathcal{F}^i \subset \mathcal{F}^j \text{ のとき}\end{cases}$$

と定義する．但し，$0 \leq i \leq j \leq d-1$ とする．

凸多面体 $\mathcal{P}$ の面の集合と双対凸多面体 $\mathcal{P}^\vee$ の面の集合の間の包含関係を逆転する 1 対 1 対応[59] から，$\mathcal{P}$ の i 面 $\mathcal{F}^i$ を固定すると，

$$\sum_{\mathcal{F}^j \text{ は } \mathcal{P} \text{ の } j \text{ 面}} \varphi(\mathcal{F}^i,\mathcal{F}^j)$$

は，$\mathcal{P}^\vee$ の面 $(\mathcal{F}^i)^\vee$ を次元 $d-i-1$ の凸多面体と考えると，その $d-j-1$ 面の個数である．

すると，オイラーの多面体定理から，

$$\sum_{j=i+1}^{d-1}(-1)^{d-j-1}\left(\sum_{\mathcal{F}^j \text{ は } \mathcal{P} \text{ の } j \text{ 面}} \varphi(\mathcal{F}^i,\mathcal{F}^j)\right)=1+(-1)^{d-i-2}$$

が従う．

すなわち[60]，

[59] 定理（1.3.4）

[60] $(-1)^{d-j-1}=(-1)^{d+j-1}=(-1)^{d-1}(-1)^j$

$$\sum_{j=i+1}^{d-1}(-1)^j\left(\sum_{\mathcal{F}^j \text{ は } \mathcal{P} \text{ の } j \text{ 面}}\varphi(\mathcal{F}^i,\mathcal{F}^j)\right)=(-1)^{i+1}+(-1)^{d-1}$$

が従う．換言すると，

$$\sum_{j=i}^{d-1}(-1)^j\left(\sum_{\mathcal{F}^j \text{ は } \mathcal{P} \text{ の } j \text{ 面}}\varphi(\mathcal{F}^i,\mathcal{F}^j)\right)=(-1)^{d-1}$$

となる．それゆえ，

$$\sum_{\mathcal{F}^i \text{ は } \mathcal{P} \text{ の } i \text{ 面}}\left(\sum_{j=i}^{d-1}(-1)^j\left(\sum_{\mathcal{F}^j \text{ は } \mathcal{P} \text{ の } j \text{ 面}}\varphi(\mathcal{F}^i,\mathcal{F}^j)\right)\right) \tag{1.17}$$

は

$$(-1)^{d-1}f_i$$

と一致する．

他方，凸多面体 $\mathcal{P}$ の j 面 $\mathcal{F}^j$ を固定すると，

$$\sum_{\mathcal{F}^i \text{ は } \mathcal{P} \text{ の } i \text{ 面}}\varphi(\mathcal{F}^i,\mathcal{F}^j)$$

は，次元 j の凸多面体 $\mathcal{F}^j$ の i 面の個数である．ところが，$\mathcal{P}$ は単体的凸多面体だから，$\mathcal{F}^j$ は次元 j の単体となる．すると，

$$\sum_{\mathcal{F}^i \text{ は } \mathcal{P} \text{ の } i \text{ 面}}\varphi(\mathcal{F}^i,\mathcal{F}^j)=\binom{j+1}{i+1}$$

である．それゆえ，

$$\sum_{\mathcal{F}^j \text{ は } \mathcal{P} \text{ の } j \text{ 面}}\left(\sum_{\mathcal{F}^i \text{ は } \mathcal{P} \text{ の } i \text{ 面}}\varphi(\mathcal{F}^i,\mathcal{F}^j)\right)=\binom{j+1}{i+1}f_j$$

となる．すなわち，(1.17) は

$$\sum_{j=i}^{d-1}(-1)^j\binom{j+1}{i+1}f_j$$

と一致する．すると，

$$\sum_{j=i}^{d-1}(-1)^j\binom{j+1}{i+1}f_j=(-1)^{d-1}f_i$$

を得る．■

なお，Dehn–Sommerville 方程式 (1.16) は，$d=4,5$ のときは，1905 年に Max Dehn が，一般の次元のときは，1927 年に Duncan Sommerville が，それぞれ，証明した．

(1.5.2) 例 次元 $d=4$ の単体的凸多面体 $\mathcal{P}$ の f 列

$$f(\mathcal{P})=(f_0,f_1,f_2,f_3)$$

の Dehn–Sommerville 方程式は，

$$\begin{aligned} f_0-2f_1+3f_2-4f_3&=-f_0,\\ -f_1+3f_2-6f_3&=-f_1,\\ f_2-4f_3&=-f_2 \end{aligned}$$

となる．なお，$i=1$ の等式と $i=2$ の等式は一致する．すると，$i=-1$ のときも考慮すると，

$$\begin{aligned} f_0-f_1+f_2-f_3&=0,\\ 2f_0-2f_1+3f_2-4f_3&=0,\\ f_2-2f_3&=0 \end{aligned}$$

となる．これより，

$$\begin{aligned} f_2&=-2f_0+2f_1,\\ f_3&=-f_0+f_1 \end{aligned}$$

となる．すなわち，f_2 と f_3 のそれぞれは，f_0 と f_1 の整数係数の線型結合である．——

Dehn–Sommerville 方程式 (1.16) は

$$f_{i-1}=\sum_{j=i}^{d}(-1)^{d-j}\binom{j}{i}f_{j-1},\quad 0\le i\le d \tag{1.18}$$

と表示される．

一般に，次元 $d \geq 3$ の単体的凸多面体 $\mathcal{P} \subset \mathbb{R}^N$ の f 列

$$f(\mathcal{P}) = (f_0, f_1, \ldots, f_{d-1})$$

から，変数 λ の多項式 $f(\lambda)$ を

$$f(\lambda) = \sum_{i=0}^{d} (-1)^i f_{i-1} \lambda^i \tag{1.19}$$

と定義する．すると，表示 (1.18) から

$$f(1-\lambda) = (-1)^d f(\lambda) \tag{1.20}$$

が従う．すなわち，煩雑な Dehn–Sommerville 方程式 (1.16) は，f 列を係数とする多項式 (1.19) を導入すると，多項式の等式 (1.20) と同値である．実際，

$$\begin{aligned}
f(1-\lambda) &= \sum_{j=0}^{d} (-1)^j f_{j-1} (1-\lambda)^j \\
&= \sum_{j=0}^{d} (-1)^j f_{j-1} \left(\sum_{k=0}^{j} (-1)^k \binom{j}{k} \lambda^k \right) \\
&= \sum_{j=0}^{d} \sum_{k=0}^{j} (-1)^{j+k} f_{j-1} \binom{j}{k} \lambda^k \\
&= \sum_{i=0}^{d} \left(\sum_{j=i}^{d} (-1)^{i+j} \binom{j}{i} f_{j-1} \right) \lambda^i \\
&= \sum_{i=0}^{d} (-1)^{d+i} \left(\sum_{j=i}^{d} (-1)^{d-j} \binom{j}{i} f_{j-1} \right) \lambda^i \\
&= (-1)^d \sum_{i=0}^{d} (-1)^i \left(\sum_{j=i}^{d} (-1)^{d-j} \binom{j}{i} f_{j-1} \right) \lambda^i \\
&= (-1)^d \sum_{i=0}^{d} (-1)^i f_{i-1} \lambda^i \\
&= (-1)^d f(\lambda)
\end{aligned}$$

となる．

第2章

凸多面体の面の数え上げ

凸多面体論の現代的潮流の誕生は1970年に遡ると言えよう．McMullen と Shephard の共著 [45] は，その誕生を披露する名著である．名著 [45] は，McMullen が上限予想と呼ばれる永年の予想を肯定的に解決した直後の 1971 年に出版された．著者も，大学院生のとき，[45] を眺めながら，凸多面体論の一般論に馴染んだ．1970 年代は，凸多面体論の栄耀栄華の 10 年，単体的凸多面体の面の数え上げ理論の金字塔が建立された．上限予想とともに，下限予想と呼ばれる予想も古典的な凸多面体論に君臨していたが，1973 年，Barnette が肯定的に解決した．第 2 章は，McMullen と Barnette の仕事を解説するとともに，＜歴史的背景＞とし，1974 年から 1980 年の 6 年弱における凸多面体論の劇的な変貌と展開，すなわち，凸多面体論と可換代数，代数幾何との華麗なる相互関係を誕生させた Richard Stanley の仕事とその秘話を語る．本著の守備範囲から逸脱するが，1980 年代は，可換代数と組合せ論と呼ばれる魅惑的な境界分野が劇的に発展し，1990 年代の単項式イデアルの組合せ論の潮流へと踏襲される．

2.1　f 列と h 列

凸多面体の h 列を導入する．凸多面体の h 列は，とりわけ，単体的凸多面体の f 列を探究するときの強力な武器となる．

次元 d の凸多面体 $\mathcal{P} \subset \mathbb{R}^N$ の f 列を

$$f(\mathcal{P}) = (f_0, f_1, \ldots, f_{d-1})$$

とするとき，$\mathcal{P}$ の h 列

$$h(\mathcal{P}) = (h_0, h_1, \ldots, h_d)$$

を，次の公式から定義する．但し，$f_{-1} = 1$ とする．

$$\sum_{i=0}^{d} f_{i-1}(x-1)^{d-i} = \sum_{i=0}^{d} h_i x^{d-i} \tag{2.1}$$

たとえば，$d = 3$ ならば

$$h_0 = 1,\ h_1 = f_0 - 3,\ h_2 = f_1 - 2f_0 + 3,\ h_3 = f_2 - f_1 + f_0 - 1$$

となる．簡単な計算から，f 列と h 列の関係式

$$h_i = \sum_{j=0}^{i} \binom{d-j}{d-i} (-1)^{i-j} f_{j-1}, \quad 0 \leq i \leq d \tag{2.2}$$

$$f_i = \sum_{j=0}^{i+1} \binom{d-j}{d-i-1} h_j, \quad -1 \leq i \leq d-1 \tag{2.3}$$

が従う．すると，

$$h_0 = 1, \quad h_1 = f_0 - d,$$
$$h_d = (-1)^{d-1} \sum_{i=0}^{d} (-1)^{i-1} f_{i-1},$$
$$f_{d-1} = h_0 + h_1 + \cdots + h_d$$

となる．

単体的凸多面体の f 列の Dehn–Sommerville 方程式 (1.16) は，等式 (2.2) から，その h 列の方程式に変換することができる．些か（かなり！）驚くことで

あるが，単体的凸多面体の f 列の煩雑な方程式 (1.16) をその h 列の方程式に変換すると，著しく簡単な方程式になる．

(2.1.1) 定理　次元 d の単体的凸多面体 $\mathcal{P} \subset \mathbb{R}^N$ の h 列

$$h(\mathcal{P}) = (h_0, h_1, \ldots, h_d)$$

は，等式

$$h_i = h_{d-i}, \quad 0 \leq i \leq d \tag{2.4}$$

を満たす．

[証明] 単体的凸多面体 $\mathcal{P}$ の h 列から，λ の多項式 $h(\lambda)$ を

$$h(\lambda) = \sum_{i=0}^{d} h_i \lambda^i$$

と定義する．単体的凸多面体 $\mathcal{P} \subset \mathbb{R}^N$ の f 列を

$$f(\mathcal{P}) = (f_0, f_1, \ldots, f_{d-1})$$

とする．すると，(2.1) と (1.20) から

$$\begin{aligned}
h(\lambda) &= \lambda^d \sum_{i=0}^{d} h_i \left(\frac{1}{\lambda}\right)^{d-i} \\
&= \lambda^d \sum_{i=0}^{d} f_{i-1} \left(\frac{1}{\lambda} - 1\right)^{d-i} \\
&= \sum_{i=0}^{d} f_{i-1} \lambda^i (1-\lambda)^{d-i} \\
&= (1-\lambda)^d \sum_{i=0}^{d} f_{i-1} \left(\frac{\lambda}{1-\lambda}\right)^i \\
&= (1-\lambda)^d \sum_{i=0}^{d} (-1)^i f_{i-1} \left(\frac{\lambda}{\lambda-1}\right)^i \\
&= (1-\lambda)^d f\left(\frac{\lambda}{\lambda-1}\right)
\end{aligned}$$

となる．等式

$$\lambda^d h\left(\frac{1}{\lambda}\right) = h(\lambda)$$

を示せば，(2.4) が従う．実際，(1.20) から

$$\begin{aligned}\lambda^d h\left(\frac{1}{\lambda}\right) &= \lambda^d \left(1-\frac{1}{\lambda}\right)^d f\left(\frac{\frac{1}{\lambda}}{\frac{1}{\lambda}-1}\right)\\ &= (\lambda-1)^d f\left(1-\frac{\lambda}{\lambda-1}\right)\\ &= (1-\lambda)^d f\left(\frac{\lambda}{\lambda-1}\right)\\ &= h(\lambda)\end{aligned}$$

となる．■

(2.1.2) 系　次元 d の単体的凸多面体 $\mathcal{P} \subset \mathbb{R}^N$ の f 列

$$f(\mathcal{P}) = (f_0, f_1, \ldots, f_{[d/2]-1}, f_{[d/2]}, f_{[d/2]+1}, \ldots, f_{d-1})$$

の

$$f_{[d/2]}, f_{[d/2]+1}, \ldots, f_{d-1}$$

のそれぞれは，

$$f_0, f_1, \ldots, f_{[d/2]-1}$$

の整数係数の線型結合となる．

［証明］ 等式 (2.4) の両辺に (2.2) を代入すると，

$$\sum_{j=0}^{i} \binom{d-j}{d-i} (-1)^{i-j} f_{j-1} = \sum_{j=0}^{d-i} \binom{d-j}{i} (-1)^{d-i-j} f_{j-1}$$

となる[1)]．それらを $f_{[d/2]}, f_{[d/2]+1}, \ldots, f_{d-1}$ に関する方程式系と考え，行列表示する．

1) 但し，d が奇数ならば $0 \leq i \leq [d/2]$ とし，d が偶数ならば $0 \leq i \leq [d/2]-1$ とする．すなわち，$0 \leq i \leq [(d-1)/2]$ とする．

$$A \begin{bmatrix} f_{[d/2]} \\ f_{[d/2]+1} \\ \vdots \\ f_{d-1} \end{bmatrix} = B \begin{bmatrix} f_{-1} \\ f_0 \\ \vdots \\ f_{[d/2]-1} \end{bmatrix} \tag{2.5}$$

但し，行列 A は $([(d-1)/2]+1)$ 行 $(d-[d/2])$ 列の整数行列，行列 B は $([(d-1)/2]+1)$ 行 $([d/2]+1)$ 列の整数行列となる．一般に，

$$[(d-1)/2]+1 = d-[d/2]$$

となるから，行列 A は正方行列である．行列 A の第 (i,j) 成分 a_{ij} は

$$a_{ij} = (-1)^{d-[d/2]+1-(i+j)} \binom{d-[d/2]+1-j}{i}$$

となる．すると，

$$d-[d/2]+1 < i+j \quad ならば \quad a_{ij} = 0$$
$$d-[d/2]+1 = i+j \quad ならば \quad a_{ij} = 1$$

となる．行列式 $|A|$ の値は

$$|A| = \prod_{i=1}^{d-[d/2]} (-1)^{i+1}$$

であるから，行列 A の逆行列 A^{-1} が存在し，しかも，A^{-1} は整数行列である．すると，

$$\begin{bmatrix} f_{[d/2]} \\ f_{[d/2]+1} \\ \vdots \\ f_{d-1} \end{bmatrix} = A^{-1}B \begin{bmatrix} f_{-1} \\ f_0 \\ \vdots \\ f_{[d/2]-1} \end{bmatrix}$$

となる．行列 $A^{-1}B$ は整数行列であるから，$f_{[d/2]}, f_{[d/2]+1}, \ldots, f_{d-1}$ のそれぞれは，$f_0, f_1, \ldots, f_{[d/2]-1}$ の整数係数の線型結合となる．■

(2.1.3) 例　行列表示 (2.5) は，$d=6$ とすると

$$\begin{bmatrix} 1 & -1 & 1 \\ -2 & 1 & 0 \\ 1 & 0 & 0 \end{bmatrix} \begin{bmatrix} f_3 \\ f_4 \\ f_5 \end{bmatrix} = \begin{bmatrix} 0 & 1 & -1 & 1 \\ 0 & -4 & 4 & -3 \\ 0 & 5 & -5 & 3 \end{bmatrix} \begin{bmatrix} f_{-1} \\ f_0 \\ f_1 \\ f_2 \end{bmatrix}$$

となる．——

Dehn–Sommerville 方程式 (1.16) は煩雑であるが，(1.18) とすると，些かなりとも，簡単になろう．しかしながら，(2.4) の華麗さとは雲泥の差がある．

一般に，f 列を数え上げの数列と呼ぶことに抵抗はないが，h 列を数え上げの数列と呼ぶことは躊躇されよう．もちろん，f 列を知ることと h 列を知ることは同値である．どうすれば h 列を数え上げの数列と解釈できるかは，後ほど，紹介する[2]．なお，二項係数そのものを扱うことは困難であるから，二項係数の関係式 (2.2), (2.3), (1.18) などを，多項式の等式 (2.1), (1.20) などに集約することは，数え上げ理論における戦略となる．

単体的凸多面体の面の数え上げ理論における h 列の有効性は，後ほど，明らかになる．しかしながら，h 列のもっとも優雅な姿を眺めるには，単体的複体の可換環論の舞台 [27] を鑑賞しなければならない．実際，h 列の概念は，可換代数と凸多面体論の縁結びをする虹の架け橋である．

2.2　巡回凸多面体と山積凸多面体

巡回凸多面体と山積凸多面体を導入し，それらの f 列と h 列を計算する．巡回凸多面体と山積凸多面体は，もっとも著名は単体的凸多面体である．両者は，凸多面体論の現代的潮流の誕生を育んだ，上限予想と下限予想を論じる華やかな舞台の役者である．

2.2.1　巡回凸多面体と上限予想

上限予想とは，頂点の個数 n と次元 d を固定するとき，単体的凸多面体の面の個数がどのくらい大きくなるか，という素朴な疑問を巡る予想である．上限予想は，凸多面体の現代的潮流を芽生えさせ，その後，凸多面体論と可換代数を連携させる役割をも担った兵（つわもの）である．上限予想の舞台の主役は巡回凸多面体と呼ばれる単体的凸多面体である．まず，巡回凸多面体を紹介し，その f 列と h 列を計算する．

---

[2] 補題（2.3.4）

空間 $\mathbb{R}^d$ の**モーメント曲線**

$$\mathcal{M}_d = \{\, (t, t^2, \ldots, t^d) \,:\, t \in \mathbb{R} \,\}$$

上の相異なる n 個（但し，$n \geq d+1$ とする）の点 $v_1, \ldots, v_n$ を固定する．有限集合 $\{v_1, \ldots, v_n\}$ の $\mathbb{R}^d$ における凸閉包を，型 (n, d) の**巡回凸多面体**と呼び，$C(n, d)$ と表す．

(2.2.1）補題　型 (n, d) の巡回凸多面体 $C(n, d) \subset \mathbb{R}^d$ は，$\{v_1, \ldots, v_n\}$ を頂点集合とする，次元 d の単体的凸多面体である．その f 列は，

$$f_i(C(n, d)) = \binom{n}{i+1}, \quad 0 \leq i < [d/2] \tag{2.6}$$

を満たす．

[証明]（ア）空間 $\mathbb{R}^d$ のモーメント曲線 $\mathcal{M}_d$ 上の点 $(t, t^2, \ldots, t^d)$ を $\alpha(t)$ と表す．曲線 $\mathcal{M}_d$ 上の $d+1$ 個の点

$$\alpha(t_0), \alpha(t_1), \ldots, \alpha(t_d), \quad t_0 < t_1 < \cdots < t_d$$

は，アフィン独立である．すなわち，

$$\alpha(t_1) - \alpha(t_0), \ldots, \alpha(t_d) - \alpha(t_0)$$

は線型独立である．

実際，その事実は，行列式

$$D = \begin{vmatrix} 1 & t_0 & t_0^2 & \cdots & t_0^d \\ 1 & t_1 & t_1^2 & \cdots & t_1^d \\ \vdots & \vdots & \vdots & \ddots & \vdots \\ 1 & t_d & t_d^2 & \cdots & t_d^d \end{vmatrix} = \prod_{0 \leq i < j \leq d} (t_j - t_i)$$

が非零となることから従う．

特に，巡回凸多面体 $C(n, d)$ の次元は d となる．

（イ）次に，$V = \{v_1, \ldots, v_n\}$ と置き，整数 $0 \leq k < [d/2]$ を固定する．集合 V の部分集合 $W \subset V$ が $|W| = k+1$ となるとき，$\mathcal{H} \cap V = W$ を満たす

$C(n,d)$ の支持超平面 $\mathcal{H} \subset \mathbb{R}^d$ が存在することを示す．いま，$v_i = \alpha(t_i)$ とし，$W = \{v_1, v_2, \ldots, v_{k+1}\}$ とする．変数 λ の多項式 $p(\lambda)$ を

$$p(\lambda) = \prod_{i=1}^{k+1} (\lambda - t_i)^2 = \beta_0 + \beta_1\lambda + \beta_2\lambda^2 + \cdots + \beta_{2k+2}\lambda^{2k+2}$$

と定義する．但し，$p(\lambda)$ のそれぞれの係数 β_j は $t_1, t_2, \ldots, t_{k+1}$ のみに依存する．なお，$k < [d/2]$ から $2k+2 \leq d$ となる．定義方程式を

$$\beta_1 x_1 + \beta_2 x_2 + \cdots + \beta_{2k+2} x_{2k+2} = -\beta_0$$

とする $\mathbb{R}^d$ の超平面を $\mathcal{H}$ とする．まず，$p(\lambda)$ の定義から

$$v_i \in \mathcal{H}, \quad 1 \leq i \leq k+1$$

が従う．次に，$k+1 < j \leq n$ ならば，

$$\beta_1 t_j + \beta_2 t_j^2 + \cdots + \beta_{2k+2} t_j^{2k+2} = \prod_{i=1}^{k+1} (t_j - t_i) - \beta_0 > -\beta_0$$

となる．すると，

$$C(n,d) \subset \mathcal{H}^{(+)}, \quad V \cap \mathcal{H} = W$$

となる．すなわち，$\mathcal{H}$ は $\mathcal{H} \cap V = W$ を満たす支持超平面となる．

（ウ）特に，$k=1$ とすると，それぞれの v_i は $C(n,d)$ の頂点となる．すると，V が $C(n,d)$ の頂点集合となる．

一般に，面 $\mathcal{F}$ は，$\mathcal{F} \cap V$ の凸閉包となる．すると，（ア）から，$\mathcal{F}$ が i 面ならば，$|\mathcal{F} \cap V| = i+1$ となる[3)]．すなわち，$\mathcal{F}$ は次元 i の単体となる．それゆえ，$C(n,d)$ は単体的凸多面体となる．

（エ）部分集合 $W \subset V$ が，$|W| - 1 < [d/2]$ を満たすならば，（イ）から，W の凸閉包は $C(n,d)$ の面，すると，（ウ）から $(|W|-1)$ 面となる．それゆえ，望む (2.6) が従う．■

---

3) 丁寧にいうと，$\mathcal{F}$ が i 面ならば，その頂点の個数は，$|\mathcal{F} \cap V| \geq i+1$ となるが，もし，$|\mathcal{F} \cap V| \geq i+2$ とすると，$i \leq d-1$ だから，$i+2 \leq d+1$ となるから，（ア）から，$\mathcal{F} \cap V$ の凸閉包の次元は，$i+1$ を越える．

一般に，n 個の頂点を持つ単体的凸多面体 $\mathcal{P}$ の i 面の個数 $f_i(\mathcal{P})$ は $\binom{n}{i+1}$ を越えない．すると，n 個の頂点を持つ，次元 d の単体的凸多面体の類で，巡回凸多面体 $C(n,d)$ は，$f_0, f_1, \ldots, f_{[d/2]-1}$ のそれぞれを最大とする．ところが，系 (2.1.2) から，$f_{[d/2]}, f_{[d/2]+1}, \ldots, f_{d-1}$ のそれぞれは，$f_0, f_1, \ldots, f_{[d/2]-1}$ の整数係数の線型結合となる[4)]．すると，n 個の頂点を持つ，次元 d の単体的凸多面体の類で，$C(n,d)$ は，$f_0, f_1, \ldots, f_{d-1}$ のそれぞれを最大とする，と予想するのは自然である．それが Motzkin の上限予想 [46] である．

上限予想[5)] 次元 d の単体的凸多面体 $\mathcal{P} \subset \mathbb{R}^N$ の頂点の個数が

$$n = f_0(\mathcal{P})$$

ならば，不等式

$$f_i(\mathcal{P}) \leq f_i(C(n,d)), \quad 1 \leq i \leq d-1 \tag{2.7}$$

が成立する．——

上限予想は，幾つかの部分的な進展（たとえば，[45, pp. 154–155] など）の後，1970 年，Peter McMullen [43] が肯定的に解決することに成功した．その巧妙な証明を辿るには，巡回凸多面体の h 列を計算する必要がある[6)]．

一般に，任意の整数 a と任意の非負整数 b があったとき，

$$\binom{a}{b} = \frac{a(a-1)\cdots(a-b+1)}{b!}$$

と定義する．すると，$a \geq b \geq 0$ ならば，$\binom{a}{b}$ は二項係数となる．

まず，簡単な計算から，以下の等式が導かれる．但し，a と c は整数，b は非負整数である．

$$\binom{a}{b} = (-1)^b \binom{-a+b-1}{b},$$

4) 但し，係数が非負であるとは限らない．

5) Upper Bound Conjecture

6) なお，h 列は McMullen が導入した概念であるが，そもそも，h 列の概念がなければ，上限予想は解決できなかったかもしれないし，その後の凸多面体論の劇的な発展，とりわけ，可換環論，代数幾何との相互関係の斬新な潮流は誕生しなかったであろう．

$$\binom{a}{b} = (-1)^{a-b}\binom{-b-1}{a-b},$$

$$\binom{a+1}{b+1} = \frac{a+1}{b+1}\binom{a}{b},$$

$$\sum_{i=0}^{b}\binom{a}{i}\binom{c}{b-i} = \binom{a+c}{b}$$

但し，$\binom{-b-1}{a-b}$ は，$a \geq b \geq 0$ とする．

次に，それらの等式を使い，公式

$$\sum_{i=0}^{b}(-1)^i\binom{i}{a}\binom{c}{b-i} = (-1)^b\binom{b-c}{b-a}$$

を導く．但し，a, b, c は整数，$0 \leq a \leq b$ とする．

実際，

$$\begin{aligned}
&\sum_{i=0}^{b}(-1)^i\binom{i}{a}\binom{c}{b-i} \\
&= \sum_{i=a}^{b}(-1)^i\binom{i}{a}\binom{c}{b-i} \\
&= \sum_{i=a}^{b}(-1)^i(-1)^{i-a}\binom{-a-1}{i-a}\binom{c}{b-i} \\
&= (-1)^a\sum_{j=0}^{b-a}\binom{-a-1}{j}\binom{c}{(b-a)-j} \\
&= (-1)^a\binom{(-a-1)+c}{b-a} \\
&= (-1)^a(-1)^{b-a}\binom{-(-a-1)-c+(b-a)-1}{b-a} \\
&= (-1)^b\binom{b-c}{b-a}
\end{aligned}$$

となる．

(2.2.2) 補題　巡回凸多面体 $C(n,d)$ の h 列

$$h(C(n,d)) = (h_0, h_1, \ldots, h_d)$$

は,

$$h_i = \binom{n-d+i-1}{i}, \quad 0 \le i \le [d/2]$$

となる[7].

[証明] 巡回凸多面体 $C(n,d)$ の f 列を $f(C(n,d)) = (f_0, f_1, \ldots, f_{d-1})$ とする．すると,

$$\begin{aligned}
h_i &= \sum_{j=0}^{i} \binom{d-j}{d-i} (-1)^{i-j} f_{j-1} \\
&= \sum_{j=0}^{i} \binom{d-j}{d-i} (-1)^{i-j} \binom{n}{j} \\
&= \sum_{j=0}^{d} \binom{d-j}{d-i} (-1)^{i-j} \binom{n}{j} \\
&= (-1)^{d-i} \sum_{j=0}^{d} (-1)^{d-j} \binom{d-j}{d-i} \binom{n}{j} \\
&= (-1)^{d-i} \sum_{j=0}^{d} (-1)^{j} \binom{j}{d-i} \binom{n}{d-j} \\
&= (-1)^{d-i} (-1)^{d} \binom{d-n}{i} \\
&= \binom{n-d+i-1}{i}
\end{aligned}$$

となる．■

なお，巡回凸多面体 $C(n,d)$ の h 列は，定理（2.1.1）から，$h_i = h_{d-i}$ を満たすから，$[d/2] < i \le d$ ならば，$h_i = \binom{n-d+(d-i)-1}{d-i} = \binom{n-i-1}{d-i}$ となる．これより，$C(n,d)$ の f 列の $f_{[d/2]}, f_{[d/2]+1}, \ldots, f_{d-1}$ が計算できる．

---

7) 二項係数 $\binom{n-d+i-1}{i}$ は，$n-d$ 変数の i 次の単項式の個数である．

2.2.2　山積凸多面体と下限予想

下限予想とは，頂点の個数 n と次元 d を固定するとき，単体的凸多面体の面の個数がどのくらい小さくなるか，という素朴な疑問を巡る予想である．下限予想の舞台の主役は山積凸多面体と呼ばれる単体的凸多面体である．まず，山積凸多面体を紹介し，その f 列と h 列を計算する．

次元 d の凸多面体 $\mathcal{P} \subset \mathbb{R}^N$ のファセット $\mathcal{F}$ を底とするテントを作る操作を定義する[8)]．

凸多面体 $\mathcal{P}$ に属さず，ファセット $\mathcal{F}$ の近くにある点

$$v \in \mathrm{aff}(\mathcal{P}) \setminus \mathcal{P}$$

をうまく選ぶと，

$$\mathcal{P} \cup \mathrm{conv}(\mathcal{F} \cup \{v\}) \tag{2.8}$$

は，空間 $\mathbb{R}^N$ の凸集合となる．換言すると，

$$\mathcal{P} \cup \mathrm{conv}(\mathcal{F} \cup \{v\}) = \mathrm{conv}(\mathcal{P} \cup \{v\}) \subset \mathrm{aff}(\mathcal{P})$$

となる．すると，凸集合 (2.8) は，次元 d の凸多面体である．一般に，凸多面体 $\mathcal{P}$ から凸多面体 (2.8) を作る操作を，**テントを作る操作**と呼ぶ[9)]．

たとえば，xyz 空間の三角錐からテントを作る操作をすると，双三角錐が作れる．図 2.1 は，xyz 空間の四角錐 ABCDE のファセット ADE と点 F からテントを作る操作である．

一般に，$\mathcal{P}$ のファセット $\mathcal{F}$ の $d-2$ 面を $\mathcal{F}'_1, \ldots, \mathcal{F}'_q$ とし，$\mathcal{F}$ 以外の $\mathcal{P}$ のファセットを $\mathcal{F}_1, \ldots, \mathcal{F}_s$ とすると，凸多面体 (2.8) のファセットは

$$\mathcal{F}_1, \ldots, \mathcal{F}_s, \mathrm{conv}(\mathcal{F}'_1 \cup \{v\}), \ldots, \mathrm{conv}(\mathcal{F}'_q \cup \{v\})$$

となる．すると，凸多面体 (2.8) のファセットの個数は，

$$f_{d-2}(\mathcal{F}) + f_{d-1}(\mathcal{P}) - 1$$

---

8) なお，[28, 第 4 章] の xyz 空間の凸多面体の f 列 (v, e, f) を決定する際，「テントを作る操作」と「切り落とす操作」が不可欠である．

9) 凸多面体 (2.8) の頂点の個数は，$\mathcal{P}$ の頂点の個数よりも一つ増える．

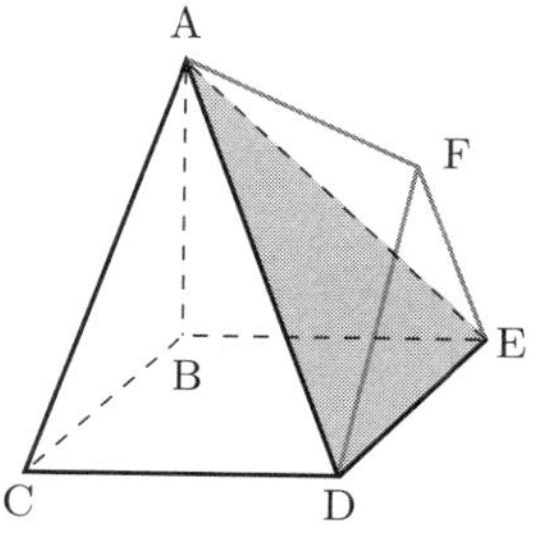

図 **2.1**　テントを作る操作

となる．

なお，単体的凸多面体からテントを作る操作を施すことから作られる凸多面体は単体的凸多面体である．

次元 d の**山積凸多面体**とは，次元 d の単体 $\mathcal{S}_d = \mathcal{S}_d^{(d+1)} \subset \mathbb{R}^N$ にテントを作る操作を繰り返し施すことから作られる次元 d の単体的凸多面体のことをいう．テントを作る操作の繰り返しが $n-d-1$ 回のとき，山積凸多面体を

$$\mathcal{S}_d^{(n)}$$

と表す．すると，$\mathcal{S}_d^{(n)}$ の頂点の個数は n となる．

一般に，テントを作る操作は，どのファセットを選ぶかに依存する．しかしながら，$\mathcal{S}_d^{(n)}$ の f 列は d と n から表示できる．

(2.2.3) 補題　山積凸多面体 $\mathcal{S}_d^{(n)}$ の f 列を

$$f(\mathcal{S}_d^{(n)}) = (f_0, f_1, \ldots, f_{d-1})$$

とすると，

$$f_i = \binom{d}{i} n - \binom{d+1}{i+1} i, \quad 0 \leq i \leq d-2 \tag{2.9}$$

$$f_{d-1} = (d-1)n - (d+1)(d-2) \tag{2.10}$$

となる．但し，$n \geq d+1$ とする．

[証明]　まず，$\mathcal{S}_d^{(d+1)}$ は，次元 d の単体であるから，その i 面の個数は $\binom{d+1}{i+1}$ となる．すると，(2.9) と (2.10) は成立する．

次に，$n > d+1$ とし，$\mathcal{S}_d^{(n-1)}$ の f 列は，(2.9) と (2.10) を満たすと仮定する．山積凸多面体 $\mathcal{S}_d^{(n-1)}$ のファセット $\mathcal{F}$ と

$$v \in \mathrm{aff}(\mathcal{S}_d^{(n-1)}) \setminus \mathcal{S}_d^{(n-1)} \subset \mathbb{R}^N$$

からテントを作る．すると，$1 \leq i \leq d-2$ ならば，i 面の個数は，次元 d の単体 $\mathrm{conv}(\mathcal{F} \cup \{v\})$ の v を含む i 面の個数だけ増える．すなわち，

$$f_i(\mathcal{S}_d^{(n)}) = f_i(\mathcal{S}_d^{(n-1)}) + \binom{d}{i}$$

となる．すると，(2.9) は成立する．次に，$\mathcal{S}_d^{(n)}$ のファセットは，$\mathcal{S}_d^{(n-1)}$ の $\mathcal{F}$ を除くファセットと $\mathcal{F}$ の v を含むファセットとなるから，

$$f_{d-1}(\mathcal{S}_d^{(n)}) = f_{d-1}(\mathcal{S}_d^{(n-1)}) - 1 + d$$

となる．すると，(2.10) も成立する．■

山積凸多面体 $\mathcal{S}_d^{(n)}$ の h 列も計算しよう．

(2.2.4) 補題　山積凸多面体 $\mathcal{S}_d^{(n)}$ の h 列

$$h(\mathcal{S}_d^{(n)}) = (h_0, h_1, \ldots, h_d)$$

は，

$$h_0 = h_d = 1, \quad h_1 = h_2 = \cdots = h_{d-1} = n-d \tag{2.11}$$

を満たす．

[証明] 等式 (2.1) の右辺へ (2.11) を代入すると，

$$\begin{aligned}\sum_{i=0}^{d} f_{i-1}(x-1)^{d-i} &= 1 + x^d + (n-d)(x + x^2 + \cdots + x^{d-1}) \\ &= 1 + x^d + \frac{(n-d)(x-x^d)}{1-x} \\ &= 1 + \frac{(n-d)(x-x^d) + (1-x)x^d}{1-x}\end{aligned}$$

$$= 1 + \frac{(n-d)(x^d - x) + (x-1)x^d}{x-1}$$
$$= 1 + \frac{x^{d+1} + (n-d-1)x^d - (n-d)x}{x-1}$$

となるから，x を $x+1$ と置き換えると，

$$\sum_{i=0}^{d} f_{i-1} x^{d-i} = 1 + \frac{g(x)}{x}$$

となる．但し，

$$g(x) = (x+1)^{d+1} + (n-d-1)(x+1)^d - (n-d)(x+1)$$

とする．すなわち，

$$\sum_{i=-1}^{d-1} f_i x^{d-i} = x + g(x)$$

となる．すると，$0 \leq i \leq d-2$ ならば，

$$\begin{aligned} f_i &= \binom{d+1}{d-i} + (n-d-1)\binom{d}{d-i} \\ &= \binom{d+1}{i+1} + (n-d-1)\binom{d}{i} \\ &= \binom{d}{i} n - (d+1)\binom{d}{i} + \binom{d+1}{i+1} \\ &= \binom{d}{i} n - (i+1)\binom{d+1}{i+1} + \binom{d+1}{i+1} \\ &= \binom{d}{i} n - \binom{d+1}{i+1} i \end{aligned}$$

となるから，(2.9) が成立し，しかも，

$$\begin{aligned} f_{d-1} &= 1 + (d+1) + (n-d-1)d - (n-d) \\ &= (d-1)n - (d+1)(d-2) \end{aligned}$$

となるから，(2.10) も成立する．■

上限予想のカウンターパートが下限定理である．上限予想は，それを提唱する然るべき根拠があるが，下限予想は，Grünbaum [18, p. 183] では，

There is, for the time being, no reasonable and general conjecture as to the d-polytopes $\mathcal{P}$ which minimize $f_k(\mathcal{P})$ or as to the minimal values themselves.（中略）It has been repeatedly conjectured that...

となっており，伝承の予想と呼ぶべきものか．

下限予想[10)]　次元 d の単体的凸多面体 $\mathcal{P} \subset \mathbb{R}^N$ の頂点の個数が

$$n = f_0(\mathcal{P})$$

ならば，不等式

$$f_i(\mathcal{P}) \geq f_i(\mathcal{S}_d^{(n)}), \quad 1 \leq i \leq d-1$$

が成立する．換言すると，不等式

$$f_i(\mathcal{P}) \geq \binom{d}{i} n - \binom{d+1}{i+1} i, \quad 0 \leq i \leq d-2 \tag{2.12}$$

$$f_{d-1}(\mathcal{P}) \geq (d-1)n - (d+1)(d-2) \tag{2.13}$$

が成立する．——

下限予想は，David Barnette [2, 3] が，まず，f_{d-1} の (2.13) を 1971 年に，その後，$f_1, \ldots, f_{d-2}$ の (2.12) を 1973 年に，両者とも，肯定的に解決することに成功した．すなわち，下限予想は Barnette の下限定理と呼ばれるに至り，McMullen の上限定理とともに，1970 年代の初頭，凸多面体論の現代的潮流を誕生させる源となった．

2.3　上限定理

上限予想は，1970 年，Peter McMullen が肯定的に解決することに成功し，**上限定理**へと華麗なる変貌を遂げた．しばらくの間，McMullen の証明を辿りながら，凸多面体論の華麗なる舞台の一齣を楽しもう．

---

10) Lower Bound Conjecture

2.3.1 極値集合論

極値集合論とは，なんらかの条件を満たす有限集合の族の内，もっとも大きいもの，あるいは，もっとも小さいものを探究する研究分野である．もっとも著名な定理はErdös-Ko-Radoの定理だろう[11]．

Erdös-Ko-Radoの定理 正の整数 n と q で $n \geq 2q$ となるものを固定する．有限集合 $[n] = \{1, 2, \ldots, n\}$ の q 元部分集合[12] $A_1, A_2, \ldots, A_h$ は，$i \neq j$ ならば，$A_i \neq A_j$ であり，しかも，$A_i \cap A_j \neq \emptyset$ を満たすとする．すると，$h \leq \binom{n-1}{q-1}$ である．——

まず，上限定理を証明するときの礎となる極値集合論の補題を紹介する．

(2.3.1) 補題 整数 $1 \leq q \leq d \leq n$ を固定する．有限集合 $[n] = \{1, \ldots, n\}$ の部分集合 $A_1, \ldots, A_h$ と部分集合 $B_1, \ldots, B_h$ で，条件

- $|A_i| \leq q, \ \ |B_i| = d, \ \ 1 \leq i \leq h$
- $A_i \subset B_i, \ \ 1 \leq i \leq h$
- $A_i \not\subset B_j, \ \ 1 \leq i < j \leq h$

を満たすものが存在するならば

$$h \leq \binom{n-d+q}{q}$$

が成立する．——

外積代数を使う証明 [1] を紹介する．外積代数に不慣れな読者は，とりあえず，証明を飛ばし…などと，言い訳をしながら証明するのが陳腐な筆法であろうが，そんな消極的なことではなく，外積代数を触ったことのない読者も，折

11) 著者は素人であるから，深入りすることはしないが，Erdös-Ko-Radoの定理は，エレガントな証明がいろいろ知られているようである．

12) 一般に，q 個の元を持つ部分集合を，q 元部分集合と呼ぶ．

角の機会であるから，煩雑な定義を理解するのではなく，ひとまず，使えるようになろう[13)]，と思って欲しい．そこで，まず，外積代数の，使えるようになるだけの暫定的な導入をし，その後，補題 (2.3.1) の証明を紹介する．

実数体 $\mathbb{R}$ 上の次元 n の線型空間 V の基底 $e_1, \ldots, e_n$ を固定する．

- $1 \leq q \leq n$ のとき，

$$e_{i_1} \wedge e_{i_2} \wedge \cdots \wedge e_{i_q}, \quad 1 \leq i_1 < i_2 < \cdots < i_q \leq n$$

を基底とする線型空間を $\bigwedge^q(V)$ と表す．すると，

$$\dim_{\mathbb{R}} \bigwedge^q(V) = \binom{n}{q}$$

である．

- 煩雑さを避け，$q = 2$ とし，$\bigwedge^2(V)$ を扱う．まず，

$$v = \sum_{i=1}^{n} a_i e_i, \ \ w = \sum_{j=1}^{n} b_j e_j, \quad a_i, b_j \in \mathbb{R}$$

を V のベクトルとするとき，$v \wedge w$ を

$$\begin{aligned} v \wedge w &= \left(\sum_{i=1}^{n} a_i e_i\right) \wedge \left(\sum_{i=1}^{n} b_i e_i\right) \\ &= \sum_{i=1}^{n}\sum_{j=1}^{n} (a_i e_i) \wedge (b_j e_j) \\ &= \sum_{i=1}^{n}\sum_{j=1}^{n} a_i b_j (e_i \wedge e_j) \end{aligned}$$

と計算し，更に，

$$e_i \wedge e_i = 0, \quad 1 \leq i \leq n$$

$$e_i \wedge e_j = -(e_j \wedge e_i), \quad 1 \leq i < j \leq n$$

13) テンソル積，外積代数などは，定義を理解しようとがんばっても，挫折するのが落ちである．遭遇したとき，とりあえず，使うことである．ホモロジー代数を学ぶときもそうである．定義の羅列を読んで，サッパリわからなくても，兎も角，使っていると，慣れてくる．慣れたならば，厳(いかめ)しい定義を理解する努力もできるだろう．

なる規則を導入すると,

$$v \wedge w = \sum_{1 \leq i < j \leq n} c_{i,j}(e_i \wedge e_j), \quad c_{i,j} \in \mathbb{R}$$

となるから，$v \wedge w \in \bigwedge^2(V)$ となる．すなわち,

$$\bigwedge^2(V) = \{\, v \wedge w \,:\, v, w \in V \,\}$$

と解釈できる.

- 一般の $1 \leq q \leq n$ ならば,

$$e_{i_1} \wedge e_{i_2} \wedge \cdots \wedge e_{i_q}$$

を，$i_1, i_2, \ldots, i_q$ に重複があれば,

$$e_{i_1} \wedge e_{i_2} \wedge \cdots \wedge e_{i_q} = 0$$

とし，$i_1, i_2, \ldots, i_q$ に重複がなければ，$i_1, i_2, \ldots, i_q$ を $i'_1, i'_2, \ldots, i'_q$ と並べ替え，$1 \leq i'_1 < i'_2 < \cdots < i'_q \leq n$ として,

$$e_{i_1} \wedge e_{i_2} \wedge \cdots \wedge e_{i_q} = \pm\, e_{i'_1} \wedge e_{i'_2} \wedge \cdots \wedge e_{i'_q}$$

とする．但し，符号 $\pm$ は $i_1, i_2, \ldots, i_q$ を $i'_1, i'_2, \ldots, i'_q$ に並べ替える置換の符号である．たとえば，$n = 5,\ q = 3$ とすると,

$$e_5 \wedge e_2 \wedge e_3 = e_2 \wedge e_3 \wedge e_5, \quad e_2 \wedge e_5 \wedge e_3 = -\, e_2 \wedge e_3 \wedge e_5$$

など．すると,

$$\bigwedge^q(V) = \{\, v_1 \wedge v_2 \wedge \cdots \wedge v_q \,:\, v_i \in V \,\}$$

と解釈できる.

- 線型空間 V に属する q 個のベクトル

$$v_j = a^j_1 e_1 + \cdots + a^j_n e_n, \quad a^j_i \in \mathbb{R}, \quad 1 \leq j \leq q$$

の $v_1 \wedge \cdots \wedge v_q$ を計算すると,

$$\sum_{1 \leq i_1 < i_2 < \cdots < i_q \leq n} \begin{vmatrix} a^1_{i_1} & a^2_{i_1} & \ldots & a^q_{i_1} \\ a^1_{i_2} & a^2_{i_2} & \ldots & a^q_{i_2} \\ \vdots & \vdots & \ddots & \vdots \\ a^1_{i_q} & a^2_{i_q} & \ldots & a^q_{i_q} \end{vmatrix} e_{i_1} \wedge e_{i_2} \wedge \cdots \wedge e_{i_q}$$

となる．すると，

$$v_1 \wedge \cdots \wedge v_q \neq 0$$

であることと，$v_1, \ldots, v_q$ が線型独立であることは同値である．

- 線型空間の直和

$$\bigwedge(V) = \bigwedge^0(V) \bigoplus \bigwedge^1(V) \bigoplus \bigwedge^2(V) \bigoplus \cdots \bigoplus \bigwedge^n(V)$$

を導入する．但し，

$$\bigwedge^0(V) = \mathbb{R}, \quad \bigwedge^1(V) = V$$

である．直和空間 $\bigwedge(V)$ の積 $\wedge$ を

$$\alpha = v_1 \wedge \cdots \wedge v_q \in \bigwedge^q(V), \ \beta = w_1 \wedge \cdots \wedge w_r \in \bigwedge^r(V)$$

のとき，

$$\alpha \wedge \beta = v_1 \wedge \cdots \wedge v_q \wedge w_1 \wedge \cdots \wedge w_r \in \bigwedge^{q+r}(V)$$

と定義する．但し，

$$\alpha \wedge \beta = 0, \quad q + r > n$$

とする．積 $\wedge$ は，反対称性，すなわち，

$$\alpha \wedge \beta = (-1)^{qr} \beta \wedge \alpha, \quad \alpha \in \bigwedge^q(V), \ \beta \in \bigwedge^r(V)$$

である．

- 積 $\wedge$ の構造を持つ線型空間 $\bigwedge(V)$ を線型空間 V の**外積代数**と呼ぶ．外積代数 $\bigwedge(V)$ の次元は

$$\dim_{\mathbb{R}} \bigwedge(V) = \sum_{q=0}^{n} \dim_{\mathbb{R}} \bigwedge^q(V) = \sum_{q=0}^{n} \binom{n}{q} = 2^n$$

となる．

以上，かなり雑な外積代数の導入であるが，兎も角，そのような計算がなんら矛盾することなく展開できることを，線型代数の理論は断言している．その外積代数を駆使すると，極値集合論の補題である，補題（2.3.1）の華麗な証明が得られる．

[補題 (2.3.1) の証明] まず，$|A_i| < q$ ならば，A_i に替え，

$$A_i \subset A'_i \subset B_i, \quad |A'_i| = q$$

となる A'_i を考えると，それぞれの $|A_i| = q$ とすることができる．

線型空間 $V = \mathbb{R}^{n-d+q}$ の一般の位置にある n 個のベクトル $v_1, v_2, \ldots, v_n$ を固定する．但し，$v_1, v_2, \ldots, v_n$ が一般の位置にあるとは，それら n 個のベクトルから $n - d + q$ 個のベクトルをどのように選んでも，選んだベクトルが線型独立であるときにいう[14)]．

線型空間 $V = \mathbb{R}^{n-d+q}$ の外積代数 $\bigwedge(V)$ を扱い，$1 \leq i \leq h$ のとき，

$$y_i = \bigwedge_{j \in A_i} v_j \in \bigwedge^q(V), \quad z_i = \bigwedge_{j \in [n] \setminus B_i} v_j \in \bigwedge^{n-d}(V)$$

と置く．すると，$A_i \cap ([n] \setminus B_i) = \emptyset$ から，$n - d + q$ 個のベクトル

$$\{ v_j : j \in A_i \cup ([n] \setminus B_i) \}$$

は，線型独立である．それゆえ，

$$0 \neq y_i \wedge z_i \in \bigwedge^{n-d+q}(V), \quad 1 \leq i \leq h \tag{2.14}$$

である．更に，$1 \leq i < j \leq h$ ならば $A_i \cap ([n] \setminus B_j) \neq \emptyset$ から，

$$0 = y_i \wedge z_j \in \bigwedge^{n-d+q}(V), \quad 1 \leq i < j \leq h \tag{2.15}$$

である．

以下，$y_1, \ldots, y_h$ が線型独立であることを示す．そうすれば，

$$h \leq \dim_{\mathbb{R}} \bigwedge^q(V) = \binom{n-d+q}{q}$$

が従う．

線型従属な関係式

$$\sum_{i=1}^{h} c_i y_i = 0, \quad c_i \in \mathbb{R}$$

---

14) たとえば，巡回凸多面体 $C(n, n-d+q) \subset \mathbb{R}^{n-d+q}$ の n 個の頂点に原点が含まれないならば，それら n 個の頂点は一般の位置にある．

が存在するとし，$c_i \neq 0$ となるもっとも大きな $1 \leq i \leq h$ を i_0 とする．すると，(2.15) から，

$$0 = \left(\sum_{i=1}^{h} c_i y_i \right) \wedge z_{i_0} = c_{i_0} \cdot y_{i_0} \wedge z_{i_0}$$

となる．ところが，(2.14) から，$y_{i_0} \wedge z_{i_0} \neq 0$ であるから，結局，$c_{i_0} = 0$ となり，i_0 の選択と矛盾する．■

純粋な組合せ論のテクニックだけを駆使し，補題（2.3.1）を証明することは，かなり骨が折れるであろう，と邪推できる．しかしながら，外積代数という武器を使えば，短く，しかも，エレガントな証明が得られる．

2.3.2　殻化可能定理

凸多面体論の著しい展開の土壌を育んだ，単体的凸多面体の境界複体は殻化可能である，という Bruggesser–Mani [11] の著名な定理を紹介する．殻化可能な単体的複体は，その後，可換代数の舞台でも，その華麗な姿を披露することになる．たとえば，[20] などを参照されたい．

まず，単体的複体の概念を導入し，次に，単体的複体の数え上げ理論の礎となる諸概念を列挙する．その後，殻化可能な単体的複体を定義する．

有限集合 $[n] = \{1, 2, \ldots, n\}$ を**頂点集合**とする**単体的複体**とは，次の条件を満たす，$[n]$ の部分集合の集合 Δ のことをいう．

- $\{1\}, \{2\}, \ldots, \{n\}$ は Δ に属する．
- $F \in \Delta$, $G \subset [n]$, $G \subset F$ ならば $G \in \Delta$ となる．

それぞれの $F \in \Delta$ を Δ の**面**と呼ぶ．面 $F \in \Delta$ が i 面とは

$$|F| = i + 1$$

のときをいう．包含関係に関する極大な面[15)]を**ファセット**という．

単体的複体 Δ の**次元**を

$$\dim \Delta = d - 1$$

15) すなわち，$F \subset G$, $F \neq G$ となる面 $G \in \Delta$ が存在しない面 $F \in \Delta$ のこと．

と定義する．但し，

$$d = \max\{\, |F| \,:\, F \in \Delta \,\}$$

とする．

次元 $d-1$ の単体的複体 Δ が**純**とは，Δ の任意のファセットが $d-1$ 面のときをいう．

次元 $d-1$ の単体的複体 Δ の i 面の個数を

$$f_i = f_i(\Delta), \quad 0 \le i \le d-1$$

とする．特に，$f_0 = n$ となる．数列

$$f(\Delta) = (f_0, f_1, \ldots, f_{d-1})$$

を Δ の f **列**と呼ぶ．更に，$f_{-1} = 1$ とし，Δ の h **列**

$$h(\Delta) = (h_0, h_1, \ldots, h_d)$$

を，公式 (2.1) から定義する．すなわち，

$$\sum_{i=0}^{d} f_{i-1}(x-1)^{d-i} = \sum_{i=0}^{d} h_i x^{d-i}$$

である．

一般に，有限集合 $F \subset [n]$ の部分集合の全体を $\langle F \rangle$ と表す．たとえば，

$$\langle \{1,2,3\} \rangle = \{\{1,2,3\}, \{1,2\}, \{1,3\}, \{2,3\}, \{1\}, \{2\}, \{3\}\}$$

など．

次元 $d-1$ の純な単体的複体 Δ が**殻化可能**[16] であるとは，Δ のファセットの並べ替え

$$F_1, \ldots, F_s \tag{2.16}$$

で，条件

---

[16] 殻化可能は shellable の和訳である．殻，貝殻を shell というのだから，shellable は shell 可能，すなわち，殻可能，貝殻可能と直訳することもできるけれど，shellable の定義は，殻を綺麗に覆うような状態にする，という雰囲気が漂うから，液化などの「化」を使い，殻化可能，と訳した．

(☆)　Δ の部分複体[17)]

$$\left(\bigcup_{j=1}^{i-1}\langle F_j\rangle\right)\bigcap\langle F_i\rangle \tag{2.17}$$

は，次元 $d-2$ の純な単体的複体である

を，任意の $2\leq i\leq s$ で満たすものが存在するときにいう．そのようなファセットの並べ替え (2.16) を Δ の**殻化点呼**[18)] と呼ぶ．

殻化可能な単体的複体の簡単な例を眺め，殻化可能な単体的複体と殻化点呼に慣れよう．

(2.3.2) 例　頂点集合 $\{1,\ldots,6\}$ の部分集合

$$F_1=\{1,2,3\},\ F_2=\{1,2,4\},\ F_3=\{2,3,5\},\ F_4=\{1,3,6\}$$

をファセットとする次元2の純な単体的複体は殻化可能である．ファセットの並べ替え，たとえば，F_1, F_2, F_3, F_4 は，その殻化点呼となる．実際，

$$\begin{aligned}\langle F_1\rangle\cap\langle F_2\rangle&=\langle\{1,2\}\rangle\\(\langle F_1\rangle\cup\langle F_2\rangle)\cap\langle F_3\rangle&=\langle\{2,3\}\rangle\\(\langle F_1\rangle\cup\langle F_2\rangle\cup\langle F_3\rangle)\cap\langle F_4\rangle&=\langle\{1,3\}\rangle\end{aligned}$$

である．しかしながら，ファセットの並べ替え F_2, F_3, F_4, F_1 は，殻化点呼とはならない．実際，

$$\langle F_2\rangle\cap\langle F_3\rangle=\langle\{2\}\rangle$$

の右辺は純な単体的複体であるが，その次元は0である．——

殻化可能な単体的複体の顕著な振る舞いを紹介する．

---

17) すなわち，$\Delta'\subset\Delta$ となる単体的複体 Δ' のことである．

18) 殻化点呼は shelling の和訳である．他動詞 shell は…の殻を除去すると訳されるから，shelling は殻を除去するということ，となるかもしれないが，shelling の定義は，あくまでも順番のことだから，点呼，と訳した．

(2.3.3) 補題　殻化可能な単体的複体 Δ のファセットの並べ替え $F_1, \ldots, F_s$ を殻化点呼とするとき，任意の $2 \leq i \leq s$ について，

$$\mathcal{N}_i = \left\{ G \subset F_i \,:\, G \notin \bigcup_{j=1}^{i-1} \langle F_j \rangle \right\}$$

には，包含関係に関する最小なもの G_i が存在する．しかも，

$$\Delta = [G_1, F_1] \bigcup [G_2, F_2] \bigcup \cdots \bigcup [G_s, F_s] \tag{2.18}$$

は，Δ の直和分解となる．但し，$G_1 = \emptyset$ とし，

$$[G_i, F_i] = \{ F \subset [n] \,:\, G_i \subset F \subset F_i \}$$

である．

[証明] 単体的複体 Δ の次元を $d-1$ とする．殻化可能の条件（☆）の部分複体 (2.17) を Δ_i とすると，Δ_i は，次元 $d-2$ の純な単体的複体であるから，そのファセット $F_1^{(i)}, \ldots, F_{s_i}^{(i)}$ のそれぞれは，

$$F_j^{(i)} = F_i \setminus \{a_j^{(i)}\}, \quad a_j^{(i)} \in F_i$$

と表せる．すると，部分集合 $G \subset F_i$ が $\mathcal{N}_i$ に属することと，

$$\{a_1^{(i)}, a_2^{(i)}, \ldots, a_{s_i}^{(i)}\} \subset G$$

は同値である．すなわち，

$$G_i = \{a_1^{(i)}, a_2^{(i)}, \ldots, a_{s_i}^{(i)}\}$$

が，$\mathcal{N}_i$ の包含関係に関する最小なものである．しかも，

$$\mathcal{N}_i = [G_i, F_i]$$

である．

次に，直和分解 (2.18) を示す．面 $F \in \Delta$ を含むファセット F_i で添字 i がもっとも小さいものを F_{i_0} とすると，$F \in \mathcal{N}_{i_0}$ である．但し，$\mathcal{N}_1 = \langle F_1 \rangle$ である．すなわち，Δ は，$\mathcal{N}_1, \mathcal{N}_2, \ldots, \mathcal{N}_s$ の和集合である．すると，残るは，

$$\mathcal{N}_i \cap \mathcal{N}_j = \emptyset, \quad 1 \leq i < j \leq s$$

の証明である．面 $F \in \Delta$ が $\mathcal{N}_j$ に属するならば，

$$F \not\in \langle F_1 \rangle \bigcup \langle F_2 \rangle \bigcup \cdots \bigcup \langle F_{j-1} \rangle$$

である．すると，$i < j$ から，$F \not\subset F_i$ である．特に，$F \not\in \mathcal{N}_i$ である．■

単体的複体の f 列が数え上げの数列であることは疑う余地はない．しかしながら，単体的複体の h 列を数え上げの数列と解釈することはなかなか難しい[19]．ところが，殻化可能な単体的複体の h 列は，その直和分解 (2.18) を使うと，数え上げの数列と解釈することができる．

(2.3.4) 補題　殻化可能な単体的複体 Δ の直和分解 (2.18) を踏襲し，

$$h_i = |\{ j : |G_j| = i \}|, \quad 0 \leq i \leq d$$

とする．但し，Δ の次元を $d-1$ とする．すると，数列

$$(h_0, h_1, \ldots, h_d)$$

は Δ の h 列と一致する．

[証明] 単体的複体 Δ の f 列を $f(\Delta) = (f_0, f_1, \ldots, f_{d-1})$ とし，f 列と h 列の関係式 (2.1) を考慮し，

$$\sum_{i=0}^{d} f_{i-1}(x-1)^{d-i} = \sum_{F \in \Delta} (x-1)^{d-|F|}$$

を考える．但し，$f_{-1} = 1$ とし，$\emptyset \in \Delta$ と考える．直和分解 (2.18) から，

$$\sum_{F \in \Delta} (x-1)^{d-|F|} = \sum_{j=1}^{s} \sum_{G_j \subset F \subset F_j} (x-1)^{d-|F|} \tag{2.19}$$

となる．いま，$|G_j| = i$ とすると，

$$\sum_{G_j \subset F \subset F_j} (x-1)^{d-|F|} = \sum_{k=0}^{d-i} \binom{d-i}{k} (x-1)^{d-i-k}$$

19) 実際，h 列の成分が 0 あるいは負の整数となることもある．

$$= (1 + (x-1))^{d-i} = x^{d-i}$$

となる．すると，(2.19) の右辺は，

$$\sum_{i=0}^{d} h_i x^{d-i}$$

となる．すなわち，(2.1) の右辺となる．それゆえ，単体的複体 Δ の h 列は，数列 $(h_0, h_1, \ldots, h_d)$ と一致する．■

上限定理の証明の要となる h 列の不等式を紹介する．

(2.3.5) 補題 次元 $d-1$ の殻化可能な単体的複体 Δ の頂点集合を $[n]$ とし，その h 列を $h(\Delta) = (h_0, h_1, \ldots, h_d)$ とすると，

$$\sum_{j=0}^{i} h_j \leq \binom{n-d+i}{i}, \quad 0 \leq i \leq d \tag{2.20}$$

が成立する．

［証明］ 直和分解 (2.18) を踏襲し，

$$\{ G_j : |G_j| \leq i \} = \{ G_{j_1}, G_{j_2}, \ldots, G_{j_a} \}$$

とする．但し，

$$1 \leq j_1 < j_2 < \cdots < j_a \leq s$$

である．まず，

$$G_{j_k} \subset F_{j_k}, \quad 1 \leq k \leq a$$

である．しかも，補題 (2.3.3) の $G_1, \ldots, G_s$ の定義から，

$$G_{j_k} \not\subset F_{j_{k'}}, \quad 1 \leq k' < k \leq a$$

である．添字の順番を

$$j_a, j_{a-1}, \ldots, j_2, j_1$$

と逆転させ，補題 (2.3.1) を，$G_{j_a}, \ldots, G_{j_1}$ と $F_{j_a}, \ldots, F_{j_1}$ で使うと，

$$a \leq \binom{n-d+i}{i}$$

が従う．ところが，補題（2.3.4）から，

$$a = \sum_{j=0}^{i} h_j$$

であるから，

$$\sum_{j=0}^{i} h_j \leq \binom{n-d+i}{i}$$

となる．■

単体的凸多面体の境界複体の概念を導入する．次元 d の単体的凸多面体 $\mathcal{P} \subset \mathbb{R}^N$ の頂点を $\mathbf{a}_1, \ldots, \mathbf{a}_n$ とするとき，有限集合 $[n] = \{1, \ldots, n\}$ の部分集合の集合

$$\Delta(\mathcal{P}) = \{\, F \subset [n] : \mathrm{conv}(\{\mathbf{a}_i : i \in F\}) \text{ は } \mathcal{P} \text{ の面} \,\}$$

は，頂点集合を $[n]$ とする単体的複体となる．単体的複体 $\Delta(\mathcal{P})$ を $\mathcal{P}$ の**境界複体**と呼ぶ．境界複体 $\Delta(\mathcal{P})$ は，次元 $d-1$ の純な[20] 単体的複体である．その f 列と h 列は，それぞれ，$\mathcal{P}$ の f 列，h 列と一致する．

(2.3.6) 定理（Bruggesser–Mani）　単体的凸多面体の境界複体は殻化可能である．

[証明] 次元 d の単体的凸多面体 $\mathcal{P} \subset \mathbb{R}^N$ のファセットを

$$\mathcal{F}_1, \mathcal{F}_2, \ldots, \mathcal{F}_s$$

とする．

空間 $\mathbb{R}^N$ の直線 $\ell \subset \mathrm{aff}(\mathcal{P})$ で，条件

- $\mathrm{aff}(\mathcal{F}_i)$ と ℓ は唯一つの点 $\mathbf{x}_i$ で交わる．但し，$1 \leq i \leq s$ である．
- $i \neq j$ ならば $\mathbf{x}_i \neq \mathbf{x}_j$ である．
- 直線 ℓ は $\mathcal{P}$ の内部を通過する．

[20] 定理（1.2.13）の (d)

を満たすものを固定する[21]．

一般に，空間 $\mathbb{R}^N$ の点

$$\mathbf{y} \in (\mathrm{aff}(\mathcal{P}) \setminus \mathcal{P}) \bigcup \partial\mathcal{P}$$

から，$\mathcal{P}$ のファセット $\mathcal{F}$ が**眺望可能**であるとは，$\mathrm{aff}(\mathcal{F})$ に関し，$\mathbf{y}$ と $\mathcal{P}$ が反対側にあるときにいう[22]．

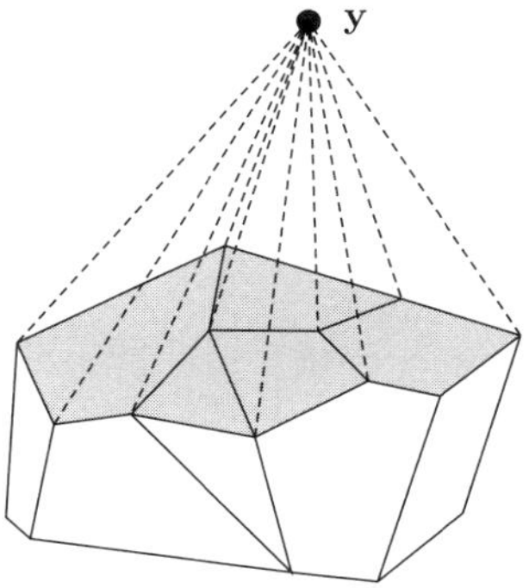

図 **2.2**　眺望可能

直線 ℓ の点 $\mathbf{w}, \mathbf{w}_+, \mathbf{w}_-$ で，

$$\mathbf{w} \in \mathcal{P} \setminus \partial\mathcal{P},\ \ \mathbf{w}_+ \notin \mathcal{P},\ \ \mathbf{w}_- \notin \mathcal{P},\ \ \mathbf{w} = (\mathbf{w}_+ + \mathbf{w}_-)/2$$

となるものを選ぶ．但し，$\mathbf{w}_+$ と $\mathbf{w}_-$ を $\mathcal{P}$ から十分離れたところに選ぶことで，$\mathcal{P}$ のどのファセットも $\mathbf{w}_+$ と $\mathbf{w}_-$ のどちらかから眺望可能とする．

直線 ℓ を動く点 $\mathbf{p}$ は，まず，$\mathbf{w}$ から $\mathbf{w}_+$ まで動き，その後，$\mathbf{w}_-$ から $\mathbf{w}$ まで動くとし，動点 $\mathbf{p}$ が通過する順番を，簡単のため，

$$\mathbf{w}, \mathbf{x}_1, \ldots, \mathbf{x}_q, \mathbf{w}_+, \mathbf{w}_-, \mathbf{x}_{q+1}, \ldots, \mathbf{x}_s, \mathbf{w}$$

---

21) そのような直線の存在は明らかである．まず，$\mathcal{P}$ の内部を通過する任意の直線 ℓ を考える．直線 ℓ が，いずれかの $\mathrm{aff}(\mathcal{F}_i)$ と平行であれば，ℓ をほんの少しだけ動かすと，$\mathrm{aff}(\mathcal{F}_i)$ と ℓ が唯一つの点で交わるようにできるし，$\mathbf{x}_i = \mathbf{x}_j$ となる $i \neq j$ があるようならば，やはり，ℓ をほんの少しだけ動かすと，$\mathbf{x}_i \neq \mathbf{x}_j$ とできる．

22) 但し，$\mathbf{y} \in \mathrm{aff}(\mathcal{F})$ のときも眺望可能とする．

とする．

すなわち，動点 $\mathbf{p}$ が $\mathbf{w}$ から $\mathbf{w}_+$ まで動くとき，まず，$\mathbf{p}$ から $\mathcal{F}_1$ が眺望可能となり，次に，$\mathcal{F}_2$ が眺望可能となり，その後，$\mathcal{F}_3, \ldots, \mathcal{F}_q$ の順番に眺望可能となる．動点 $\mathbf{p}$ が $\mathbf{w}_-$ から $\mathbf{w}$ まで動くとき，$\mathbf{w}_-$ からは，$\mathcal{F}_{q+1}, \ldots, \mathcal{F}_s$ が眺望可能であるが，まず，$\mathbf{p}$ から $\mathcal{F}_{q+1}$ が眺望不可能となり，次に，$\mathcal{F}_{q+2}$ が眺望不可能となり，その後，$\mathcal{F}_{q+3}, \ldots, \mathcal{F}_s$ の順番に眺望不可能となる．

すると，境界複体 $\Delta(\mathcal{P})$ のファセットの並び替え

$$F_1, \ldots, F_q, F_{q+1}, \ldots, F_s$$

は，$\Delta(\mathcal{P})$ の殻化点呼となる．但し，$F_i \in \Delta(\mathcal{P})$ は，ファセット $\mathcal{F}_i \subset \mathcal{P}$ に対応するファセットとする．

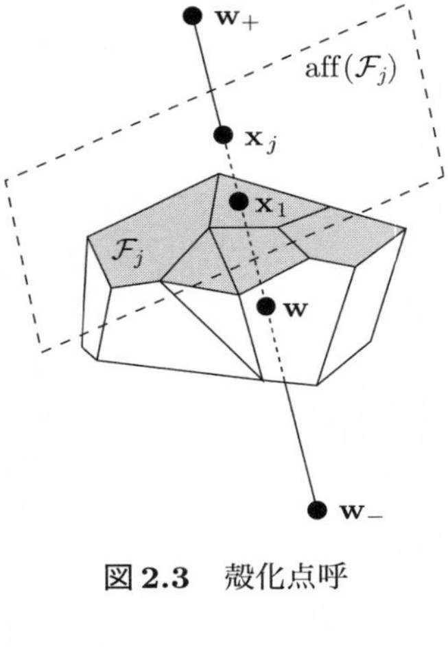

図 2.3　殻化点呼

実際，

$$\left(\bigcup_{j=1}^{i-1} \langle F_j \rangle\right) \bigcap \langle F_i \rangle \tag{2.21}$$

に，$G \in \langle F_i \rangle$ が属するための必要十分条件は，

- $2 \leq i \leq q$ ならば，部分集合 $G \subset F_i$ に対応する $\mathcal{F}_i$ の面 $\mathcal{G}$ は，アフィン部分空間 aff$(\mathcal{F}_i)$ において，点 $\mathbf{x}_i$ から眺望可能となる

- $q+1 \leq i < s$ ならば，部分集合 $G \subset F_i$ に対応する $\mathcal{F}_i$ の面 $\mathcal{G}$ は，アフィン部分空間 $\mathrm{aff}(\mathcal{F}_i)$ において，点 $\mathbf{x}_i$ から眺望不可能となる

が満たされることである.

すると，$\mathrm{aff}(\mathcal{F}_i)$ において，点 $\mathbf{x}_i$ から「$2 \leq i \leq q$ ならば，眺望可能」と，「$q+1 \leq i < s$ ならば，眺望不可能」となる $\mathcal{F}_i$ のファセットを $\mathcal{G}_1, \ldots, \mathcal{G}_{r_i}$ とし，それぞれの $\mathcal{G}_j$ に対応する F_i のファセットを G_j とすると，(2.21) は，

$$\langle G_1 \rangle \cup \cdots \cup \langle G_{r_i} \rangle$$

と一致する[23]．すなわち，境界複体 $\Delta(\mathcal{P})$ の部分複体 (2.21) は，次元 $d-2$ の純な単体的複体となる．■

眺望可能という概念を使うと，いかにも幾何の色彩を帯びた証明という雰囲気が漂う．xyz 空間の凸多面体を使い，定理（2.3.6）の証明のテクニックを踏襲し，その殻化点呼を探索しよう.

(2.3.7) 例　xyz 空間の八面体 $\mathcal{P} \subset \mathbb{R}^3$ の頂点を

$$\pm(1,0,0),\ \ \pm(0,1,0),\ \ \pm(0,0,1)$$

とすると，そのファセットを含む支持（超）平面の定義方程式は，

$$\pm x \pm y \pm z = 1$$

となる．原点を通過する直線

$$\ell = \{\, (\lambda, 2\lambda, 5\lambda) \,:\, \lambda \in \mathbb{R} \,\} \tag{2.22}$$

は，定理（2.3.6）の証明の直線 ℓ の条件を満たす.

直線 (2.22) とファセットを含む支持（超）平面[24]との交点を列挙する.

$$\mathcal{F}_{+++},\quad t = 1/8,\quad (1/8, 1/4, 5/8)$$

---

23) なお，$i = s$ ならば，(2.21) は，$\langle F_s \rangle \setminus \{F_s\}$ と一致する.

24) たとえば，定義方程式を $-x+y-z=1$ とする支持（超）平面に含まれるファセットを $\mathcal{F}_{-+-}$ と表す.

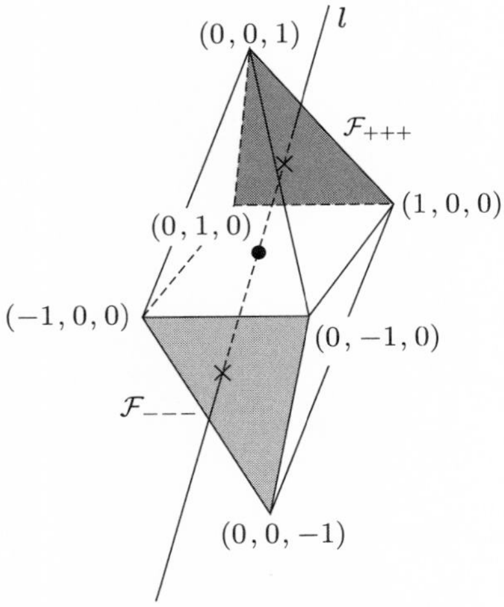

図 2.4　八面体 $\mathcal{P}$ と直線 ℓ

$$\begin{aligned}
&\mathcal{F}_{-++}, \quad t = 1/6, \quad (1/6, 1/3, 5/6)\\
&\mathcal{F}_{+-+}, \quad t = 1/4, \quad (1/4, 1/2, 5/4)\\
&\mathcal{F}_{++-}, \ t = -1/2, \ (-1/2, -1, -5/2)\\
&\mathcal{F}_{--+}, \quad t = 1/2, \quad (1/2, 1, 5/2)\\
&\mathcal{F}_{+--}, \ t = -1/6, \ (-1/6, -1/3, -5/6)\\
&\mathcal{F}_{-+-}, \ t = -1/4, \ (-1/4, -1/2, -5/4)\\
&\mathcal{F}_{---}, \ t = -1/8, \ (-1/8, -1/4, -5/8)
\end{aligned}$$

すると，λを，まず0から1まで動かし，次に -1 から0まで動かすと，境界複体 $\Delta(\mathcal{P})$ の殻化点呼は，

$$F_{+++}, F_{-++}, F_{+-+}, F_{--+}, F_{++-}, F_{-+-}, F_{+--}, F_{---}$$

となる[25)]．たとえば，

$$(\langle F_{+++}\rangle \cup \langle F_{-++}\rangle) \cap \langle F_{+-+}\rangle \tag{2.23}$$

$$(\langle F_{+++}\rangle \cup \cdots \cup \langle F_{++-}\rangle \cup \langle F_{-+-}\rangle) \cap \langle F_{+--}\rangle \tag{2.24}$$

25) 但し，たとえば，$F_{+-+} \in \Delta(\mathcal{P})$ は，ファセット $\mathcal{F}_{+-+} \subset \mathcal{P}$ に対応するファセットとする．

を考える．

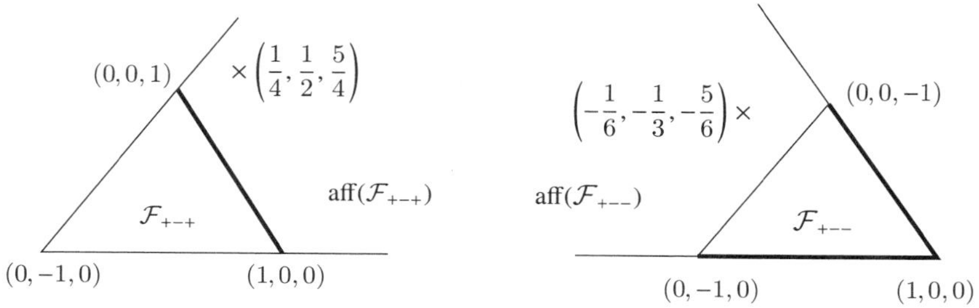

図 2.5　眺望可能な辺と眺望不可能な辺

- 支持（超）平面 $x-y+z=1$ の点 $(1/4, 1/2, 5/4)$ から眺望可能な $\mathcal{F}_{+-+}$ の辺は $[(1,0,0),(0,0,1)]$ であるから，部分複体 (2.23) は，純な単体的複体である．
- 支持（超）平面の $x-y-z=1$ の点 $(-1/6, -1/3, -5/6)$ から眺望不可能な $\mathcal{F}_{+--}$ の辺は $[(1,0,0),(0,-1,0)]$ と $[(1,0,0),(0,0,-1)]$ であるから，部分複体 (2.24) は，純な単体的複体である．——

2.3.3　McMullen の証明

次元 d の単体的凸多面体 $\mathcal{P} \subset \mathbb{R}^N$ の f 列と h 列を，それぞれ，

$$f(\mathcal{P}) = (f_0, f_1, \ldots, f_{d-1}), \quad h(\mathcal{P}) = (h_0, h_1, \ldots, h_d)$$

とし，頂点の個数を $f_0 = n$ とする．

(2.3.8) 補題　上限予想の f 列の不等式 (2.7) は，h 列の不等式

$$\sum_{j=0}^{i} h_j \leq \binom{n-d+i}{i}, \quad 0 \leq i \leq [d/2] \tag{2.25}$$

から従う．

［証明］ 数列 $(h_0^\sharp, h_1^\sharp, \ldots, h_d^\sharp)$ を

$$h_i^\sharp = \sum_{j=0}^{i} h_j, \quad 0 \le i \le d$$

と定義すると,

$$h_i = h_i^\sharp - h_{i-1}^\sharp \tag{2.26}$$

である．但し，$h_{-1}^\sharp = 0$ とする．

まず，(2.4) を (2.3) に代入すると，

$$\begin{aligned} f_i &= \sum_{j=0}^{i+1} \binom{d-j}{d-i-1} h_j \\ &= \sum_{j=0}^{d} \binom{d-j}{d-i-1} h_j \\ &= \sum_{j=0}^{[d/2]} \binom{d-j}{d-i-1} h_j + \sum_{j=[d/2]+1}^{d} \binom{d-j}{d-i-1} h_{d-j} \\ &= \sum_{j=0}^{[d/2]} \binom{d-j}{d-i-1} h_j + \sum_{j=0}^{d-[d/2]-1} \binom{j}{d-i-1} h_j \end{aligned}$$

となる．すると，

- 次元 d が奇数ならば，$[d/2] = d - [d/2] - 1$ であるから，

$$f_i = \sum_{j=0}^{[d/2]} \left(\binom{d-j}{d-i-1} + \binom{j}{d-i-1} \right) h_j$$

- 次元 d が偶数ならば，$[d/2] = d - [d/2]$ であるから，

$$f_i = \sum_{j=0}^{[d/2]-1} \left(\binom{d-j}{d-i-1} + \binom{j}{d-i-1} \right) h_j + \binom{[d/2]}{d-i-1} h_{[d/2]}$$

となる．次に，(2.26) を代入すると，

- 次元 d が奇数ならば，$f_i = A + B$ となる．但し，

$$A = \sum_{j=0}^{[d/2]-1} \left(\binom{d-j-1}{d-i-2} - \binom{j}{d-i-2} \right) h_j^\sharp$$

$$B = \left(\binom{[d/2]+1}{d-i-1} + \binom{[d/2]}{d-i-1}\right) h^\sharp_{[d/2]}$$

- 次元 d が偶数ならば，$f_i = C + D + E$ となる．但し，

$$C = \sum_{j=0}^{[d/2]-2} \left(\binom{d-j-1}{d-i-2} - \binom{j}{d-i-2}\right) h^\sharp_j$$

$$D = \left(\binom{[d/2]}{d-i-2} + \binom{[d/2]-1}{d-i-1}\right) h^\sharp_{[d/2]-1}$$

$$E = \binom{[d/2]}{d-i-1} h^\sharp_{[d/2]}$$

となる．特に，$f_0, f_1, \ldots, f_{d-1}$ のそれぞれは，$h^\sharp_0, h^\sharp_1, \ldots, h^\sharp_{[d/2]}$ の非負整数係数の線型結合である．しかも，巡回凸多面体 $C(n,d)$ の h 列は

$$h_i(C(n,d)) = \binom{n-d+i-1}{i}, \quad 0 \le i \le [d/2]$$

である．すると，

$$h^\sharp_i(C(n,d)) = \sum_{j=0}^{i} \binom{n-d+j-1}{j}, \quad 0 \le i \le [d/2]$$

となる．一般に，$n-d$ 変数の j 次の単項式の個数は $\binom{n-d+j-1}{j}$ であるから，

$$\sum_{j=0}^{i} \binom{n-d+j-1}{j}$$

は，$n-d$ 変数の単項式で次数が i を越えないものの個数となる．その個数は，$n-d+1$ 変数の i 次の単項式の個数，すなわち，

$$\binom{n-d+i}{i}$$

となる．すると，

$$h^\sharp_i(C(n,d)) = \binom{n-d+i}{i}, \quad 0 \le i \le [d/2]$$

となる．

以上の結果，不等式 (2.25) から，不等式

$$h_i^\sharp(\mathcal{P}) \leq h_i^\sharp(C(n,d)), \quad 0 \leq i \leq [d/2]$$

が導かれ，しかも，$f_0, f_1, \ldots, f_{d-1}$ のそれぞれは，$h_0^\sharp, h_1^\sharp, \ldots, h_{[d/2]}^\sharp$ の非負整数係数の線型結合であることから，f 列の不等式 (2.7) が従う．■

以上の準備をすると，上限定理の証明も，もはや，ゴールは目の前である．

(2.3.9) 定理（上限定理） 次元 d の単体的凸多面体 $\mathcal{P} \subset \mathbb{R}^N$ は，n 個の頂点を持ち，その f 列を $f(\mathcal{P}) = (f_0, f_1, \ldots, f_{d-1})$ とすると，不等式

$$f_i \leq f_i(C(n,d)), \quad 1 \leq i \leq d-1$$

が成立する．但し，$C(n,d) \subset \mathbb{R}^d$ は，n 個の頂点を持つ次元 d の巡回凸多面体である．

[証明] 定理（2.3.6）から，単体的凸多面体 $\mathcal{P}$ の境界複体 $\Delta(\mathcal{P})$ は殻化可能である．すると，補題（2.3.5）から，その h 列 $h(\mathcal{P}) = (h_0, h_1, \ldots, h_d)$ は，不等式 (2.20) を，特に，(2.25) を満たす．すると，補題（2.3.8）から，その f 列は，不等式 (2.7) を満たす．■

なお，McMullen の原論文では，補題（2.3.5）を礎とするのではなく，殻化可能な単体的複体の h 列が，

$$h_i(\mathcal{P}) \leq \binom{n-d+i-1}{i}, \quad 0 \leq i \leq [d/2] \tag{2.27}$$

を満たすこと証明し，その後，$f_1, f_2, \ldots, f_{d-1}$ のそれぞれは，$h_0, h_1, \ldots, h_d$ の非負整数係数の線型結合となる[26)] こと，及び，$h_i(C(n,d))$ は (2.27) の右辺と一致する[27)] ことから，

$$f_i(\mathcal{P}) \leq f_i(C(n,d)), \quad 0 \leq i \leq d-1$$

26) 表示 (2.3) から従う．
27) 補題（2.2.2）

を導いている．証明の流れとしては，そのほうが自然であろう．しかしながら，純粋な組合せ論のテクニックだけから，不等式 (2.27) を示すことは，かなり煩雑な骨の折れる仕事である[28)]．その代替とし，補題（2.3.1）を礎とすると，証明が簡単になる[29)]．もっとも，二項係数の煩雑な計算が不可欠な，補題 (2.3.8) を証明しなければならないけれども．

上限定理は，単体的凸多面体の f 列の不等式である．必ずしも単体的とは限らない一般の凸多面体は，頂点を少し動かすと，頂点の個数を保ったまま，単体的凸多面体にすることができる．たとえば，xyz 空間の立方体ならば，それぞれの正方形の面に一本の対角線を入れ，頂点を微妙に動かすと，その対角線が辺となるような単体的 12 面体にすることができる．すなわち，次元 d の一般の凸多面体 $\mathcal{P} \subset \mathbb{R}^N$ と頂点の個数が等しい単体的凸多面体 $\mathcal{P}' \subset \mathbb{R}^N$ で，

$$f_i(\mathcal{P}) \leq f_i(\mathcal{P}'), \quad 1 \leq i \leq d-1$$

となるものが存在する．それゆえ，上限定理の f 列の不等式は，必ずしも単体的とは限らない一般の凸多面体についても成立する．

2.4 下限定理

下限予想は，1971 年と 1973 年，David Barnette が肯定的に解決することに成功し，**下限定理**へと華麗なる変貌を遂げた．しばらくの間，Barnette の証明を辿りながら，凸多面体論の華麗なる舞台の第 2 幕を楽しもう．

次元 d の単体的凸多面体 $\mathcal{P} \subset \mathbb{R}^N$ の f 列を $f(\mathcal{P}) = (f_0, f_1, \ldots, f_{d-1})$ とする．下限予想とは，不等式

$$f_i \geq \binom{d}{i} f_0 - \binom{d+1}{i+1} i, \quad 1 \leq i \leq d-2 \tag{2.28}$$

$$f_{d-1} \geq (d-1) f_0 - (d+1)(d-2) \tag{2.29}$$

---

28) 可換環論，特に，Cohen–Macaulay 環の議論を経由すれば鮮やかな証明が得られる．拙著 [27] を参照されたい．

29) 外積代数を使うことは，ちょっと後ろめたいが…

が成立する，という予想である[30]．

2.4.1　骨格グラフ

下限定理を証明する準備をする．まず，有限グラフの概念を紹介し，その後，凸多面体の骨格グラフを導入する．

空でない有限集合 V と，その2元部分集合[31] の集合 E の対

$$G = (V, E)$$

を，V を**頂点集合**とし，E を**辺集合**とする**有限グラフ**と呼ぶ[32]．有限集合 V のそれぞれの元を G の**頂点**，E のそれぞれの元を G の**辺**と呼ぶ．

一般に，有限グラフを図示するときは，頂点を点で表し，$\{x, y\}$ が辺のとき，頂点 x と頂点 y を線で結ぶ．たとえば，図2.6は，10個の頂点と15個の辺を持つ有限グラフであり，ピーターセングラフ，あるいは，ペテルセングラフと呼ばれる．なお，点と線は，点と点のつながりができるだけわかりやすくなるような配置をすることが望ましく，線は曲線でもかまわない．

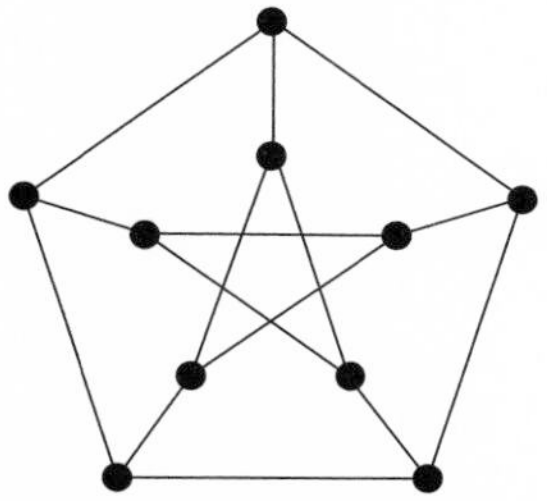

図2.6　ピーターセングラフ

---

[30] 上限定理の f 列の不等式は，必ずしも単体的とは限らない一般の凸多面体についても成立するが，下限定理の f 列の不等式は，そうとは限らない．たとえば，xyz 空間の三角柱の f 列は $(6, 9, 5)$ と，立方体の f 列は $(8, 12, 6)$ となるが，山積凸多面体 $\mathcal{S}_3^{(6)}$ の f 列は $(6, 12, 8)$ と，$\mathcal{S}_3^{(8)}$ の f 列は $(8, 18, 12)$ となる．

[31] すなわち，V に属する2個の元を持つ部分集合のことである．

[32] 但し，$E = \emptyset$ も許す．

有限グラフ $G=(V,E)$ の頂点 x と頂点 y を結ぶ長さ ℓ の**路**とは,

$$\Gamma=(\{x,x_1\},\{x_1,x_2\},\{x_2,x_3\},\ldots,\{x_{\ell-2},x_{\ell-1}\}\{x_{\ell-1},y\})$$

となる ℓ 個の辺の列をいう[33]. 一般には, $i+1<j$, $x_i=x_j$ となることを排除しない. それぞれの $x_1,\ldots,x_{\ell-1}$ を路 Γ の**通過点**と呼ぶ. なお, $x=y$ のとき, 路 Γ を**閉路**と呼ぶ. 路 Γ は, 頂点集合と辺集合を, それぞれ,

$$V_\Gamma=\{x,x_1,\ldots,x_{\ell-1},y\},$$

$$E_\Gamma=\{\{x,x_1\},\{x_1,x_2\},\ldots,\{x_{\ell-2},x_{\ell-1}\}\{x_{\ell-1},y\}\}$$

とする $G=(V,E)$ の**部分グラフ**[34] と考える.

有限グラフ $G=(V,E)$ が**連結**であるとは, $G=(V,E)$ の任意の頂点 x と任意の頂点 y（但し, $x\neq y$ とする）を結ぶ路が存在するときにいう.

有限グラフ $G=(V,E)$ が q **連結である**[35] とは, $G=(V,E)$ の任意の頂点 x と任意の頂点 y（但し, $x\neq y$ とする）を結ぶ q 個の独立な路 $\Gamma_1,\ldots,\Gamma_q$ が存在するときにいう. 但し, 路 $\Gamma_1,\ldots,\Gamma_q$ が**独立**であるとは, $i\neq j$ ならば Γ_i と Γ_j が共通な通過点を持たないときにいう. すると, 特に, 連結グラフは 1 連結である. ピーターセングラフは 3 連結である.

有限グラフ $G=(V,E)$ の頂点集合 V の空でない部分集合 W を頂点集合とし, E の部分集合

$$E_W=\{\,\{x,y\}\in E\,:\,x\in W,\,y\in W\,\}$$

を辺集合とする有限グラフ $G_W=(W,E_W)$ を, W が誘導する G の**誘導部分グラフ**と呼ぶ.

(2.4.1) 補題　有限グラフ $G=(V,E)$ が q 連結となるための必要十分条件は, $|W|=q-1$ となる任意の部分集合 $W\subset V$ について, $V\setminus W$ が誘導する誘導部分グラフ $G_{V\setminus W}$ が連結となることである.

---

[33] 路（みち）は path の和訳. 道とするのも一案だけど…

[34] 一般に, $G'=(V',E')$ が $G=(V,E)$ の部分グラフであるとは, $V'\subset V$, $E'\subset E$ であるときにいう.

[35] 但し, $1\leq q<|V|$ とする.

[証明] まず，必要性を示す．有限グラフ $G = (V, E)$ が q 連結であるとし，$|W| = q-1$ となる任意の部分集合 $W \subset V$ を考える．頂点 x と y が W に属さないとき，誘導部分グラフ $G_{V\setminus W}$ で，x と y を結ぶ路が存在することをいう．いま，$G = (V, E)$ は q 連結であるから，x と y を結ぶ d 個の独立な路が存在する．すると，$|W| = q-1$ から，いずれかの路は，通過点に W に属する頂点を含まない．それゆえ，その路は x と y を結ぶ $G_{V\setminus W}$ の路である．

骨の折れる難儀な仕事は，十分性を示すことである．

（ア）一般に，有限グラフ $G = (V, E)$ の頂点 x と頂点 y の**分離集合**とは，部分集合 $W \subset V \setminus \{x, y\}$ で，誘導部分グラフ $G_{V\setminus W}$ において x と y を結ぶ路が存在しないもののことをいう．但し，$x \neq y$ であり，しかも，$\{x, y\} \notin E$ とする．

（イ）まず，「有限グラフ $G = (V, E)$ の頂点 x と頂点 y の**分離次数**（すなわち，分離集合の濃度の最小値）が k であるならば，x と y を結ぶ k 個の独立な路が存在する」（Menger の定理）を証明する．

（ウ）[36] もちろん $k = 1$ ならば成立する．任意の $k \geq 2$ で必ずしも成立するとは限らないとし，成立しないような $k \geq 2$ の最小値を k_0 とし，有限グラフ $G_0 = (V_0, E_0)$ の $x_0 \in V_0$ と $y_0 \in V_0$ は「それらの分離次数は k_0 となるが，それらを結ぶ独立な路の個数は $k_0 - 1$ を越えない」とする．そのような $x_0 \in V_0$ と $y_0 \in V_0$ が存在する $G_0 = (V_0, E_0)$ のなかで，$|V_0|$ が最小となるものを選ぶ．しかも，無駄な辺を除去し，$G_0 = (V_0, E_0)$ から任意の辺 $e \in E_0$ を除去すると，x_0 と y_0 の分離次数が $k_0 - 1$ 以下となるとする．

（エ）すると，$z \in V_0$ で $\{x_0, z\} \in E_0$, $\{y_0, z\} \in E_0$ となるものは存在しない．

［証明：実際，$\{x_0, z\} \in E_0$, $\{y_0, z\} \in E_0$ とすると，$(G_0)_{V_0\setminus\{z\}}$ において，x_0 と y_0 の分離次数は $k_0 - 1$ である．すると，k_0 の最小性から，$(G_0)_{V_0\setminus\{z\}}$ には，x_0 と y_0 を結ぶ $k_0 - 1$ 個の独立な路が存在する．路 $(\{x_0, z\}, \{z, y_0\})$ を考えると，G_0 では，x_0 と y_0 を結ぶ独立な k_0 個の路が存在し，矛盾する．］

（オ）いま，$|W| = k_0$ である部分集合 $W \subset V_0 \setminus \{x_0, y_0\}$ を x_0 と y_0 の分離

---

[36]（ウ）から（カ）は，（イ）の証明である．

集合とする．すると，「任意の $w \in W$ は $\{x_0, w\} \in E_0$ となる」か，あるいは，「任意の $w \in W$ は $\{y_0, w\} \in E_0$ となる」か，のどちらかが成立する．

［証明：それぞれの $w \in W$ を通過点とする x_0 と y_0 を結ぶ G_0 の路 Γ_w で，w 以外の $w' \in W$ は Γ_w の通過点とはならないものが存在する．実際，x_0 と y_0 を結び，w を通過点とする $G_0 = (V_0, E_0)$ の任意の路が w 以外の $w' \in W$ を含むならば，そもそも $W \setminus \{w\}$ が x_0 と y_0 の分離集合となるから，矛盾する．特に，x_0 と w を結ぶ路で，w 以外の $w' \in W$ はその路の通過点とはならないものが存在する．そのような路[37] をすべて考え，それらの和集合を $G_0 = (V_0, E_0)$ の部分グラフと考え，その部分グラフに，頂点 y_0 と k_0 個の辺 $\{w, y_0\}$（但し，$w \in W$ とする）を（もし，$\{w, y_0\} \notin E_0$ ならば）添加した有限グラフを $G(x_0)$ とする．同じく，有限グラフ $G(y_0)$ も導入する．すると，$G(x_0)$ でも $G(y_0)$ でも，x_0 と y_0 の分離次数は k_0 である[38]．すると，「任意の $w \in W$ は $\{x_0, w\} \in E_0$ となる」も，「任意の $w \in W$ は $\{y_0, w\} \in E_0$ となる」も，いずれも成立しないとすると，$\{y_0, z\} \in E_0$ となる $z \in V_0 \setminus W$ が存在するが，そのような z は $G(x_0)$ の頂点とはならない[39]．すると，$G(x_0)$ も，$G(y_0)$ も，$G_0 = (V_0, E_0)$ よりも頂点の個数が少ない．それゆえ，$|V_0|$ の最小性から，$G(x_0)$ にも，$G(y_0)$ にも，x_0 と y_0 を結ぶ独立な k_0 個の路が存在する．すると，$G(x_0)$ で，それらの路を x_0 から $w \in W$ まで辿ると k_0 個の路

$$\Gamma'_i(x_0) = \left(\{x_0, x_1^{(i)}\}, \{x_1^{(i)}, x_2^{(i)}\}, \ldots, \{x_{q_i-1}^{(i)}, w_i\}\right), \ 1 \leq i \leq k_0$$

が得られる．但し，$W = \{w_1, \ldots, w_{k_0}\}$ とする．これらの k_0 個の路の頂点には，x_0 以外は，重複して現れない．同じく，$G(y_0)$ で，それらの路を y_0 から $w \in W$ まで辿ると k_0 個の路

$$\Gamma'_i(y_0) = \left(\{y_0, y_1^{(i)}\}, \{y_1^{(i)}, y_2^{(i)}\}, \ldots, \{y_{q'_i-1}^{(i)}, w_i\}\right), \ 1 \leq i \leq k_0$$

---

[37] すなわち，W に属する頂点を通過点に含まず，x_0 といずれかの $w \in W$ を結ぶ路のことである．

[38] 実際，$G(x_0)$ の頂点 $z_1, \ldots, z_s$ が x_0 と y_0 を分離するならば，$G_0 = (V_0, E_0)$ の x_0 と y_0 を結ぶ路の頂点を x_0 から最初に W の頂点が現れるまでを辿ると，それらの頂点には，いずれかの z_i が現れる．

[39] もし，z が $G(x_0)$ の頂点となるならば，x_0 から z を経由し y_0 に至る路で W に属する頂点を通過点としない路が存在する．

が得られる．これらの k_0 個の路の頂点には，y_0 以外は，重複して現れない．しかも，任意の $x_j^{(i)}$ と任意の $y_{j'}^{(i')}$ は異なる[40)]．すると，w_i を経由し，$\Gamma'_i(x_0)$ と $\Gamma'_i(y_0)$ を結ぶと，x_0 と y_0 を結ぶ k_0 個の独立な路が $G_0 = (V_0, E_0)$ で存在し，矛盾する.］

（カ）有限グラフ $G_0 = (V_0, E_0)$ で，x_0 と y_0 を結ぶ路

$$\Gamma = (\{x_0, z_1\}, \{z_1, z_2\}, \{z_2, z_3\}, \ldots, \{z_{q-2}, z_{q-1}\}\{z_{q-1}, y_0\})$$

で，長さのもっとも短いものを考える．まず，（エ）から，$q \geq 3$ となる．辺 $e = \{z_1, z_2\}$ を $G_0 = (V_0, E_0)$ から除去し，部分グラフ $G'_0 = (V'_0, E'_0)$ を作る[41)]．すると，$G_0 = (V_0, E_0)$ を設定したときの辺に関する条件から，$G'_0 = (V'_0, E'_0)$ では，x_0 と y_0 の分離集合 W' で $|W'| = k_0 - 1$ となるものが存在する．すると，

$$W'_1 = W' \cup \{z_1\}, \quad W'_2 = W' \cup \{z_2\}$$

の両者は，いずれも，$G_0 = (V_0, E_0)$ で x_0 と y_0 の分離集合となる．いま，$\{x_0, z_1\} \in E_0$ だから $\{z_1, y_0\} \notin E_0$ である．すると，（オ）から，任意の $w' \in W'_1$ は，$\{w', x_0\} \in E_0$ となる．路 Γ の長さの最小性から，$\{z_2, x_0\} \notin E_0$ である．すると，（オ）から，任意の $w'' \in W'_2$ は，$\{w'', y_0\} \in E_0$ となる．ところが，$k_0 > 1$ だから，$\{x_0, w\} \in E_0, \{y_0, w\} \in E_0$ となる $w \in W'$ が存在し，（エ）に矛盾する[42)]．

（キ）以下，（イ）を礎とし，十分性を示そう．すなわち，$|W| = q-1$ となる任意の部分集合 $W \subset V$ について，$V \setminus W$ が誘導する誘導部分グラフ $G_{V \setminus W}$ が連結となるならば，任意の $x \in V$ と任意の $y \in V$ を結ぶ q 個の独立な路が存在することを示す．

まず $\{x, y\} \notin E$ とする．すると，x と y の分離次数は，小さくとも q であるから，（イ）から，x と y を結ぶ q 個の独立な路が存在する．

次に，$e = \{x, y\} \in E$ とし，$G = (V, E)$ から辺 e を除去したものを $G' =$

40) もし $x_j^{(i)} = y_{j'}^{(i')}$ とすると，$G_0 = (V_0, E_0)$ で，W に属する頂点を通過点とはしない x_0 と y_0 を結ぶ路が存在する．

41) すると，$V'_0 = V_0$, $E'_0 = E_0 \setminus \{e\}$ となる．

42) 以上，（イ）の証明が完了する．

(V', E') とし，$G' = (V', E')$ における x と y の分離次数は，少なくとも，$q-1$ であることを示す．いま，$G' = (V', E')$ で，$W \subset V'$ を x と y の分離集合とし，

$$W' = W \cup \{x\}, \quad W'' = W \cup \{y\}$$

とすると，誘導部分グラフ $G_{V \setminus W'}$ と $G_{V \setminus W''}$ のいずれかは，連結ではない．実際，$z \notin W \cup \{x, y\}$ とすると，$G' = (V', E')$ で，W は x と z の分離集合となるか，あるいは，y と z の分離集合となるから，$G = (V, E)$ で，W' は y と z の分離集合となるか，あるいは，W'' は x と z の分離集合となる．すると，$|W| \geq q-1$ が従う．いま，$\{x, y\} \notin E'$ と（イ）から，$G' = (V', E')$ には，x と y を結ぶ $q-1$ 個の独立な路が存在する．それら $q-1$ 個の路に，辺 $\{x, y\}$ を加える[43]と，$G = (V, E)$ には，x と y を結ぶ独立な q 個の路が存在する．■

次元 d の凸多面体 $\mathcal{P} \subset \mathbb{R}^N$ の**骨格グラフ**とは，$\mathcal{P}$ の頂点集合

$$V = \{\mathbf{a}_1, \ldots, \mathbf{a}_n\}$$

を頂点集合とし，

$$E = \{\, \{\mathbf{a}_i, \mathbf{a}_j\} \,:\, \mathrm{conv}(\{\mathbf{a}_i, \mathbf{a}_j\}) \text{ は } \mathcal{P} \text{ の辺} \}$$

を辺集合とする有限グラフ

$$G(\mathcal{P}) = (V, E)$$

のことをいう．

骨格グラフの連結性に関する顕著な結果[44]を紹介する．

(2.4.2) 定理 次元 d の凸多面体 $\mathcal{P} \subset \mathbb{R}^N$ の骨格グラフ $G(\mathcal{P})$ は d 連結である．

[証明] 骨格グラフ $G(\mathcal{P})$ の頂点集合を V とする．補題 (2.4.1) の御利益から，$d-1$ 個の頂点から成る部分集合 $W \subset V$ から作られる，誘導部分グラフ $G_{V \setminus W}$

---

[43] 辺は，長さ 1 の路である．

[44] Balinski の定理

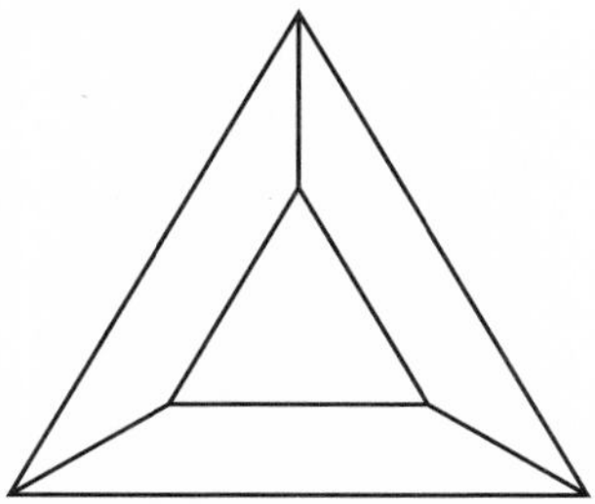

図 2.7　骨格グラフ（三角柱）

が連結であることを示せば，$G(\mathcal{P})$ は d 連結となる．簡単のため，$N = d$ とする．

まず，$W \subset \mathcal{F}$ となる面 $\mathcal{F}$ が存在するとし，$\mathcal{P}$ の支持超平面 $\mathcal{H} \subset \mathbb{R}^d$ で $\mathcal{H} \cap \mathcal{P} = \mathcal{F}$ となるものを選ぶ．超平面 $\mathcal{H}$ を $\mathcal{P}$ の内部と交わるように平行移動し，$\mathcal{P}$ の支持超平面 $\mathcal{H}'$ を作る．超平面 $\mathcal{H}$ と平行な超平面

$$\mathcal{H} = \mathcal{H}_0, \mathcal{H}_1, \ldots, \mathcal{H}_{s-1}, \mathcal{H}_s = \mathcal{H}'$$

を，$\mathcal{H}_i$ が $\mathcal{H}_{i-1}$ と $\mathcal{H}_{i+1}$ の間に位置するように作り，しかも，$\mathcal{P}$ の任意の頂点は，いずれかの $\mathcal{H}_i$ に属するとする．超平面 $\mathcal{H}_i$ に属する任意の頂点 $\mathbf{a}$ を考える．すると，$i < s$ ならば，$\mathcal{P}$ の辺で $\mathbf{a}$ と結ばれる $\mathcal{H}_{i+1}$ に属する頂点が存在する．それゆえ，頂点 $\mathbf{a}' \in \mathcal{H}' \cap \mathcal{P}$ を固定すると，任意の頂点 $\mathbf{a} \in V \setminus W$ と $\mathbf{a}'$ を結ぶ $G(\mathcal{P})$ の路が存在する．面 $\mathcal{H}' \cap \mathcal{P}$ の骨格グラフは連結であると仮定することができる[45)]から，誘導部分グラフ $G_{V \setminus W}$ は連結である．

次に，$W \subset \mathcal{F}$ となる面 $\mathcal{F}$ が存在しないとする．任意の頂点 $\mathbf{a} \in V \setminus W$ を固定し，$W \cup \{\mathbf{a}\}$ を含む超平面 $\mathcal{H} \subset \mathbb{R}^d$ を考える．超平面 $\mathcal{H}$ と平行な超平面

$$\mathcal{H}_1, \ldots, \mathcal{H}_{q-1}, \mathcal{H}_q = \mathcal{H}, \mathcal{H}_{q+1}, \ldots, \mathcal{H}_s$$

を，$\mathcal{H}_i$ が $\mathcal{H}_{i-1}$ と $\mathcal{H}_{i+1}$ の間に位置するように作り，しかも，$\mathcal{P}$ の任意の頂点は，いずれかの $\mathcal{H}_i$ に属するとする．前半の議論を踏襲すると，$\mathcal{H}_1$ に属する頂点 $\mathbf{a}'$ と $\mathcal{H}_s$ に属する頂点 $\mathbf{a}''$ を固定すると，

45) 次元に関する数学的帰納法を使う．

$$V' = \left(\bigcup_{i=1}^{q} \mathcal{H}_i\right) \bigcap (V \setminus W)$$

に属する頂点は $\mathbf{a}'$ と $G_{V \setminus W}$ の路で結ばれ，

$$V'' = \left(\bigcup_{i=q}^{s} \mathcal{H}_i\right) \bigcap (V \setminus W)$$

に属する頂点は $\mathbf{a}''$ と $G_{V \setminus W}$ の路で結ばれる．すると，$\mathbf{a} \in V' \cap V''$ であることから，誘導部分グラフ $G_{V \setminus W}$ は連結である．■

特に，xyz 空間の凸多面体の骨格グラフは3連結である．一般に，有限グラフ $G = (V, E)$ が xyz 空間の凸多面体の骨格グラフとなるには，G が3連結，しかも平面的[46)]であることが必要十分である[47)]．

2.4.2　ファセット系

凸多面体 $\mathcal{P}$ の**ファセット系**とは，$\mathcal{P}$ のファセットの集合 Ω のことをいう[48)]．一般に，$\mathcal{P}$ のファセット $\mathcal{F}$ の骨格グラフ $G(\mathcal{F})$ を $G(\mathcal{P})$ の誘導部分グラフと考え，その頂点集合，辺集合を，それぞれ，$V_{\mathcal{F}}$, $E_{\mathcal{F}}$ とする．

ファセット系 Ω の骨格グラフとは，

$$G(\Omega) = \left(\bigcup_{\mathcal{F} \in \Omega} V_{\mathcal{F}}, \bigcup_{\mathcal{F} \in \Omega} E_{\mathcal{F}}\right)$$

のことをいう．ファセット系 Ω が連結であるとは，その骨格グラフ $G(\Omega)$ が連結であるときにいう．

一般に，次元 d の凸多面体の連結なファセット系の骨格グラフは $d-1$ 連結であるとは限らない[49)]．しかしながら，その凸多面体が単純ならば，連結なファセット系の骨格グラフは $d-1$ 連結である．

---

46) 一般に，有限グラフ $G = (V, E)$ が平面的であるとは，異なる辺が頂点以外で交わらないように図示できるときにいう．

47) Steinitz の定理

48) 但し，$\Omega \neq \emptyset$ とする．

49) たとえば，図2.8は，xyz 空間の八面体の4個のファセットから成る連結なファセット系の骨格グラフである．その骨格グラフは2連結とはならない．

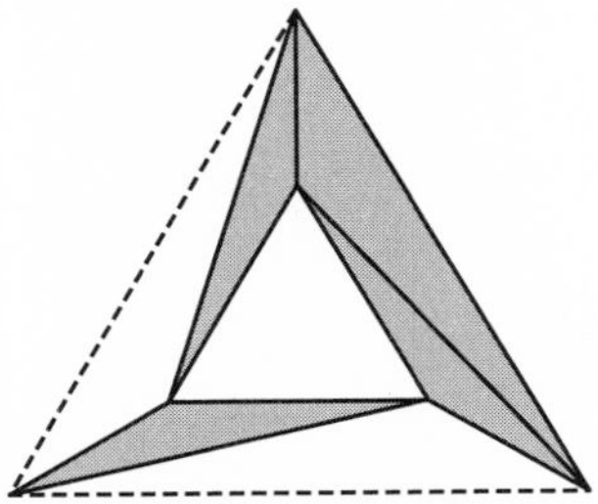

図 2.8　ファセット系の骨格グラフ

(2.4.3) 補題　次元 d の単純凸多面体 $\mathcal{P} \subset \mathbb{R}^N$ の連結なファセット系 Ω の骨格グラフ $G(\Omega)$ は $d-1$ 連結である．

[証明] ファセット系 Ω に属するファセットの個数 n に関する数学的帰納法を使う．まず，$n=1$ ならば，$G(\Omega)$ は，次元 $d-1$ の単純凸多面体の骨格グラフであるから，定理 (2.4.2) から $d-1$ 連結である．

次に，$n \geq 2$ とし，Ω に属するファセット $\mathcal{F}_1, \ldots, \mathcal{F}_n$ を，ファセット系

$$\{\mathcal{F}_1, \ldots, \mathcal{F}_i\}, \quad i = 1, 2, \ldots, n$$

がいずれも連結になるように並べ替える．数学的帰納法の仮定から，ファセット系 $\Omega' = \{\mathcal{F}_1, \ldots, \mathcal{F}_{n-1}\}$ は $d-1$ 連結である．ファセット系 Ω は連結であるから，$\mathcal{F}_j \cap \mathcal{F}_n \neq \emptyset$ となる $j \leq n-1$ が存在する．凸多面体 $\mathcal{P}$ は単純だから，$\mathcal{F}_j \cap \mathcal{F}_n$ は $\mathcal{P}$ の $d-2$ 面となる[50)]．すると，$\mathcal{F}_j$ と $\mathcal{F}_n$ は，少なくとも $d-1$ 個の頂点を共有する．それゆえ，骨格グラフ $G(\Omega')$ と $G(\mathcal{F}_n)$ も，少なくとも $d-1$ 個の頂点を共有する．ところが，$G(\Omega')$ と $G(\mathcal{F}_n)$ は，両者とも，$d-1$ 連結であるから，$G(\Omega)$ も $d-1$ 連結である[51)]．■

---

50) 次元 d の単純凸多面体 $\mathcal{P}$ のファセット $\mathcal{F}$ と $\mathcal{F}'$ が $\mathcal{F} \cap \mathcal{F}' \neq \emptyset$ を満たすならば，それらの共通部分 $\mathcal{G} = \mathcal{F} \cap \mathcal{F}'$ は $\mathcal{P}$ の $d-2$ 面である．実際，$\mathcal{G}$ は $\mathcal{F}$ と $\mathcal{F}'$ の両者に含まれる最大の面であるから，単体的凸多面体 $\mathcal{P}^\vee$ を考えると，$\mathcal{P}^\vee$ の頂点 $\mathbf{a} = \mathcal{F}^\vee$ と $\mathbf{a}' = \mathcal{F}'^\vee$ の両者を含む面が存在するから，その両者を含む最小の面は辺となる．すると，$\mathcal{G}$ は $\mathcal{P}^\vee$ の辺に対応するから，$\mathcal{P}$ の $d-2$ 面となる．

51) 実際，$G(\Omega)$ の頂点集合 V の部分集合 W が $|W| = d-2$ ならば，$G(\Omega')$ と $G(\mathcal{F}_n)$ の共通の頂点で W に属さないものが存在するから，誘導部分グラフ $G(\Omega)_{V \setminus W}$ は連結である．

次元dの凸多面体$\mathcal{P} \subset \mathbb{R}^N$のファセット系$\Omega$と$\mathcal{P}$の面$\mathcal{G}$を考える．面$\mathcal{G}$がファセット系$\Omega$の面であるとは，$\mathcal{G}$を面とするファセット$\mathcal{F} \in \Omega$が存在するときにいう．特に，ファセット系$\Omega$の頂点とは，いずれかのファセット$\mathcal{F} \in \Omega$の頂点のことをいう．

以下，単純凸多面体のファセット系を議論する．次元dの単純凸多面体$\mathcal{P} \subset \mathbb{R}^N$のファセット系$\Omega$と$\Omega$の頂点$\mathbf{a}$を考える．すると，$\mathbf{a}$を頂点とするファセット$\mathcal{F} \in \Omega$が存在する．次元$d$の凸多面体$\mathcal{P}$は単純だから，頂点$\mathbf{a}$が属する$\mathcal{P}$の辺は$d$個である．一般に，単純凸多面体の任意の面は単純である[52)]から，$\mathcal{F}$は次元$d-1$の単純凸多面体である．すると，頂点$\mathbf{a}$が属するd個の辺の内，$d-1$個の辺は$\mathcal{F}$に属する．すなわち，Ωの辺である．ファセット系Ωの頂点$\mathbf{a}$がΩの**内部頂点**であるとは，残りの1本の辺もΩの辺であるときにいう．ファセット系Ωの頂点$\mathbf{a}$がΩの**外部頂点**であるとは，残りの1本の辺はΩの辺でないときにいう．換言すると，ファセット系Ωの頂点$\mathbf{a}$がΩの外部頂点であるとは，$\mathbf{a}$を頂点とするファセット$\mathcal{F} \in \Omega$が唯一つ存在するということである．

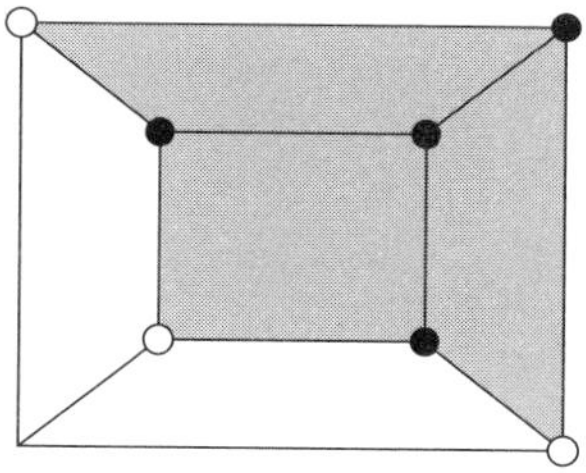

図 2.9　ファセット系の内部頂点と外部頂点

単純凸多面体のファセット系を巡る数え上げの補題を列挙する．

(2.4.4) 補題　次元dの単純凸多面体$\mathcal{P} \subset \mathbb{R}^N$のファセット系$\Omega$の頂点とは

52) 単純凸多面体の双対凸多面体は単体的凸多面体であることと，単体的凸多面体の任意の面は単体であることから，単純凸多面体の任意の面は単純であることが従う．

ならない，$\mathcal{P}$ の頂点が存在するならば，ファセット系 Ω の外部頂点は，少なくとも d 個存在する．

[証明] ファセット系 Ω は，少なくとも d 個の頂点を持つから，Ω の任意の頂点が外部頂点であるならば，特に，Ω の外部頂点は，少なくとも d 個存在する．ファセット系 Ω の頂点 $\mathbf{a}$ が内部頂点であるとする．ファセット系 Ω の頂点とならない $\mathcal{P}$ の頂点 $\mathbf{a}'$ を選ぶ．骨格グラフ $G(\mathcal{P})$ は d 連結であるから，$\mathbf{a}$ と $\mathbf{a}'$ を結ぶ d 個の独立な路

$$\Gamma_i = (\{\mathbf{a}, \mathbf{a}_1^{(i)}\}, \{\mathbf{a}_1^{(i)}, \mathbf{a}_2^{(i)}\}, \ldots, \{\mathbf{a}_{q_i-1}^{(i)}, \mathbf{a}'\}), \quad 1 \leq i \leq d$$

が存在する．それぞれの $1 \leq i \leq d$ について，Ω の頂点とはならない $\mathbf{a}_j^{(i)}$ で，添字 j のもっとも小さいものを j_i とする．但し，$\mathbf{a}' = \mathbf{a}_{q_i}^{(i)}$ である．すると，辺 $[\mathbf{a}_{j_i-1}^{(i)}, \mathbf{a}_{j_i}^{(i)}]$ は Ω の辺とはならない．それゆえ，$\mathbf{a}_{j_i-1}^{(i)}$ は Ω の外部頂点である．路 $\Gamma_1, \ldots, \Gamma_d$ は独立であるから，d 個の頂点 $\mathbf{a}_{j_1-1}^{(1)}, \ldots, \mathbf{a}_{j_d-1}^{(d)}$ は異なる．すなわち，Ω は，少なくとも d 個の外部頂点を持つ．■

(2.4.5) 補題　次元 d の単純凸多面体 $\mathcal{P} \subset \mathbb{R}^N$ の連結なファセット系 Ω は，少なくとも2個のファセットを含み，しかも，Ω の頂点とはならない，$\mathcal{P}$ の頂点が存在すると仮定する．すると，Ω の外部頂点 $\mathbf{a}_0$ と $\mathbf{a}_0 \in \mathcal{F}_0$ となるファセット $\mathcal{F}_0 \in \Omega$ で，ファセット系 $\Omega \setminus \{\mathcal{F}_0\}$ が連結となるものが存在する．

[証明] ファセット系 Ω の外部頂点 $\mathbf{a}$ と $\mathbf{a} \in \mathcal{F}_\mathbf{a}$ となる唯一のファセット $\mathcal{F}_\mathbf{a} \in \Omega$ をどのように選んでも，$\Omega \setminus \{\mathcal{F}_\mathbf{a}\}$ が連結でないとし，ファセット系 $\Omega \setminus \{\mathcal{F}_\mathbf{a}\}$ のいずれか[53)]に含まれる連結なファセット系で，ファセットの個数が最大なもの Ω' を選び，$\Omega' \subset \Omega \setminus \{\mathcal{F}_\mathbf{a}\}$ とする．

まず，ファセット系 $\Omega' \cup \{\mathcal{F}_\mathbf{a}\}$ は連結であることを示す．ファセット系 Ω' の任意の頂点 $\mathbf{a}'$ と $\mathbf{a} \in \mathcal{F}_\mathbf{a}$ を骨格グラフ $G(\Omega)$ の路で結ぶ[54)]．その路を $\mathbf{a}'$ から $\mathbf{a}$ へ辺で辿るとき，Ω' に属さない最初の辺が存在する．その辺を含む $\mathcal{F} \in \Omega$

53) 但し，$\mathbf{a}$ は Ω の外部頂点を動く．

54) なお，$\mathbf{a} \neq \mathbf{a}'$ である．実際，$\mathcal{F}_\mathbf{a} \notin \Omega'$ であり，$\mathbf{a}$ は，Ω の $\mathcal{F}_\mathbf{a}$ 以外のファセットには属さない．

を選ぶ．すると，ファセット系 $\Omega' \cup \{\mathcal{F}\}$ は連結である．それゆえ，$\Omega' \cup \{\mathcal{F}\}$ は $\Omega \setminus \{\mathcal{F}_{\mathbf{a}}\}$ に含まれることはできない．すると，$\mathcal{F} = \mathcal{F}_{\mathbf{a}}$ が従う．すなわち，ファセット系 $\Omega' \cup \{\mathcal{F}_{\mathbf{a}}\}$ は連結である．

次に，$\Omega' \cup \{\mathcal{F}_{\mathbf{a}}\} \neq \Omega$ を踏まえ，ファセット系 $\Omega'' = \Omega \setminus (\Omega' \cup \{\mathcal{F}_{\mathbf{a}}\})$ を考える．ファセット系 Ω'' の外部頂点 $\mathbf{a}''$ で $\mathcal{F}_{\mathbf{a}}$ に属さないもの[55] と $\mathbf{a}'' \in \mathcal{F}''$ となる唯一のファセット $\mathcal{F}'' \in \Omega''$ を選ぶ．すると，頂点 $\mathbf{a}''$ は，ファセット系 Ω の外部頂点である．［実際，頂点 $\mathbf{a}''$ が，ファセット系 Ω の内部頂点であるならば，$\mathbf{a}'' \in \mathcal{F}''' \neq \mathcal{F}''$ となるファセット $\mathcal{F}''' \in \Omega'$ が存在するから，特に，$\Omega' \cup \{\mathcal{F}''\}$ は連結なファセット系となる．しかも，$\Omega' \cup \{\mathcal{F}''\}$ は $\Omega \setminus \{\mathcal{F}_{\mathbf{a}}\}$ に含まれる．そのことは，ファセット系 Ω' のファセットの個数が最大であるということに矛盾する．］すると，連結なファセット系 $\Omega' \cup \{\mathcal{F}_{\mathbf{a}}\}$ は $\Omega \setminus \{\mathcal{F}''\}$ に含まれる．これは Ω' の選び方に矛盾する．■

(2.4.6) 補題　補題 (2.4.5) の状況を踏襲する．このとき，$\mathcal{P}$ の少なくとも $d-1$ 個の頂点で，それらは Ω の内部頂点であり，しかも，$\Omega \setminus \{\mathcal{F}_0\}$ の外部頂点となるものが存在する．

［証明］ファセット系 Ω は連結であるから，$\mathcal{F}_0$ と異なるファセット $\mathcal{F} \in \Omega$ で，$\mathcal{F} \cap \mathcal{F}_0 \neq \emptyset$ となるものが存在する．すると，$\mathcal{F} \cap \mathcal{F}_0$ は $d-2$ 面である[56]．それゆえ，$\mathcal{F}$ と $\mathcal{F}_0$ は，少なくとも，$d-1$ 個の頂点を共有する．それらの頂点は，いずれも Ω の内部頂点である．すると，それらの頂点が，いずれも $\Omega \setminus \{\mathcal{F}_0\}$ の外部頂点であれば，何も示すことはない．そこで，それらの頂点のいずれか，たとえば，$\mathbf{a} \in \mathcal{F} \cap \mathcal{F}_0$ が $\Omega \setminus \{\mathcal{F}_0\}$ の内部頂点であるとする．頂点 $\mathbf{a}_0$ は Ω の外部頂点であるから，$\mathbf{a} \neq \mathbf{a}_0$ である．連結なファセット系 Ω の骨格グラフ $G(\Omega)$ は $d-1$ 連結であるから，$\mathbf{a}_0$ と $\mathbf{a}$ を結ぶ $d-1$ 個の独立な路 $\Gamma_1, \ldots, \Gamma_{d-1}$ が存在する．路 Γ_i を $\mathbf{a}_0$ から $\mathbf{a}$ に辿るとき，最初に $\Omega \setminus \{\mathcal{F}_0\}$

---

55) もし，Ω'' の任意の外部頂点が $\mathcal{F}_{\mathbf{a}}$ に属すとすると，Ω'' の頂点と $\mathcal{P}$ の頂点で Ω'' の頂点とはならないものを結ぶ路は，$\mathcal{F}_{\mathbf{a}}$ の頂点を経由しなければならない．すると，W を $\mathcal{P}$ の頂点で $\mathcal{F}'$ の頂点とはならないものの集合とすると，誘導部分グラフ $G(\mathcal{P})_W$ は連結ではない．ところが，定理 (2.4.2) の証明の前半の議論を踏まえると，$G(\mathcal{P})_W$ は連結である．

56) 脚注 50) 参照．

の頂点となるものを $\mathbf{a}_{(i)}$ とし，その直前の頂点を $\mathbf{a}'_{(i)}$ とすると，辺 $[\mathbf{a}'_{(i)}, \mathbf{a}_{(i)}]$ は，$\Omega \setminus \{\mathcal{F}_0\}$ の辺とはならない．それゆえ，$\mathbf{a}_{(i)}$ は $\Omega \setminus \{\mathcal{F}_0\}$ の外部頂点である．特に，$\mathbf{a}_{(i)} \neq \mathbf{a}$, $\mathbf{a}_{(i)} \neq \mathbf{a}_0$ であるから，$\mathbf{a}_{(i)}$ は路 Γ_i の通過点となる．しかも，$[\mathbf{a}'_{(i)}, \mathbf{a}_{(i)}]$ は $\mathcal{F}_0$ の辺である[57] から，$\mathbf{a}_{(i)}$ は $\mathcal{F}_0$ の頂点である．すると，Ω のファセットで $\mathbf{a}_{(i)}$ を含むものは，少なくとも2個存在する．それゆえ，$\mathbf{a}_{(i)}$ は Ω の内部頂点である．以上の結果，$d-1$ 個の頂点 $\mathbf{a}_{(1)}, \ldots, \mathbf{a}_{(d-1)}$ は，Ω の内部頂点であり，しかも，$\Omega \setminus \{\mathcal{F}_0\}$ の外部頂点である．■

(2.4.7) 補題　次元 d の単純凸多面体 $\mathcal{P} \subset \mathbb{R}^N$ のファセット系 Ω の頂点とはならない，$\mathcal{P}$ の頂点が存在すると仮定する．すると，Ω に属さない d 個のファセット $\mathcal{G}_1, \ldots, \mathcal{G}_d$ で，条件「それぞれの $\mathcal{G}_i$ は Ω の $d-2$ 面 $\mathcal{G}'_i$ を含む」を満たすものが存在する．

［証明］ まず，$N = d$ とし，しかも，$\mathbb{R}^d$ の原点が $\mathcal{P}$ の内部に属するとし，双対凸多面体 $\mathcal{Q} = \mathcal{P}^\vee \subset \mathbb{R}^d$ を考える．ファセット系 Ω に属するファセットを $\mathcal{F}_1, \ldots, \mathcal{F}_s$ とし，Ω の頂点とはならない $\mathcal{P}$ の頂点 $\mathbf{a}$ を選ぶ．すると，$\mathcal{Q}$ の頂点 $\mathbf{a}'_1 = \mathcal{F}_1^\vee, \ldots, \mathbf{a}'_s = \mathcal{F}_s^\vee$ は，いずれも，$\mathcal{Q}$ のファセット $\mathcal{G} = \{\mathbf{a}\}^\vee$ に属さない．ファセット $\mathcal{G}$ を底とするテントを作る操作を考える．すなわち，$\mathbf{y} \in \mathbb{R}^d \setminus \mathcal{Q}$ を $\mathcal{G}$ の十分近くに選び，

$$\mathcal{Q}' = \mathrm{conv}(\mathcal{Q} \cup \{\mathbf{y}\}) = \mathcal{Q} \cup \mathrm{conv}(\mathcal{G} \cup \{\mathbf{y}\})$$

とする．すると，$\mathcal{Q}'$ の頂点は，$\mathcal{Q}$ の頂点と $\mathbf{y}$ であり，$\mathcal{Q}'$ の辺は，$\mathcal{Q}$ の辺と，$\mathcal{G}$ の頂点と $\mathbf{y}$ を結ぶ d 個の線分である．骨格グラフ $G(\mathcal{Q}')$ には，$\mathbf{y}$ と $\mathbf{a}'_1$ を結ぶ d 個の独立な路 $\Gamma_1, \ldots, \Gamma_d$ が存在する．その i 番目の路を $\mathbf{y}$ から $\mathbf{a}'_1$ に辿るとき，最初に $\mathbf{a}'_1, \ldots, \mathbf{a}'_s$ のいずれかとなる頂点の直前の頂点を $\mathbf{a}_{(i)}$ とする．すると，$\mathcal{Q}$ の頂点 $\mathbf{a}_{(i)}$ は路 Γ_i の通過点である．凸多面体 $\mathcal{P}$ のファセット $\mathcal{G}'_1 = \mathbf{a}_{(i)}^\vee, \ldots, \mathcal{G}'_d = \mathbf{a}_{(d)}^\vee$ は，いずれも Ω に属さない．しかも，それぞれの $1 \leq i \leq d$ で，$[\mathbf{a}_{(i)}, \mathbf{a}'_j]$ が $\mathcal{Q}$ の辺となる j が存在するから，$\mathcal{G}'_i$ は，いずれかの $\mathcal{F}_1, \ldots, \mathcal{F}_s$ と $d-2$ 面を共有する．■

---

[57] 辺 $[\mathbf{a}'_{(i)}, \mathbf{a}_{(i)}]$ は Ω の辺であるから，$[\mathbf{a}'_{(i)}, \mathbf{a}_{(i)}]$ を含むファセット $\mathcal{F}' \in \Omega$ が存在するが，$\mathbf{a}_{(i)}$ の定義から，$\mathcal{F}' = \mathcal{F}_0$ となる．

以上の準備を踏まえ，下限定理を証明する．

2.4.3　Barnette の証明

David Barnette の第 1 論文（1971 年）に沿い，まず，単体的凸多面体のファセットの個数 f_{d-1} の下限を頂点の個数 f_0 で評価する不等式 (2.29) を証明する．単体的凸多面体の双対凸多面体である単純凸多面体を扱い，単純凸多面体のファセット系の内部頂点と外部頂点の個数に着目し，単純凸多面体の頂点の個数 f_0 の下限をファセットの個数 f_{d-1} で評価する．すなわち，

(2.4.8) 定理　次元 d の単純凸多面体 $\mathcal{P} \subset \mathbb{R}^N$ のファセットの個数を f_{d-1} とすると，その頂点の個数 f_0 は不等式

$$f_0 \geq (d-1)f_{d-1} - (d+1)(d-2) \tag{2.30}$$

を満たす．

[証明] 次元 d の単純凸多面体 $\mathcal{P} \subset \mathbb{R}^N$ の任意の頂点 $\mathbf{a}$ を選び，$\mathbf{a} \notin \mathcal{F}$ となるファセット $\mathcal{F}$ の全体の集合を Ω とする．すると，ファセット系 Ω の骨格グラフ $G(\Omega)$ は，$\mathcal{P}$ の骨格グラフ $G(\mathcal{P})$ の誘導部分グラフ $G_{V\setminus\{\mathbf{a}\}}$ となるから，定理（2.4.2）から，$G(\Omega)$ は連結となる．但し，V は $\mathcal{P}$ の頂点集合である．すると，補題（2.4.3）から，$G(\Omega)$ は $d-1$ 連結である．ファセット系 Ω の外部頂点は，頂点 $\mathbf{a}$ に隣接する d 個の頂点[58] である．すると，Ω の内部頂点の個数は $f_0-(d+1)$ となる．

まず，$f_{d-1}=d+1$ とすると，$\mathcal{P}$ は次元 d の単体であるから，$f_0=d+1$ となる．すると，不等式 (2.30) の不等号は等号となる．次に，$f_{d-1} \geq d+2$ とし，補題（2.4.5）を使い，Ω のファセット $\mathcal{F}_0$ を除去する．補題（2.4.6）から，Ω の少なくとも $d-1$ 個の内部頂点で，ファセット系 $\Omega_1=\Omega\setminus\{\mathcal{F}_0\}$ の外部頂点となるものが存在する．補題（2.4.5）を使い，Ω_1 のファセット $\mathcal{F}_1$ を除去する．補題（2.4.6）から，Ω_1 の少なくとも $d-1$ 個の内部頂点で，ファセット系 $\Omega_2=\Omega_1\setminus\{\mathcal{F}_1\}$ の外部頂点となるものが存在する．その操作を繰り返し，

58) 一般に，凸多面体 $\mathcal{P}$ の頂点 $\mathbf{a}$ と $\mathbf{a}'$ が隣接するとは，$\mathrm{conv}(\{\mathbf{a},\mathbf{a}'\})$ が $\mathcal{P}$ の辺であるときにいう．

Ω_{i-1} から $\Omega_i = \Omega_{i-1} \setminus \{\mathcal{F}_{i-1}\}$ を作る．すると，Ω_{i-1} の少なくとも $d-1$ 個の内部頂点で，Ω_i の外部頂点となるものが存在する．特に，$i = f_{d-1} - d - 1$ とすると，$\Omega_{f_{d-1}-d-1}$ に属するファセットの個数は，唯一つとなる．ファセット系 Ω からファセット系 $\Omega_{f_{d-1}-d-1}$ に至る過程で，少なくとも

$$(f_{d-1} - d - 1)(d-1)$$

個の内部頂点が外部頂点に変化する．ファセット系 Ω の内部頂点の個数は $f_0 - (d+1)$ だから，不等式

$$f_0 - (d+1) \geq (f_{d-1} - d - 1)(d-1)$$

が従う．すなわち，不等式 (2.30) が成立する．■

単純凸多面体の双対凸多面体が単体的凸多面体である．すると，f_0 と f_{d-1} を入れ替えると，定理（2.4.8）から，不等式 (2.29) が従う．

(2.4.9) 系（下限定理）　次元 d の単体的凸多面体 $\mathcal{P} \subset \mathbb{R}^N$ の頂点の個数を f_0 とすると，ファセットの個数 f_{d-1} は不等式

$$f_{d-1} \geq (d-1)f_0 - (d+1)(d-2)$$

を満たす．——

David Barnette の第2論文（1973年）に沿い，単体的凸多面体の i 面の個数 f_i（但し，$1 \leq i \leq d-2$ とする）の下限を頂点の個数 f_0 で評価する不等式 (2.28) を証明する．Barnette は，まず，$i = 1$ の不等式が成立すれば，それぞれの $2 \leq i \leq d-1$ で成立すること[59] に着目し，その後，きわめて巧妙なテクニックを使い，$i = 1$ の不等式を示している．

(2.4.10) 補題　任意の単体的凸多面体の次元 d と，辺の個数 f_1 と，頂点の個数 f_0 が，不等式

$$f_1 \geq df_0 - K \tag{2.31}$$

[59] Barnette の論文では，M. Perles との private communication となっている．

を満たす（但し，K は d のみに依存する定数）ならば，任意の単体的凸多面体の次元 d と，辺の個数 f_1 と，頂点の個数 f_0 は，不等式

$$f_1 \geq df_0 - (d^2 + d)/2 \tag{2.32}$$

を満たす．

[証明] 次元 d の単体的凸多面体 $\mathcal{P} \subset \mathbb{R}^d$ で，不等式 (2.32) を満たさないものが存在するとし，その辺の個数を e と，頂点の個数を v とし，

$$e = dv - (d^2 + d)/2 - r$$

と置く．但し，$r > 0$ は整数である．

いま，$\mathcal{P}$ のファセット $\mathcal{F}$ を含む超平面 $\mathcal{H} \subset \mathbb{R}^d$ を考え，$\mathcal{P} \subset \mathcal{H}^{(+)}$ とする．一般に，点 $\mathbf{a}^{(+)} \in \mathcal{H}^{(+)}$ の $\mathcal{H}$ に関する対称な点を $\mathbf{a}^{(-)} \in \mathcal{H}^{(-)}$ とする．すなわち，$(\mathbf{a}^{(+)} + \mathbf{a}^{(-)})/2 \in \mathcal{H}$ であり，しかも，$\mathbf{a}^{(+)}$ と $\mathbf{a}^{(-)}$ を通過する直線は $\mathcal{H}$ と直交する．但し，$\mathbf{a}^{(+)} \in \mathcal{H}$ のときは，$\mathbf{a}^{(-)} = \mathbf{a}^{(+)}$ とする．このとき，

$$\mathcal{P}' = \{\, \mathbf{a}^{(-)} \,:\, \mathbf{a}^{(+)} \in \mathcal{P} \,\}$$

とし，

$$\mathcal{P}^{(2)} = \mathcal{P} \cup \mathcal{P}'$$

とする．すると，$\mathcal{P}^{(2)}$ は凸多面体であるとは限らないが，あらかじめ，$\mathcal{P}$ を少しだけ動かし，任意の点 $\mathbf{a}^{(+)} \in \mathcal{P}$ が，

$$(\mathbf{a}^{(+)} + \mathbf{a}^{(-)})/2 \in \mathcal{F} \setminus \partial\mathcal{F}$$

となるようにすれば，$\mathcal{P}^{(2)}$ は次元 d の単体的凸多面体となる．その辺の個数は，

$$2e - \binom{d}{2}$$

である．すなわち，

$$2dv - d^2 - d - 2r - d(d-1)/2 = (2v - d)d - (d^2 + d)/2 - 2r$$

となる．ところが，$2v - d$ は $\mathcal{P}^{(2)}$ の頂点の個数であるから，$\mathcal{P}^{(2)}$ の辺の個数を $e^{(2)}$ とし，頂点の個数を $v^{(2)}$ とすると，

$$e^{(2)} = dv^{(2)} - (d^2 + d)/2 - 2r$$

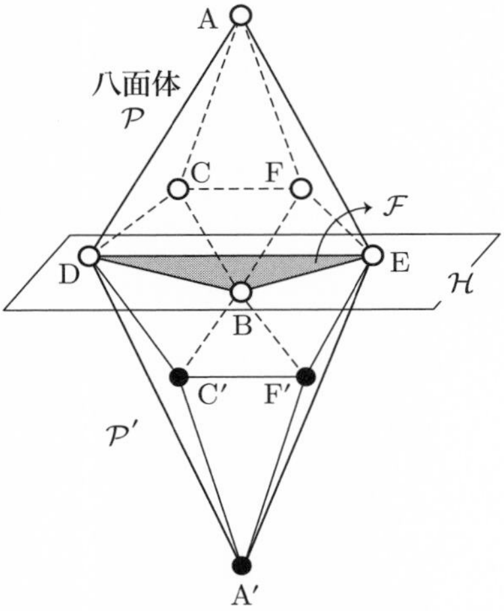

図 2.10　$\mathcal{P}^{(2)} = \mathcal{P} \cup \mathcal{P}'$

となる．

すると，その操作を繰り返し $\mathcal{P}^{(3)}$ を作ると，その辺の個数 $e^{(3)}$ と，頂点の個数 $v^{(3)}$ は，

$$e^{(3)} = dv^{(3)} - (d^2 + d)/2 - 4r$$

となる．その操作を繰り返し，次元 d の単体的凸多面体 $\mathcal{P}^{(q)}$ を作ると，その辺の個数 $e^{(q)}$ と，頂点の個数 $v^{(q)}$ は，

$$e^{(q)} = dv^{(q)} - (d^2 + d)/2 - 2^{q-1}r$$

となる．すると，$q > 0$ が十分大きければ，次元 d の単体的凸多面体 $\mathcal{P}^{(q)}$ は不等式 (2.31) を満たさず，矛盾する．■

(2.4.11) 補題　任意の単体的凸多面体の次元 d と，辺の個数 f_1 と，頂点の個数 f_0 が，不等式

$$f_1 \geq df_0 - (d^2 + d)/2$$

を満たすと仮定する．すると，任意の単体的凸多面体の次元 d と，f 列は，不等式 (2.28) を満たす．

[証明] 簡単のため，

$$\varphi_i(v,d) = \binom{d}{i}v - \binom{d+1}{i+1}i$$

と置く．単体的凸多面体の次元 d に関する数学的帰納法を使う．

まず，$d=3$ とする．xyz 空間の単体的凸多面体が v 個の頂点を持てば，その f 列は $(v, 3v-6, 2v-4)$ となる．すると，(2.28) の等号が成立する．

以下，$d>3$ とし，次元 $d-1$ の任意の単体的凸多面体の i 面の個数 f_i が，不等式 (2.28) を満たすと仮定する[60]．次元 d の単体的凸多面体 $\mathcal{P} \subset \mathbb{R}^d$ は $f_0 = v$ 個の頂点 $\mathbf{a}_1, \ldots, \mathbf{a}_v$ を持つとし，$\mathbf{a}_j$ が属する辺の個数を w_j とする．超平面 $\mathcal{H} \subset \mathbb{R}^d$ を

$$\mathbf{a}_j \in \mathcal{H}^{(-)} \setminus \mathcal{H}, \quad \{\mathbf{a}_1, \ldots, \mathbf{a}_{j-1}, \mathbf{a}_{j+1}, \ldots, \mathbf{a}_v\} \subset \mathcal{H}^{(+)} \setminus \mathcal{H}$$

となるように選び，$\mathcal{P}_j = \mathcal{P} \cap \mathcal{H}$ とする．すると，凸多面体 $\mathcal{P}_j$ は，次元 $d-1$ の単体的凸多面体，その頂点の個数は w_j となる．すると，数学的帰納法の仮定から，$\mathcal{P}_j$ の $i-1$ 面の個数[61] は，少なくとも $\varphi_{i-1}(w_j, d-1)$ となる．それゆえ，$\mathbf{a}_j$ は，少なくとも $\varphi_{i-1}(w_j, d-1)$ 個の，$\mathcal{P}$ の i 面に属する[62]．すると，$\mathcal{P}$ の頂点が属する i 面の個数の総和[63] は，少なくとも，

$$\begin{aligned}\sum_{j=1}^{v} \varphi_{i-1}(w_j, d-1) &= \sum_{j=1}^{v} \left(\binom{d-1}{i-1} w_j - \binom{d}{i}(i-1) \right) \\ &= -v\binom{d}{i}(i-1) + \binom{d-1}{i-1} \sum_{j=1}^{v} w_j\end{aligned}$$

となる．ところが，

$$\sum_{j=1}^{v} w_j = 2f_1(\mathcal{P})$$

であるから，

$$\sum_{j=1}^{v} w_j \geq 2dv - (d^2 + d)$$

---

60) 但し，$1 \leq i \leq d-3$ とする．

61) 但し，$2 \leq i \leq d-2$ とする．

62) 実際，$\mathcal{P}_j$ の $i-1$ 面は，$\mathbf{a}_j$ が属する，$\mathcal{P}$ の i 面と $\mathcal{H}$ との共通部分である．

63) すなわち，頂点 $\mathbf{a}_j$ とそれが属する i 面 $\mathcal{F}$ の対 $(\mathbf{a}_j, \mathcal{F})$ の個数の総和のことである．

となる．すると，

$$
\begin{aligned}
&\sum_{j=1}^{v} \varphi_{i-1}(w_j, d-1) \\
&\geq \binom{d-1}{i-1}(2dv - d^2 - d) - v\binom{d}{i}(i-1) \\
&= \binom{d}{i}(2v-d-1)i - v\binom{d}{i}(i-1) \\
&= \binom{d}{i}v(i+1) - \binom{d}{i}(d+1)i \\
&= \binom{d}{i}v(i+1) - \binom{d+1}{i+1}i(i+1)
\end{aligned}
$$

となる．凸多面体 $\mathcal{P}$ は単体的凸多面体であるから，$\mathcal{P}$ の頂点が属する i 面の個数の総和は，

$$(i+1)f_i$$

となる．すると，

$$(i+1)f_i \geq \binom{d}{i}v(i+1) - \binom{d+1}{i+1}i(i+1)$$

となるから，不等式 (2.28) が成立する．■

すると，残る仕事は，任意の単体的凸多面体の次元 d と，辺の個数 f_1 と，頂点の個数 f_0 が，不等式

$$f_1 \geq df_0 - K$$

を満たす（但し，K は d のみに依存する定数）ことの証明である．

実際，任意の単体的凸多面体の次元 d と，辺の個数 f_1 と，頂点の個数 f_0 が，不等式

$$f_1 \geq df_0 - d(d+1) \tag{2.33}$$

を満たすことを示す[64]．

---

64) 不等式 (2.33) は，下限予想の f_0 と f_1 の不等式よりも弱い．しかし，補題（2.4.10）の御利益から，$d(d+1)/2$ でなくとも，$d(d+1)$ で十分なのである．

すなわち，任意の単純凸多面体の次元 d と，$d-2$ 面の個数 f_{d-2} と，ファセットの個数 f_{d-1} が

$$f_{d-2} \geq d f_{d-1} - d(d+1)$$

を満たすことを示す．

(2.4.12) 補題　次元 d の単純凸多面体の $d-2$ 面の個数 f_{d-2} とファセットの個数 f_{d-1} は

$$f_{d-2} \geq d f_{d-1} - d(d+1) \tag{2.34}$$

を満たす．

[証明] まず，次元 d の単純凸多面体 $\mathcal{P} \subset \mathbb{R}^N$ が単体とする．すると，

$$f_{d-1} = d+1, \quad f_{d-2} = \binom{d+1}{d-1}$$

である．すなわち，

$$f_{d-2} = d f_{d-1} - (d^2+d)/2$$

となるから，特に，(2.34) を満たす．

以下，

$$f_{d-1} \geq d+2$$

とし，定理 (2.4.8) の証明のファセット系の状況を踏襲する．ファセット系 Ω_i から除去されるファセット $\mathcal{F}_i$ に属する Ω_i の外部頂点を $\mathbf{a}_i$ とし，

$$\Gamma_i = \{\, \mathcal{F}_i \cap \mathcal{F}_j \,:\, \mathcal{F}_i \cap \mathcal{F}_j \neq \emptyset,\ j = i+1, \ldots, f_{d-1}-d-1\}$$

とする．但し，

$$i = 0, 1, \ldots, f_{d-1}-d-2$$

とする．すると，Γ_i は $\mathcal{F}_i$ のファセット系である[65]．

---

[65] 脚注 50) 参照．

ファセット $\mathcal{F}_i$ の $d-2$ 面 $\mathcal{G}$ が $\mathcal{F}_i$ の優な面[66]であるとは，$\mathcal{G}$ は Γ_i には属さず，しかし，$\mathcal{G}$ のいずれかの $d-3$ 面が Γ_i の面であるときにいう．外部頂点 $\mathbf{a}_i$ を含む Ω_i のファセットは，$\mathcal{F}_i$ に限るから，$\mathbf{a}_i$ は Γ_i の頂点とはならない．すると，補題 (2.4.7) から，$\mathcal{F}_i$ の $d-1$ 個の優な面が存在する．しかも，$j > i$ ならば，$\mathcal{F}_i$ の優な面は $\mathcal{F}_j$ の $d-2$ 面とはならない．

それぞれの

$$i = 0, 1, \ldots, f_{d-1} - d - 2$$

について，

$$q_i = \max\{\, j : i < j \le f_{d-1} - d - 1,\ \mathcal{F}_i \cap \mathcal{F}_j \ne \emptyset \,\}$$

と置く．すると，$\mathcal{G}_i = \mathcal{F}_i \cap \mathcal{F}_{q_i}$ は $\mathcal{F}_i$ の $d-2$ 面となる．その面を $\mathcal{F}_i$ の劣な面と呼ぶ．劣な面 $\mathcal{G}_i$ を含むファセットは，$\mathcal{F}_i$ と $\mathcal{F}_{q_i}$ に限る[67]．しかも，$j' > q_i$ ならば $\mathcal{F}_i \cap \mathcal{F}_{j'} = \emptyset$ であるから，$\mathcal{G}_i$ のどの $d-3$ 面も Γ_{q_i} の面とはならない．すると，$\mathcal{G}_i$ は，$\mathcal{F}_{q_i}$ の優な面ではない．もちろん，$\mathcal{G}_i$ は，$\mathcal{F}_{q_i}$ の劣な面でもない．

すると，面 $\mathcal{F}_i$ の $d-1$ 個の優な面と劣な面の集合を Φ_i とすると，和集合

$$\bigcup_{i=0}^{f_{d-1}-d-2} \Phi_i$$

は，直和となるから，$\mathcal{P}$ の $d-2$ 面の個数 f_{d-2} は少なくとも

$$d(f_{d-1} - d - 1)$$

となる．それゆえ，

$$f_{d-2} \ge d f_{d-1} - d(d+1)$$

が従う．■

われわれは，ようやく，下限定理の不等式 (2.28) に辿り着いた．

---

66) とりわけ優れた面ということではなく，単なる便宜上の名前である．

67) 単体的凸多面体の辺に属する頂点の個数は 2 個であるから，双対凸多面体を考えると，次元 d の単純凸多面体の $d-2$ 面を含むファセットは 2 個である．

(2.4.13) 定理（下限定理）　次元 d の単体的凸多面体 $\mathcal{P} \subset \mathbb{R}^N$ の頂点の個数を f_0 とすると，i 面の個数 f_i は，不等式

$$f_i \geq \binom{d}{i} f_0 - \binom{d+1}{i+1} i, \quad 1 \leq i \leq d-2$$

を満たす．——

上限定理の証明の舞台と下限定理の証明の舞台とは，雲泥の差があるだろう．派手な舞台装置を必要とするのは，上限定理の舞台であろうか．とりわけ，単体的凸多面体の h 列の概念と殻化可能定理が舞台の趣を盛り上げるだろう．脇役ではあるものの，外積代数も不可欠な役者か．下限定理の舞台も，巧妙さはあるものの，単純凸多面体のファセット系の骨格グラフという，素人には馴染むけれども，どちらかというと地味な概念を淡々と使いながらの展開は，やはり，聴衆の眠気を誘うかもしれない．上限定理と下限定理は，両者とも，1970 年から始まる，凸多面体の面の数え上げ理論の現代的潮流を誘ったことは疑う余地はないであろう．しかしながら，その後の展開は，上限定理に軍配が上がるだろう．上限予想の肯定的な証明の成功を踏まえ，McMullen は，単体的凸多面体の f 列の振る舞いに関する g 予想を提唱した．その g 予想の肯定的な解決への挑戦が 1970 年の凸多面体論の舞台を華やかにする．のみならず，上限予想は，幾何学的実現が球面となる単体的凸多面体の f 列へ一般化され，その肯定的な解決を巡り，可換環論，特に，Cohen–Macaulay 環の理論が，凸多面体論に移入され，斬新な境界分野「可換代数と組合せ論」が誕生する．そのような激動の 1970 年代を，歴史を彩る研究論文を紹介しながら，続く「歴史的背景」で概観しよう．

2.5　歴史的背景

凸多面体の古典論は，Grünbaum [18] に集約されている．そのテキストの初版は，1967 年に出版され，現代の凸多面体論の夜明け前の壮大な眺望と凸多面体論の現代的潮流を誕生させる肥沃な土壌を育んだ研究者の情熱に満ち溢れている．凸多面体の現代的潮流の誕生は 1970 年に遡る．とりわけ，McMullen

の上限定理は，Barnetteの下限定理とともに，その現代的潮流を誕生させたといえよう．1970年代は，その潮流が大河となり，多面体の面の数え上げ理論の金字塔が建立された，凸多面体論の栄耀栄華の10年間である．しばらくの間，1974年から1980年の6年弱における凸多面体論の劇的な変貌と展開を，著者の視点から語ることとしよう．

ちょっと話題が逸れるが，まず，Macaulayの定理から紹介しよう．変数 $x_1, x_2, \ldots, x_n$ の単項式 $x_1^{a_1} x_2^{a_2} \cdots x_n^{a_n}$（但し，それぞれの a_i は非負整数）の次数を $a_1 + a_2 + \cdots + a_n$ と定義する．特に，1も次数0の単項式と考える．変数 $x_1, x_2, \ldots, x_n$ の単項式の全体の集合を $\mathcal{M}_n$ とする．単項式 $u = x_1^{a_1} \cdots x_n^{a_n}$ が単項式 $v = x_1^{b_1} \cdots x_n^{b_n}$ を割り切るとは，それぞれの i で $a_i \leq b_i$ であるときにいう．すると，特に，1は任意の単項式 $u \in \mathcal{M}_n$ を割り切る．単項式 u が単項式 v を割り切るとき，$u|v$ と表す．空でない有限部分集合 $\mathcal{M} \subset \mathcal{M}_n$ が，単項式の**順序イデアル**であるとは，$u \in \mathcal{M}$, $v \in \mathcal{M}_n$, $v|u$ ならば $v \in \mathcal{M}$ が成立するときにいう．単項式の順序イデアル $\mathcal{M}$ で，整除関係による極大な単項式[68]の次数がいずれも等しいとき，$\mathcal{M}$ を単項式の**純**な順序イデアルと呼ぶ．単項式の順序イデアル $\mathcal{M}$ に属する次数 j の単項式の個数を $h_j = h_j(\mathcal{M})$ とし，$h_j \neq 0$ となる j の最大値を s とするとき，数列 $(h_0, h_1, \ldots, h_s)$ を $h(\mathcal{M})$ と表す．一般に，正の整数から成る有限数列 $(h_0, h_1, \ldots, h_s)$ が M **列**であるとは，$h(\mathcal{M}) = (h_0, h_1, \ldots, h_s)$ となる単項式の順序イデアル $\mathcal{M} \subset \mathcal{M}_{h_1}$ が存在するときにいう．特に，その $\mathcal{M}$ を単項式の純な順序イデアルに選べるとき，$(h_0, h_1, \ldots, h_s)$ を純な M 列と呼ぶ．大凡100年も昔のことであるが，Macaulay [42] は，M 列を完全に決定することに成功した[69]．

Macaulayの定理を紹介するには，ちょっと厄介な準備が必要である．整数 $f > 0$ と $i > 0$ が与えられたとき，

$$f = \binom{n_i}{i} + \binom{n_{i-1}}{i-1} + \cdots + \binom{n_j}{j}$$

$$n_i > n_{i-1} > \cdots > n_j \geq j \geq 1$$

---

68) すなわち，$u \in \mathcal{M}$, $v \in \mathcal{M}$, $u|v$ ならば $u = v$ となる単項式 $u \in \mathcal{M}$ のことである．

69) しかしながら，純な M 列を完全に決定することは困難であると邪推される．

となる表示[70]が一意的に存在する[71]．このとき

$$f^{\langle i\rangle} = \binom{n_i+1}{i+1} + \binom{n_{i-1}+1}{i} + \cdots + \binom{n_j+1}{j+1}$$

と定義し，更に，$0^{\langle i\rangle} = 0$ と置く．たとえば，14 の 3 二項表示は

$$14 = \binom{5}{3} + \binom{3}{2} + \binom{1}{1}$$

であるから，

$$14^{\langle 3\rangle} = \binom{6}{4} + \binom{4}{3} + \binom{2}{2} = 20$$

である．

Macaulay の定理　正の整数から成る有限数列 $(h_0, h_1, \ldots, h_s)$ が M 列となるための必要十分条件は

- $h_0 = 1$
- $h_{i+1} \leq h_i^{\langle i\rangle}$,　$1 \leq i < s$

となることである．——

一般に，数列 $(h_0, h_1, \ldots, h_s)$ が M 列ならば，h_i は h_1 変数の次数 i の単項式の個数を越えない．すなわち，

$$h_i \leq \binom{h_1+i-1}{i}, \quad 1 \leq i \leq s$$

となる．次元 $d-1$ の単体的複体 Δ の h 列を $h(\Delta) = (h_0, h_1, \ldots, h_d)$ とするとき，

$$h_1 = n - d$$

70) 整数 f の i 二項表示と呼ぶ．

71) まず，n_i として $f \geq \binom{n_i}{i}$ を満たす最大の整数 $n_i \geq i$ を選ぶ．次に，$f > \binom{n_i}{i}$ ならば，$f - \binom{n_i}{i} \geq \binom{n_{i-1}}{i-1}$ となる最大の整数 $n_{i-1} \geq i-1$ を選ぶ．その操作を続ければ，f の i 二項表示が得られる．なお，$n_i > n_{i-1} > \cdots > n_j \geq j \geq 1$ となること，及び，一意性を示すことは，二項係数の練習問題である．

となる．但し，$n = f_0(\Delta)$ である．すると，$h(\Delta)$ が M 列であるならば，

$$h_i \leq \binom{n-d+i-1}{i}, \quad 1 \leq i \leq d \tag{2.35}$$

となる．

ところで，上限定理[72]の証明の直後で紹介していることを繰り返すことになるけれども，McMullen の原論文では，単体的凸多面体の境界複体が殻化可能であることを礎とし，純粋な数え上げのテクニックを駆使することから，(2.35) を $1 \leq i \leq [d/2]$ の範囲で証明し，その後，$f_1, f_2, \ldots, f_{d-1}$ のそれぞれは，$h_0, h_1, \ldots, h_d$ の非負整数係数の線型結合となる[73]こと，及び，補題 (2.2.2) と，Dehn–Sommerville 方程式から，

$$f_i(\mathcal{P}) \leq f_i(C(n,d)), \quad 0 \leq i \leq d-1$$

を導いている．

すると，「殻化可能な単体的複体の h 列は M 列である．」という定理を示すことができれば，McMullen の議論をもっと華やかにすることができる．もっとも，McMullen の原論文では，M 列とおぼしき概念は使われていないから，殻化可能な単体的複体の h 列が M 列であることを証明しているのではなく，あくまでも，(2.35) を $1 \leq i \leq [d/2]$ の範囲で証明している．

一般に，単体的複体 Δ には，幾何学的実現と呼ばれる図形が付随する．すなわち，単体的複体 Δ の頂点集合を $[n] = \{1, \ldots, n\}$ とするとき，まず，空間 $\mathbb{R}^n$ の単位座標ベクトル

$$\mathbf{e}_1 = (1, 0, \ldots, 0),\ \mathbf{e}_2 = (0, 1, 0, \ldots, 0),\ \ldots,\ \mathbf{e}_n = (0, \ldots, 0, 1)$$

を準備し，面 $F \in \Delta$ に $\mathbb{R}^d$ の単体 $|F| = \mathrm{conv}(\{\mathbf{e}_i : i \in F\})$ を対応させ，

$$|\Delta| = \bigcup_{F \in \Delta} |F|$$

と定義する．その $|\Delta|$ を Δ の**幾何学的実現**と呼ぶ．たとえば，次元 d の単体的凸多面体の境界複体の幾何学的実現は，その単体的凸多面体の境界と解釈でき

[72] 定理 (2.3.9)
[73] 表示 (2.3) から従う．

るから，その幾何学的実現は，$d-1$ 球面と同相（すなわち，位相同型）である．一般に，幾何学的実現が $d-1$ 球面と同相となる単体的複体を **$d-1$ 球面の三角形分割**と呼ぶ．Dehn–Sommerville 方程式は，$d-1$ 球面の三角形分割の f 列でも成立する．すると，上限予想も $d-1$ 球面の三角形分割に一般化するのが自然である[74]．しかしながら，$d-1$ 球面の三角形分割には殻化可能とはならないものが存在する[75]．すると，McMullen の議論は，そのままでは，$d-1$ 球面の三角形分割には使えない．1975 年，Richard Stanley（Massachusetts Institute of Technology）は，$d-1$ 球面の三角形分割の上限予想を，可換代数，特に，Cohen–Macaulay 環を使い，肯定的に解決することに成功した ([52])．その歴史的な経緯を Stanley の回想録 [58] を参照にしながら語ろう．

体 K 上の n 変数の多項式環 $S=K[x_1,x_2,\ldots,x_n]$ の斉次イデアル $I\subset S$ の剰余環 $S/I=\bigoplus_{j=0}^{\infty}(S/I)_j$ のヒルベルト函数

$$H(S/I,j)=\dim_K(S/I)_j,\quad j=0,1,2,\ldots$$

を考える[76]．斉次イデアル I が単項式で生成されるならば，I に属さない単項式で，次数が $s>0$ を越えないものの集合は，単項式の順序イデアルとなる．すると，$H(S/I,s)>0$ ならば，有限数列

$$(H(S/I,0),H(S/I,1),\ldots,H(S/I,s)) \tag{2.36}$$

は M 列となる．しかも，Macaulay は，逆辞書式順序に関するイニシャルイデアルの着想[77] を礎とし，斉次イデアル I のヒルベルト函数と同一のヒルベルト函数を持つ，単項式が生成するイデアル I^* の存在を示した[78]．すると，斉次イデアル I のヒルベルト函数の有限数列 (2.36) は，$H(S/I,s)>0$ ならば，M 列となる．

---

74) Klee [39] が示唆した．

75) 単体的凸多面体の境界複体と，球面の三角形分割の乖離は著しい．後者はトポロジーの範疇に属する．

76) 但し，それぞれの変数 x_i の次数を 1 とする．

77) イニシャルイデアルとグレブナー基底は，1965 年，Bruno Buchberger が導入した概念であるが，その陰影は，Macaulay が発掘している．

78) すなわち，$H(S/I,j)=H(S/I^*,j)$, $j=0,1,2,\ldots$ となる単項式が生成するイデアル I^* が存在する．

Macaulay の仕事を踏まえ，懸案の $d-1$ 球面の三角形分割の上限予想を肯定的に解決しようとするならば，任意の $d-1$ 球面の三角形分割の h 列 $(h_0, h_1, \ldots, h_d)$ が M 列であること，換言すると，

$$h_i = H(S/I, i), \quad 0 \leq i \leq d$$

となる斉次イデアル I が存在することを示さなければならない．そうなると，われわれの舞台は，可換環論の色彩を帯びる．まず，有限集合 $[n]$ の部分集合 $F \subset [n]$ に，多項式環 $S = K[x_1, x_2, \ldots, x_n]$ の単項式

$$x_F = \prod_{i \in F} x_i$$

を対応させる．次に，頂点集合を $[n]$ とする（一般の）次元 $d-1$ の単体的複体 Δ に付随する，単項式が生成するイデアル I_Δ を

$$I_\Delta = (x_F : F \subset [n],\ F \notin \Delta)$$

と定義する．イデアル I_Δ は，単体的複体 Δ の **Stanley–Reisner イデアル**と呼ばれ，その剰余環

$$K[\Delta] = S/I_\Delta$$

を，単体的複体 Δ の **Stanley–Reisner 環**と呼ぶ．

Stanley–Reisner 環 $K[\Delta]$ のヒルベルト函数の級数[79)]

$$\sum_{j=0}^{\infty} H(K[\Delta], j)\lambda^j$$

は，$h(\Delta) = (h_0, h_1, \ldots, h_d)$ で表示できる．すなわち，

$$(1-\lambda)^d \sum_{j=0}^{\infty} H(K[\Delta], j)\lambda^j = \sum_{i=0}^{d} h_i \lambda^i \tag{2.37}$$

が成立する．可換環論の一般論から，$K[\Delta]$ のパラメータ系を $\theta_1, \ldots, \theta_d$ とする[80)]と，$K[\Delta]$ は，$K[\theta_1, \ldots, \theta_d]$ 上の有限生成加群となる．すなわち，剰余環

$$K[\Delta]/(\theta_1, \ldots, \theta_d) = S/(I_\Delta, \theta_1, \ldots, \theta_d)$$

---

79) **ヒルベルト級数**と呼ばれる．

80) 体 K を無限体とし，それぞれの θ_i の次数を 1 とする．

は，有限次元の線型空間となる．一般には，そのヒルベルト函数

$$H(K[\Delta]/(\theta_1,\ldots,\theta_d),j),\quad j=0,1,2,\ldots$$

と $h(\Delta)$ は無関係である．しかしながら，$K[\Delta]$ が，$K[\theta_1,\ldots,\theta_d]$ 上の有限生成自由加群となるならば，

$$H(K[\Delta]/(\theta_1,\ldots,\theta_d),j)=h_j,\quad 0\le j\le d$$

が成立[81)]し，それゆえ，$h(\Delta)=(h_0,h_1,\ldots,h_d)$ は M 列となる．剰余環 S/I が，パラメータ系が生成する部分環上の有限生成自由加群となるとき，S/I を **Cohen–Macaulay 環**と呼ぶ．すると，Stanley–Reisner 環 $K[\Delta]$ が Cohen–Macaulay 環であれば，$h(\Delta)$ は M 列である[82)]．なお，可換環論の一般論から，Δ が殻化可能であれば，$K[\Delta]$ は Cohen–Macaulay 環となることが従う．すると，残るは，Δ が $d-1$ 球面の三角形分割ならば，$K[\Delta]$ が Cohen–Macaulay 環である，ということの証明である．

以上が，Stanley の仕事の概要である．すなわち，Stanley–Reisner 環を導入し，$d-1$ 球面の三角形分割の Stanley–Reisner 環が Cohen–Macaulay 環であるならば，$d-1$ 球面の三角形分割の上限予想は肯定的である，と，証明に王手をかけた．その後の経緯は，Stanley の回想録から引用しよう．

> 1974 年，私はバンクーバーで開催された国際数学者会議に出席しました．私は (招待ではない) 10分講演をする予定でした．その講演では，上記の私の部分的な結果を議論するつもりでした．私は Victor Klee の招待講演を聴衆したのですが，彼は，球面の上限予想は凸多面体に関連する主要な未解決問題の一つであると述べました．その直後のこと，私は会議で David Eisenbud に出くわしました．彼は，Reisner [50] が Cohen–Macaulay 面環[83)] $K[\Delta]$ の完全な特徴付けを発掘した，と私に告げました[84)]．とりわ

81) しかも，$j>d$ ならば，$H(K[\Delta]/(\theta_1,\ldots,\theta_d),j)=0$ となる．

82) Cohen–Macaulay 環であるか否かは，体の標数に依存する．

83) Stanley–Reisner 環は，face ring とも呼ばれる．

84) Gerald Reisner は，Melvin Hochster の大学院生で，球面の上限予想のことはまったく知らず，Stanley とほぼ同じ頃，Stanley とは独立に $K[\Delta]$ を導入した．Stanley [52] も Reisner [50] も，Hochster [37] の影響を受けている．

け，$K[\Delta]$ は，Δ が球面の三角形分割のときはいつでも Cohen–Macaulay でした．このようにして，球面の上限予想は肯定的に解決されました．これは私のキャリアのなかでもっとも素晴らしい数学的な高揚感であり，会議の間ずっと続きました．David Eisenbud と話したちょっと後，私は，Peter McMullen（彼も招待講演者でしたが彼の講演は上限予想とは無関係でした）に出くわし，彼に，素晴らしいニュースを知らせることができました．大凡1日後，私は10分講演をし，球面の上限予想は2日前に証明された，と言うことができました．

一旦，M 列の話から離れ，凸多面体の面の数え上げ理論を語る．xyz 空間の凸多面体 $\mathcal{P}$ の f 列を，$f(\mathcal{P}) = (v, e, f)$ と表す．拙著 [28, 第4章] に載っているが，正の整数 $v \geq 4$, $e \geq 6$, $f \geq 4$ から成る数列 (v, e, f) が与えられたとき，xyz 空間の凸多面体 $\mathcal{P}$ で，その f 列が (v, e, f) となるものが存在するための必要十分条件は，

$$v - e + f = 2,\ \ v \leq 2f - 4,\ \ f \leq 2v - 4$$

が満たされることである．換言すると，xyz 空間の凸多面体の f 列は完全に決定できる．xyz 空間の単体的凸多面体の f 列は

$$(v, 3v - 6, 2v - 4)$$

となるから，xyz 空間の単体的凸多面体の f 列も，完全に決定できる[85)]．

すると，一般の次元 $d \geq 4$ の凸多面体，あるいは，単体的凸多面体の f 列を完全に決定する，という魅惑的な問題が浮上する．結論からいうと，凸多面体の f 列を完全に決定することは $d = 4$ のときすら，糸口もわからない．反面，単体的凸多面体の f 列を完全に決定することは，一般の次元 $d \geq 4$ で解決されている．単体的凸多面体の f 列の完全な決定に関する予想は，h 列を駆使し，McMullen [44] が提唱し，McMullen の g **予想**と呼ばれている．

McMullen の g 予想　整数を成分とする数列 $h = (h_0, h_1, \ldots, h_d)$ が与えら

---

85) 双対凸多面体を考えると，xyz 空間の単純凸多面体の f 列も，完全に決定することができる．たとえば，$(5, 8, 5)$ を f 列とする xyz 空間の凸多面体は存在するけれども，その凸多面体は単体的でもなく，単純でもない．

れたとき，$h(\mathcal{P}) = h$ となる次元 d の単体的凸多面体 $\mathcal{P}$ が存在するための必要十分条件は，

(i) $h_0 = 1$
(ii) $h_i = h_{d-i}, \quad 0 \leq i \leq d$
(iii) $h_0 \leq h_1 \leq h_2 \leq \cdots \leq h_{[d/2]}$
(iv) $h_{i+1} - h_i \leq (h_i - h_{i-1})^{\langle i \rangle}, \quad 1 \leq i < [d/2]$

が成立することである．——

なお，McMullen は，$h_{i+1} - h_i$ を g_i と記載していたから，g 予想と呼ばれるようになったようである．

条件 (iv) は，数列

$$(h_0, h_1 - h_0, h_2 - h_1, \ldots, h_{[d/2]} - h_{[d/2]-1})$$

は M 列ということである．

McMullen の g 予想は，1980 年，「十分性」を Louis J. Billera（Cornell University）と Carl W. Lee（University of Kentucky）が証明することに成功した．彼らは，巡回凸多面体を繰り返し細分することから，$h(\mathcal{P}) = h$ となる次元 d の単体的凸多面体 $\mathcal{P}$ を構成している（[8, 9]）．

McMullen の g 予想の「必要性」は，同じく 1980 年，Richard Stanley [53] が代数幾何の理論を経由し，証明することに成功した．Stanley の論文はわずか 3 ページである．まず，冒頭のページは，McMullen の g 予想などの背景の紹介，次のページは 43 行で，前半の 33 行で証明が完結，残りの 10 行と最後のページは，補足，謝辞，文献となっている．その証明を眺めながら，代数幾何の背景を紹介しよう[86]．

[略証] 次元 d の単体的凸多面体 $\mathcal{P}$ は $\mathcal{P} \subset \mathbb{R}^d$ とし，$\mathcal{P}$ は有理凸多面体[87]，しかも，$\mathbb{R}^d$ の原点は $\mathcal{P}$ の内部に属する，と仮定する．すると，$\mathcal{P}$ の面 $\mathcal{F}$ から，

---

86) トーリック多様体の詳細は [12] などを参照されたい．

87) すなわち，$\mathcal{P}$ のそれぞれの頂点は $\mathbb{Q}^d$ に属する．

有理的強凸多面錐と呼ばれる錐

$$\sigma_{\mathcal{F}} = \{ r\mathbf{y} : r \in \mathbb{R}_{\geq 0}, \mathbf{y} \in \mathcal{F} \}$$

が作られる．そのような $\mathcal{P}$ の面から作られる錐のすべての集合 Σ は完備単体的扇となる．その扇 Σ から射影的トーリック多様体 $X(\mathcal{P})$ を作る．

すると，$\mathcal{P}$ が単体的であることから，そのコホモロジー環

$$H^*(X(\mathcal{P}), \mathbb{C})$$

は，奇数の次数は消滅し，

$$H^*(X(\mathcal{P}), \mathbb{C}) = \bigoplus_{i=0}^{d} H^{2i}(X(\mathcal{P}), \mathbb{C})$$

となる．しかも，

$$H^*(X(\mathcal{P}), \mathbb{C}) \simeq \mathbb{C}[\Delta(\mathcal{P})]/(\theta_1, \ldots, \theta_d)$$

となる．但し，$\Delta(\mathcal{P})$ は $\mathcal{P}$ の境界複体である．すると，

$$\dim_{\mathbb{C}} H^{2i}(X(\mathcal{P}), \mathbb{C}) = h_i, \quad i = 0, 1, \ldots, d$$

となる．但し，$h(\mathcal{P}) = (h_0, h_1, \ldots, h_d)$ は $\mathcal{P}$ の h 列である．

射影的トーリック多様体 $X(\mathcal{P})$ は非特異とは限らない．ところが，$\mathcal{P}$ は単体的であるから，その特異点の状況はそれほど悪くはなく，強 Lefschetz 定理が成立する．すなわち，

$$\omega \in H^2(X(\mathcal{P}), \mathbb{C})$$

が存在し，

$$H^{2i}(X(\mathcal{P}), \mathbb{C}) \xrightarrow{\omega^{d-2i}} H^{2d-2i}(X(\mathcal{P}), \mathbb{C}), \quad 0 \leq i \leq [d/2]$$

は全単射となる．

すると，

$$H^{2i}(X(\mathcal{P}), \mathbb{C}) \xrightarrow{\omega} H^{2i+2}(X(\mathcal{P}), \mathbb{C})$$

は，$0 \leq i < [d/2]$ ならば単射[88)]，$[d/2] \leq i < d$ ならば全射となる．それゆえ，ω に対応する $\mathbb{C}[\Delta(\mathcal{P})]/(\theta_1, \ldots, \theta_d)$ の次数 1 の元を ω' とすると，剰余環

---

88) すると，McMullen の条件の (iii) が従う．

$$A = \mathbb{C}[\Delta(\mathcal{P})]/(\omega', \theta_1, \ldots, \theta_d) = \bigoplus_{j=0}^{[d/2]} A_j$$

のヒルベルト函数は，

$$H(A,0) = h_0 = 1,\ \ H(A,j) = h_j - h_{j-1},\ \ 1 \leq j \leq [d/2]$$

となる．すると，数列

$$(h_0, h_1 - h_0, h_2 - h_1, \ldots, h_{[d/2]} - h_{[d/2]-1})$$

は M 列となる．■

Richard Stanley の仕事は，凸多面体論の世界と可換代数，代数幾何の世界にかかる虹の架け橋を創り，凸多面体論の現代的潮流の劇的な飛躍を誘う肥沃な土壌を開拓した．我が国でも，京都大学数理解析研究所の研究集会「可換代数と代数幾何」（1981 年 9 月）で Melvin Hochster（University of Michigan）が Stanley の仕事を紹介した．修士課程の大学院生だった著者は，研究集会の会場の片隅に座り Hochster の講演を聴いた．

紙面の無駄かもしれないが，しばらくの間，雑談をする．著者の回想録である．著者は，1981 年 4 月に大学院博士前期課程（いわゆる修士課程）に入学した．著者が学部学生の頃，数学専攻の大学院に進学することはとても困難な厳冬の時代であった．100 名以上が受験し，合格者は 4, 5 名などという凄まじい状況のときもあった[89)]．著者は，名古屋大学理学部数学科の 4 年生（1979 年）の 9 月，名大院の数学専攻を受験したが，入試問題はまったく解けず，不合格[90)]．翌年（1980 年）の 9 月，再挑戦するも，惨敗．著者の数学者への夢は儚くも消えた．が，夢を捨てるのはちょっと待ち，泣く泣くではあったが，とりあえず，地方大学の大学院に進学した．

その頃の著者は，射影加群に興味を持ち，シュプリンガーのレクチャーノートシリーズの『セール予想』[91)] を読んだ．Serre 予想とは，多項式環の上の有

89) 1990 年代の大学院重点化の後だと，とても考えられないことである．

90) 入試問題は，基礎（必修）4 題，専門（選択）3 題を解答し，満点は 70 点，30 点以上が合格，著者は 17 点であった，と聞いている．

91) T. Y. Lam, "Serre's Conjecture," Springer Lect. Notes in Math., vol. 635, 1978.

限生成射影加群は自由加群である，という予想で，1955年，Jean-Pierre Serreが提唱した．Serre予想は，1976年，Daniel QuillenとAndrei Suslinが独立に証明し，Quillen–Suslinの定理と呼ばれる．著者は，多項式環をもっと一般の可換環にし，類似の定理が作れるのではないか，などと考えたこともあった．もっとも，射影加群の研究は，著者のレベルの大学院生がなんとかできるようなものではなかったろうから，もし，著者があのまま射影加群に執着し，研究テーマを探していたとすると，修士論文すら執筆できたかどうかも疑わしい．著者の数学者への夢は，捨てるのをちょっと待ったものの，やはり捨てる運命を辿っただろう．数学者（に限らず，研究者）は，どんな研究テーマを選ぶかが大切であるが，まさしく，そのとおりである．

京都大学でHochsterの講演を聴いてから2ヶ月ほど経った頃，まったくの偶然であるが，凸多面体論の記念碑となるStanleyの論文[52]を読む機会に巡りあった．Stanleyの論文は，可換代数，特に，Cohen–Macaulay環の知識があれば，一晩でサッと読める．Stanley [52]を読んだときに覚えた深い感銘から，著者は（射影加群のことなどすっかり忘れ，瞬く間に）凸多面体論に興味を抱くようになり，テキスト[45]から，凸多面体論の基礎知識を習得した[92]．その後，David Eisenbud [15]などから，Cohen–Macaulay半順序集合の概念に魅惑を感じ，半順序集合と束論の古典的な教科書なども眺めた．Stanleyの著書[55]の（1983年の初版の）プレプリント[93]も手に入れ，「可換代数と組合せ論」と呼ばれる（その頃だと，斬新な，しかし，未開の荒野である）境界領域に足を踏み入れた．修士課程の大学院生が，たくさんの研究者が鎬を削る，流行っている研究分野で研究を進めるならば，周辺の研究者からの教示を賜ることもでき，研究テーマを探すこともそれほど困難ではないかもしれない．であるから，駆け出しは順風満帆であるかもしれないが，10年，あるいは，20年もすると，その流行も廃れ，30代，40代になったときに路頭に迷うこともしばしばある．反面，荒れた荒野を耕し，うまく芽を生やすことができれば，将

92) 本著の執筆に際し，[45]の古本を購入した．

93) 昨今ならば，完成した論文は，出版される以前（完成の直後！）に，arXivに載せることが習慣になっているけれども，昔だと，（TeXではなく）タイプで打った原稿を大量にコピーし，関係する研究者，世界の主要な大学の数学教室に送っていた．そのような印刷される以前の原稿をプレプリントと呼んだ．

来，流行の最先端を駆けることができるかもしれない．もっとも，芽が生えないこともかなり危惧される．

著者が名古屋大学理学部助手になったのは，1985年4月，その4ヶ月後，京都大学数理解析研究所でUS–Japan Joint Seminar「可換代数と組合せ論」が開催され，Richard Stanley, Anders Björner, David Eisenbud, David Buchsbaumらが招待された．日本側の責任者は永田雅宜（京都大学）と松村英之（名古屋大学），アメリカ側の責任者はDavid Buchsbaum（Brandeis University）であった．日本側は，純粋な可換代数の会議を考えていたとのことであるが，Buchsbaumは可換代数と組合せ論の会議とし，Stanleyを呼ぶことを提案したとのことである．その会議を契機とし，我が国でも，可換代数と組合せ論の境界領域が認識されるようになった．その会議で著者はRichard Stanleyと会った．Stanleyが41歳，著者が28歳．Stanleyのお陰で，著者は，MIT（Massachusetts Institute of Technology）の数学教室に，1988年8月から1989年7月までの1年間，滞在することができた．著者がMITに滞在した頃，Cohen–Macaulay半順序集合がとても流行っており，MITの組合せ論のセミナーなど，タイトルにCohen–Macaulayが入っていれば，周辺の大学から多数の聴衆が集まった．そのような1980年代の著者が置かれていた研究環境を考慮すると，著者が，もし，5年早く修士課程に入学していたとしたら，著者が，修士課程の研究テーマに，凸多面体論，あるいは，可換代数と組合せ論を選ぶことはできなかったであろうし，もし，5年遅く修士課程に入学していたとしたら，US–Japan Joint Seminarで講演する機会もなかったから，Stanleyと会うことも，MITに滞在することも，できたかどうかは疑わしい．そう考えると，1981年に修士課程に入学したことは，著者にとって，とてもタイムリーなことであった．

京都大学数理解析研究所の研究集会「組合せ論とその周辺の研究」が開催されたのは，1987年10月と1988年8月と1990年3月であった．いずれの研究集会も，提案書は著者が作成したが，研究代表者は，1987年と1988年は岩堀長慶（東京大学），1990年は松村英之（名古屋大学）が務めた．講演要旨は，講究録**641**, **670**, **735**に掲載されている．インターネットが普及する前だと，数理解析研究所の講究録など，研究集会の報告集は，貴重な情報源であった．著者も，報告集の“手書き”原稿を幾つも執筆した．研究集会を開催する予算も乏しく，開催経費は30万円もあれば御の字（今とは，0の個数が違う！）だったから，手弁当で参加することも珍しくはなかった．著者は，今でも，ときどき，昔の研究集会の報告集を眺めることがある．昔を懐かしく回顧できる楽しさも，もちろん，あるけれど，それ以上に，昔の報告集には，その当時だからこそ育むことができるような秘宝が眠っているからである．

1990年8月，国際数学者会議（ICM 90）が，京都国際会館で開催され，そのサテライト集会「可換代数と組合せ論」が，ICM 90の直前，名古屋大学で開催された．Stanleyは，サテライト集会，ICM 90に参加した後，引き続き，日本に滞在し[94)]，1990年9月30日の午後，成田空港からボストンに飛んだ．著者は，その翌日の1990年10月1日，北海道大学に赴任することになっていた．著者は，成田空港でStanleyを見送った後，羽田空港に移動し，羽田空港から千歳空港に飛ぶことになっていた．しかし，関東地方を台風が襲撃し，幸い，Stanleyの飛行機には影響はなかったが，夕方から羽田空港は暴風域に入り，著者の飛行機はキャンセルとなった．やれやれと思いながらも，どうしようもないから，キャンセル待ちをし，翌日の10月1日の朝の始発便で千歳空港に飛んだ．

北国の美しい街，札幌．北海道大学のキャンパスは，我が国の大学のキャンパスとは思えないほど広く美しい．赴任した頃は，キャンパスの散歩を楽しんだ．著者の研究室があった理学部の建物は，ポプラ並木の隣にあった．ポプラ並木の入り口には，「立ち入り禁止」の看板が掲げてあったが，観光客が立ち入り，写真撮影をしていた．著者は，たびたび小さなワークショップを開催し，参加者を小樽の「一心太助」という海鮮料理のお店に案内した．驚くべき大きさの海の幸が驚くべき安さで提供される．予約必須である．座席の予約ではなく，料理の予約である．支笏湖の姫鱒（チップ）の味も恋しい．北海道大学に，著者は，4年6ヶ月在職した．札幌の楽しい回想を語り始めると，紙面が尽きる．

---

94) 数学セミナーの1991年2月号臨時増刊「国際数学者会議ICM90京都」に，著者によるStanleyのインタビュー記事が掲載されている．

第3章

凸多面体の格子点の数え上げ

凸多面体論の本流 [18] からは逸れるが，ピックの公式[1)]の流れを汲む凸多面体の格子点の数え上げ理論の礎は，フランスの高等学校（lycée）の数学教師 Eugène Ehrhart が築いた．1955 年から 1968 年，Ehrhart は，65 編の（フランス語の）研究論文を発表している[2)]．ちょうど，凸多面体論の現代的潮流が誕生する夜明け前である．もっとも，凸多面体，可換環論，代数幾何などの研究者が Ehrhart の仕事を認識し，格子点の数え上げ理論の探究が盛んになったのは，1990 年前後からであろう．次元 d の格子凸多面体，すなわち，格子点を頂点とする凸多面体の n 倍（但し，$n = 1, 2, \ldots$）のふくらましに属する格子点の個数は，n に関する d 次の多項式となり，Ehrhart 多項式と呼ばれる．Ehrhart 多項式の理論は，ピックの公式の華麗なる一般化とも解釈できる．第 3 章は，凸多面体の格子点の数え上げ理論を扱い，Ehrhart 多項式の理論を概観し，格子凸多面体の著名な類を紹介するとともに，1990 年以降の四半世紀の格子凸多面体の理論の展開を辿る．その展開を追跡し，展望を占うならば，可換環論，代数幾何，グレブナー基底などの予備知識が不可欠であるが，本著の予備知識を逸脱しないよう，あくまでも凸多面体の枠組みを堅持しながら，筆を進めた．

---

1) xy 平面の格子多角形の内部に属する格子点の個数を a とし，境界に属する格子点の個数を b とすると，その格子多角形の面積は，$a + b/2 - 1$ となる．ピックの公式の証明は [28, 第 3 章] を参照されたい．

2) たとえば，[14] など．

3.1　エルハート多項式と δ 列

空間 $\mathbb{R}^N$ の**格子点**とは，

$$\mathbb{Z}^N = \{ (x_1, \ldots, x_N) \in \mathbb{R}^N : x_1, \ldots, x_N \in \mathbb{Z} \}$$

に属する点のことである．凸多面体 $\mathcal{P} \subset \mathbb{R}^N$ の任意の頂点が格子点のとき，その凸多面体を**格子凸多面体**と呼ぶ．

3.1.1　三角形分割

格子凸多面体を探究するには，凸多面体を単体に分割する作業が必須である．次元 d の凸多面体[3] $\mathcal{P} \subset \mathbb{R}^N$ に属する有限個の点から成る集合 U で，$\mathcal{P}$ の任意の頂点が U に属するものを固定する．頂点集合を U とする $\mathcal{P}$ の**三角形分割**とは，次元 d の単体 $\sigma \subset \mathbb{R}^N$ の集合 Δ であって，以下の条件を満たすものをいう．

- 単体 $\sigma \in \Delta$ の頂点は U に属する．
- 有限集合 U に属する点は，いずれかの単体 $\sigma \in \Delta$ の頂点である．
- 単体 $\sigma \in \Delta$ と $\tau \in \Delta$ の共通部分 $\sigma \cap \tau$ は，空でなければ，σ と τ の両者の面である．
- 凸多面体 $\mathcal{P}$ は Δ に属する単体の和集合である．すなわち

$$\mathcal{P} = \bigcup_{\sigma \in \Delta} \sigma$$

　である．

以下，凸多面体の三角形分割を構成する手段 [54] を紹介する．なお，凸多面体の三角形分割の詳細な理論を披露するには，グレブナー基底とトーリックイデアルの概念[4] が必須である．定理（3.1.1）の証明は，あくまでも，構成する手段の紹介であるから，厳密な証明であるとは言い難い．

(3.1.1) 定理　次元 d の凸多面体 $\mathcal{P} \subset \mathbb{R}^N$ の有限部分集合 U が $\mathcal{P}$ の任意の頂

---

[3] 必ずしも格子凸多面体とは限らない一般の凸多面体を扱う．

[4] 拙著 [26] を参照されたい．

点を含むならば，頂点集合を U とする $\mathcal{P}$ の三角形分割 Δ が存在する．

[証明] 凸多面体 $\mathcal{P}$ の頂点に番号を付け，$\mathbf{a}_1, \mathbf{a}_2, \ldots, \mathbf{a}_v$ とする．面 $\mathcal{F}$ があったとき，$\mathcal{F}$ に属する頂点 $\mathbf{a}_i$ で添字 i が最小なものを $\omega(\mathcal{F})$ と表す．

凸多面体 $\mathcal{P}$ の面の列

$$\Psi : \mathcal{F}_0 \subset \mathcal{F}_1 \subset \cdots \subset \mathcal{F}_{d-1}$$

があって，$\mathcal{F}_i$ が $\mathcal{P}$ の i 面のとき，Ψ を $\mathcal{P}$ の**旗**と呼ぶ．旗 Ψ が**満員**であるとは，$1 \leq i \leq d-1$ で，$\omega(\mathcal{F}_i)$ が $\mathcal{F}_{i-1}$ の頂点でなく，しかも，$\mathbf{a}_1 \notin \mathcal{F}_{d-1}$ となるときにいう．

満員な旗 Ψ があったとき，

$$\omega(\mathcal{F}_0), \omega(\mathcal{F}_1), \ldots, \omega(\mathcal{F}_{d-1}), \mathbf{a}_1$$

はアフィン独立であるから，それらの凸閉包は，次元 d の単体となる．その単体を $\sigma(\Psi)$ と表す．すると，

$$\Delta_0 = \{\, \sigma(\Psi) \,:\, \Psi \text{は満員な旗} \,\}$$

は，$U_0 = \{\mathbf{a}_1, \mathbf{a}_2, \ldots, \mathbf{a}_v\}$ を頂点集合とする $\mathcal{P}$ の三角形分割となる．

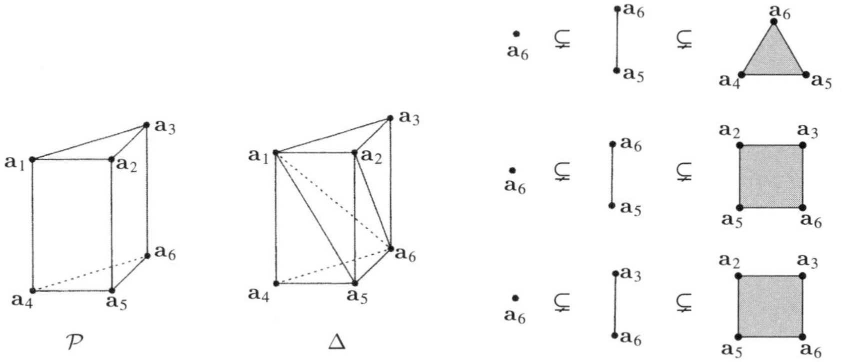

図 3.1 満員な旗と三角形分割

さて，U_0 を $\mathcal{P}$ の有限部分集合とし，U_0 を頂点集合とする $\mathcal{P}$ の三角形分割

Δ の存在を仮定する．いま，$\mathbf{a}' \in \mathcal{P}$ で $\mathbf{a}' \notin U_0$ となるものを任意に選ぶとき，$U_0' = U_0 \cup \{\mathbf{a}'\}$ を頂点集合とする $\mathcal{P}$ の三角形分割 Δ' を作ろう．

まず，単体 $\sigma \in \Delta$ と σ の面 $\mathcal{F}$ で，$\mathbf{a}' \in \mathcal{F} \setminus \partial\mathcal{F}$ となるものを選ぶ．面 $\mathcal{F}$ を i 面[5] とし，その頂点を $\xi_0, \xi_1, \ldots, \xi_i$ とする．単体 $\tau \in \Delta$ で，その頂点が $\xi_0, \xi_1, \ldots, \xi_i$ を含むものを $\tau_1, \tau_2, \ldots, \tau_s$ とする．それぞれの単体 τ_j の頂点を

$$\xi_0, \xi_1, \ldots, \xi_i, \xi_{i+1}^{(j)}, \ldots, \xi_d^{(j)}$$

とする．このとき，

$$\{\mathbf{a}', \xi_0, \xi_1, \ldots, \xi_i, \xi_{i+1}^{(j)}, \ldots, \xi_d^{(j)}\} \setminus \{\xi_k\}$$

を頂点集合とする単体を $\tau_j(k)$ とする[6]．

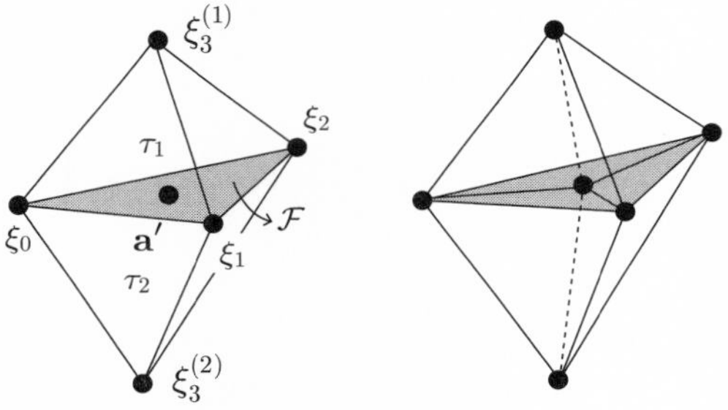

図 3.2　σ と $\mathcal{F}$ と τ_i

すると，次元 d の単体の集合

$$\Delta' = (\Delta \setminus \{\tau_1, \tau_2, \ldots, \tau_s\}) \bigcup \{\, \tau_j(k) \,:\, 1 \leq j \leq s,\, 0 \leq k \leq i \,\}$$

は，$U_0' = U_0 \cup \{\mathbf{a}'\}$ を頂点集合とする $\mathcal{P}$ の三角形分割となる．■

次元 d の凸多面体 $\mathcal{P} \subset \mathbb{R}^N$ の三角形分割 Δ から，

$$\widetilde{\Delta} = \{\, \mathcal{F} \,:\, \mathcal{F} \text{ は単体であり，} \mathcal{F} \text{ を面とする } \sigma \in \Delta \text{ が存在する} \,\}$$

---

[5] なお，$\mathbf{a} \in \sigma \setminus \partial\sigma$ のときは，$i = d$, $\mathcal{F} = \sigma$ とする．

[6] 但し，$k = 0, 1, \ldots, i$ である．

を作る[7].

三角形分割 Δ の**被約オイラー標数**[8] を

$$\widetilde{\chi}(\Delta) = -1 + \sum_{\mathcal{F} \in \widetilde{\Delta}} (-1)^{\dim \mathcal{F}}$$

と定義し，三角形分割 Δ の境界の被約オイラー標数を

$$\widetilde{\chi}(\partial\Delta) = -1 + \sum_{\mathcal{F} \in \widetilde{\Delta},\, \mathcal{F} \subset \partial\mathcal{P}} (-1)^{\dim \mathcal{F}}$$

と定義する．

(3.1.2) 補題 次元 d の凸多面体 $\mathcal{P} \subset \mathbb{R}^N$ の三角形分割 Δ の被約オイラー標数 $\widetilde{\chi}(\Delta)$ と三角形分割 Δ の境界の被約オイラー標数 $\widetilde{\chi}(\partial\Delta)$ は

$$\widetilde{\chi}(\Delta) = 0,$$
$$\widetilde{\chi}(\partial\Delta) = (-1)^{d-1}$$

となる．

[証明] 次元 d の凸多面体 $\mathcal{P} \subset \mathbb{R}^N$ の三角形分割 Δ の頂点集合を U とする．簡単のため，$N = d + 1$ とし，$\mathcal{P}$ は定義方程式を $x_{d+1} = 0$ とする超平面 $\mathcal{H} \subset \mathbb{R}^{d+1}$ に含まれるとする．点 $z \in \mathcal{H}^{(+)} \setminus \mathcal{H}$ を固定し，次元 $d + 1$ の凸多面体 $\mathcal{Q} = \mathrm{conv}(\mathcal{P} \cup \{z\}) \subset \mathbb{R}^{d+1}$ を導入する．頂点集合 U に属するそれぞれの点を $\mathcal{H}^{(-)}$ で少しずつ動かすことで，$\mathcal{Q}$ は頂点集合を $U \cup \{z\}$ とする単体的凸多面体とすることができる．

まず，$\widetilde{\Delta}$ に属する，次元 i の単体の個数を f_i とすると，

$$\widetilde{\chi}(\Delta) = -1 + \sum_{i=0}^{d} (-1)^i f_i$$

---

7) 慣習だと，$\widetilde{\Delta}$ を三角形分割と定義しているが，本著では，簡単のため，次元 d の単体の集合 Δ を三角形分割と定義する．

8) 被約オイラー標数の詳細は，代数的位相幾何学のテキストを参照されたい．

となる．次に，$\widetilde{\Delta}$ に属する，次元 i の単体 $\mathcal{F}$ で，$\mathcal{F} \subset \partial\mathcal{P}$ となるものの個数を f'_i とすると，

$$\widetilde{\chi}(\partial\Delta) = -1 + \sum_{i=0}^{d-1}(-1)^i f'_i$$

となる．

次元 $d+1$ の凸多面体 $\mathcal{Q}$ の f 列を

$$f(\mathcal{Q}) = (f_0(\mathcal{Q}), f_1(\mathcal{Q}), \ldots, f_d(\mathcal{Q}))$$

とすると，

$$f_i(\mathcal{Q}) = f_i + f'_{i-1}, \quad 0 \le i \le d$$

となる．但し，$f'_{-1} = 1$ とする．オイラーの多面体定理から

$$\sum_{i=0}^{d}(-1)^i(f_i + f'_{i-1}) = 1 + (-1)^d$$

が従う．すると，$f'_{-1} = 1$ であるから，

$$-1 + \sum_{i=0}^{d}(-1)^i f_i - \left(-1 + \sum_{i=0}^{d-1}(-1)^i f'_i\right) = (-1)^d$$

となる．すなわち，

$$\widetilde{\chi}(\Delta) - \widetilde{\chi}(\partial\Delta) = (-1)^d$$

となる．

いま，$U \cap \partial\mathcal{P}$ に属するそれぞれの点を少しずつ動かすことで，凸多面体 $\mathcal{P}$ は $U \cap \partial\mathcal{P}$ を頂点集合とする単体的凸多面体とすることができる．すると，$\mathcal{P}$ の f 列は

$$f(\mathcal{P}) = (f'_0, f'_1, \ldots, f'_{d-1})$$

となる．オイラーの多面体定理から

$$\widetilde{\chi}(\partial\Delta) = -1 + \sum_{i=0}^{d-1}(-1)^i f'_i = (-1)^{d-1}$$

が従う．すると，

$$\widetilde{\chi}(\Delta) = (-1)^{d-1} + (-1)^d = 0$$

となる. ■

次元 i の単体 $\mathcal{F} \in \widetilde{\Delta}$ を固定するとき，次元 $d-i-1$ の単体 $\mathcal{G} \in \widetilde{\Delta}$ で，条件

- $\mathcal{F} \cap \mathcal{G} = \emptyset$
- $\mathcal{F}$ と $\mathcal{G}$ の両者を含む単体 $\mathcal{F}' \in \Delta$ が存在する[9)]

を満たすものの全体を

$$\mathrm{link}_{\Delta}(\mathcal{F})$$

と表し，$\mathcal{F}$ の Δ における**リンク**と呼ぶ．すると，

- $\mathcal{F} \not\subset \partial\mathcal{P}$ ならば，$\mathrm{link}_{\Delta}(\mathcal{F})$ は，次元 $d-i$ の格子凸多面体の三角形分割に属する単体のファセットで，その格子凸多面体の境界に属するものの全体の集合となる．すると，
$$\widetilde{\chi}(\mathrm{link}_{\Delta}(\mathcal{F})) = (-1)^{d-i-1} \tag{3.1}$$
となる．
- $\mathcal{F} \subset \partial\mathcal{P}$ ならば，$\mathrm{link}_{\Delta}(\mathcal{F})$ は，次元 $d-i-1$ の格子凸多面体の三角形分割となる．すると，
$$\widetilde{\chi}(\mathrm{link}_{\Delta}(\mathcal{F})) = 0 \tag{3.2}$$
となる．

一般に，凸多面体 $\mathcal{P}$ の三角形分割 Δ の頂点集合を U とするとき，

$$\Gamma = \bigcup_{F \subset U,\, \mathrm{conv}(F) \in \Delta} \langle F \rangle$$

は，頂点集合を U とする単体的複体となる．

(3.1.3) 補題 単体的複体 Γ は殻化可能である．

[証明] 補題 (3.1.2) の証明の冒頭の状況を踏襲する．必要ならば，z を少し動かし，定理 (2.3.6) の証明の直線 ℓ を，超平面 $\mathcal{H}$ と直交するように選び，し

9) すなわち，$\mathrm{conv}(\mathcal{F} \cup \mathcal{G}) \in \Delta$ となる．

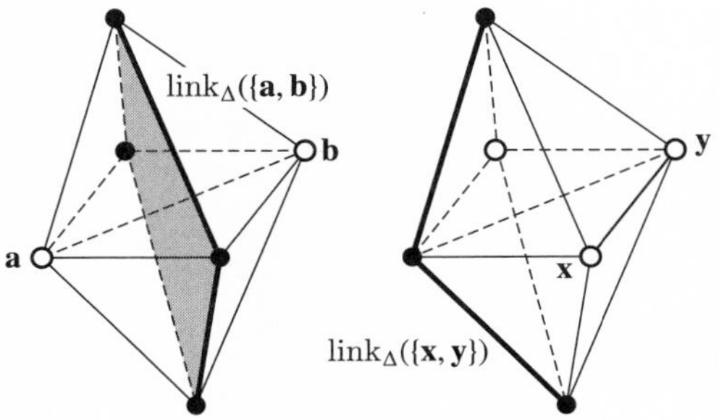

図 3.3　$\mathrm{link}_\Delta(\mathcal{F})$

かも，

$$\mathbf{w} \in \mathcal{H}^{(+)} \setminus \mathcal{H}, \quad \mathbf{w}_+ \in \mathcal{H}^{(-)} \setminus \mathcal{H}$$

とする．すると，動点 $\mathbf{p}$ が $\mathbf{w}$ から $\mathbf{w}_+$ まで動くとき，眺望可能となるファセットは，$\mathcal{Q} \cap \mathcal{H}^{(-)}$ に含まれるファセット，すなわち，Δ に属する単体である．それゆえ，殻化可能の定義から，単体的複体 Γ は殻化可能である．■

すると，単体的複体 Γ の h 列のそれぞれの成分は非負である[10)]．

3.1.2　エルハート多項式

次元 d の格子凸多面体 $\mathcal{P} \subset \mathbb{R}^N$ の n 倍の**ふくらまし**とは，凸多面体

$$n\mathcal{P} = \{\, n\alpha \,:\, \alpha \in \mathcal{P} \,\}$$

のことである．但し，$n \geq 1$ は整数である．

次元 d の格子凸多面体 $\mathcal{P} \subset \mathbb{R}^N$ の n 倍のふくらまし $n\mathcal{P}$ に属する格子点の個数を $i(\mathcal{P}, n)$ とし，$n\mathcal{P}$ の内部 $n\mathcal{P} \setminus \partial n\mathcal{P}$ に属する格子点の個数を $i^*(\mathcal{P}, n)$ とする[11)]．

$$i(\mathcal{P}, n) = |n\mathcal{P} \cap \mathbb{Z}^N|$$
$$i^*(\mathcal{P}, n) = |n(\mathcal{P} \setminus \partial\mathcal{P}) \cap \mathbb{Z}^N|$$

函数 $i(\mathcal{P}, n)$ と $i^*(\mathcal{P}, n)$ を格子凸多面体 $\mathcal{P}$ の**数え上げ函数**と呼ぶ．

---

10) 補題（2.3.4）

11) $n\mathcal{P} \setminus \partial n\mathcal{P} = n(\mathcal{P} \setminus \partial\mathcal{P}) = \{\, n\alpha \,:\, \alpha \in \mathcal{P} \setminus \partial\mathcal{P} \,\}$

(3.1.4) 例 xyz 空間の格子四面体 $\mathcal{Q}_m \subset \mathbb{R}^3$ の頂点を

$$(0,0,0),\ (1,0,0),\ (0,1,0),\ (1,1,m)$$

とする[12]と，簡単な計算から，

$$i(\mathcal{Q}_m, n) = \frac{m}{6}n^3 + n^2 + \frac{12-m}{6}n + 1$$
$$i^*(\mathcal{Q}_m, n) = \frac{m}{6}n^3 - n^2 + \frac{12-m}{6}n - 1$$

となる．但し，$m \geq 1$ は整数である．――

すると，一般に，次元 d の格子凸多面体 $\mathcal{P} \subset \mathbb{R}^N$ の数え上げ函数 $i(\mathcal{P}, n)$ と $i^*(\mathcal{P}, n)$ は，両者とも，n に関する次数 d の多項式になるであろう，と推測できよう．しかも，それらの多項式の n^d の係数は，$\mathcal{P}$ の体積と一致するであろう，と推測できよう．

(3.1.5) 定理 次元 d の格子凸多面体 $\mathcal{P} \subset \mathbb{R}^N$ の数え上げ函数 $i(\mathcal{P}, n)$ は，n に関する次数 d の多項式で，その定数項は 1 である．更に，等式

$$i^*(\mathcal{P}, n) = (-1)^d i(\mathcal{P}, -n), \quad n = 1, 2, 3, \ldots \tag{3.3}$$

が成立する[13]．――

多項式 $i(\mathcal{P}, n)$ は，$\mathcal{P} \subset \mathbb{R}^N$ の**エルハート多項式**と呼ばれ，等式 (3.3) は，**エルハート相互法則**と呼ばれる．

[定理 (3.1.5) の証明] （第 1 段）まず，次元 d の格子凸多面体 $\mathcal{P} \subset \mathbb{R}^N$ が単体であるときを扱う．格子単体 $\mathcal{P}$ の頂点を $\mathbf{a}_0, \mathbf{a}_1, \ldots, \mathbf{a}_d$ とする．すると，

- 任意の $\alpha \in \mathcal{P}$ と任意の $\beta \in \mathcal{P} \setminus \partial\mathcal{P}$ は，それぞれ，

$$\alpha = \sum_{i=0}^{d} \lambda_i \mathbf{a}_i, \quad \lambda_i \geq 0, \quad \sum_{i=1}^{d} \lambda_i = 1$$

---

[12] 格子四面体 $\mathcal{Q}_m \subset \mathbb{R}^3$ の体積は，$m/6$ である．

[13] 等式 (3.3) の右辺の $i(\mathcal{P}, -n)$ は，数え上げの解釈はせず，単に，n の多項式の n を $-n$ に置き換えたものと考える．

図 3.4　Eugène Ehrhart（自画像，`http://icps.u-strasbg.fr/~clauss/Ehrhart_draw.html`）

$$\beta = \sum_{i=0}^{d} \lambda_i \mathbf{a}_i, \quad \lambda_i > 0, \quad \sum_{i=1}^{d} \lambda_i = 1$$

なる一意的な表示を持つ[14]．

- 任意の $\alpha \in n\mathcal{P}$ と任意の $\beta \in n(\mathcal{P} \setminus \partial\mathcal{P})$ は，それぞれ，

$$\alpha = \sum_{i=0}^{d} \lambda_i \mathbf{a}_i, \quad \lambda_i \geq 0, \quad \sum_{i=1}^{d} \lambda_i = n$$

$$\beta = \sum_{i=0}^{d} \lambda_i \mathbf{a}_i, \quad \lambda_i > 0, \quad \sum_{i=1}^{d} \lambda_i = n$$

なる一意的な表示を持つ．

格子点の集合 S_j と S_j^* を導入する．

- $j = 0, 1, \ldots, d$ のとき，格子点 $\alpha \in \mathbb{Z}^N$ で

---

[14] 実際，$\mathbf{a}_0, \mathbf{a}_1, \ldots, \mathbf{a}_d$ はアフィン独立である．

$$\alpha = \sum_{i=0}^{d} \lambda_i \mathbf{a}_i, \quad 0 \leq \lambda_j < 1, \quad \sum_{i=0}^{d} \lambda_i = j$$

と表示されるものの全体から成る集合を S_j とする．

- $j = 1, \ldots, d+1$ のとき，格子点 $\alpha \in \mathbb{Z}^N$ で

$$\alpha = \sum_{i=0}^{d} \lambda_i \mathbf{a}_i, \quad 0 < \lambda_i \leq 1, \quad \sum_{i=0}^{d} \lambda_i = j$$

と表示されるものの全体から成る集合を S_j^* とする[15)]．

すると，

$$|S_j^*| = |S_{d+1-j}|, \quad j = 1, \ldots, d+1 \tag{3.4}$$

となる．実際，

$$\mathbf{v}_0 = \sum_{i=0}^{d} \mathbf{a}_i$$

とすると，

$$0 < \lambda_j \leq 1, \quad \sum_{i=0}^{d} \lambda_i = j$$

と

$$0 \leq 1 - \lambda_j < 1, \quad \sum_{i=0}^{d} (1 - \lambda_i) = d + 1 - j$$

は同値であるから

$$S_{d+1-j} = \mathbf{v}_0 - S_j^*$$

となる．

一般に，実数 s, s' と整数 n, m が

$$n \leq s < n+1, \quad m - 1 < s' \leq m$$

を満たすとき，

$$\lfloor s \rfloor = n, \quad \lceil s' \rceil = m$$

---

15) 特に，$S_0 = \{\mathbf{0}\}$, $S_{d+1}^* = \{\sum_{i=1}^{d} \mathbf{a}_i\}$ となる．

と定義する．すると，

$$0 \le s - \lfloor s \rfloor < 1, \quad 0 < s' - (\lceil s' \rceil - 1) \le 1$$

となる[16)]．

格子点 $\alpha \in n\mathcal{P} \cap \mathbb{Z}^d$ と格子点 $\beta \in n(\mathcal{P} \setminus \partial\mathcal{P}) \cap \mathbb{Z}^d$ は，それぞれ，

$$\alpha = \sum_{i=0}^{d} q_i \mathbf{a}_i + \mathbf{v}, \quad \beta = \sum_{i=0}^{d} q_i^* \mathbf{a}_i + \mathbf{v}^* \tag{3.5}$$

なる一意的な表示を持つ．但し，

$$q_i \in \mathbb{Z}, \quad q_i \ge 0, \quad \mathbf{v} \in \bigcup_{j=0}^{d} S_j$$

$$q_i^* \in \mathbb{Z}, \quad q_i^* \ge 0, \quad \mathbf{v}^* \in \bigcup_{j=1}^{d+1} S_j^*$$

である．

実際，

$$\alpha = \sum_{i=0}^{d} \lambda_i \mathbf{a}_i = \sum_{i=0}^{d} \lfloor \lambda_i \rfloor \mathbf{a}_i + \sum_{i=0}^{d} (\lambda_i - \lfloor \lambda_i \rfloor) \mathbf{a}_i$$

$$\beta = \sum_{i=0}^{d} \lambda_i \mathbf{a}_i = \sum_{i=0}^{d} (\lceil \lambda_i \rceil - 1) \mathbf{a}_i + \sum_{i=0}^{d} (\lambda_i - (\lceil \lambda_i \rceil - 1)) \mathbf{a}_i$$

である．

以上の準備を踏まえ，数え上げ函数 $i(\mathcal{P}, n)$ と $i^*(\mathcal{P}, n)$ を計算する．格子点 $\mathbf{v} \in S_j$ と $\mathbf{v}^* \in S_j^*$ を固定する．すると，(3.5) の格子点 α と β の個数は，両者とも，

$$\sum_{i=0}^{d} q_i = n - j$$

16) 但し，本著の他の箇所は，習慣に従い，$\lfloor s \rfloor$ は $[s]$ と表示する．

の非負整数解の個数[17]となる．すなわち，

$$\binom{d+1+(n-j)-1}{n-j} = \binom{n+d-j}{d}$$

であるから

$$\frac{1}{d!}(n+d-j)(n+d-j-1)\cdots(n-j+1)$$

である[18]．すると，

$$\mathbf{v} \in \bigcup_{j=0}^{d} S_j, \quad \mathbf{v}^* \in \bigcup_{j=1}^{d+1} S_j^*$$

を動かすと，

$$i(\mathcal{P},n) = \frac{1}{d!}\sum_{j=0}^{d}|S_j|(n+d-j)(n+d-j-1)\cdots(n-j+1) \quad (3.6)$$

$$i^*(\mathcal{P},n) = \frac{1}{d!}\sum_{j=1}^{d+1}|S_j^*|(n+d-j)(n+d-j-1)\cdots(n-j+1)$$

となる．それゆえ，$i(\mathcal{P},n)$ は n に関する次数 d の多項式，その定数項は

$$\frac{1}{d!}\sum_{j=0}^{d}|S_j|(d-j)(d-j-1)\cdots(-j+1) = |S_0| = 1$$

となる．等式 (3.4) を使うと，$i^*(\mathcal{P},n)$ は

$$\begin{aligned}
&\frac{1}{d!}\sum_{j=1}^{d+1}|S_{d+1-j}|(n+d-j)(n+d-j-1)\cdots(n-j+1) \\
&= \frac{1}{d!}\sum_{j=0}^{d}|S_j|(n+j-1)(n+j-2)\cdots(n+j-d) \\
&= (-1)^d\frac{1}{d!}\sum_{j=0}^{d}|S_j|(-n-j+1)(-n-j+2)\cdots(-n-j+d)
\end{aligned}$$

---

17) すなわち，$d+1$ 変数の $n-j$ 次の単項式の個数である．

18) なお，$1 \leq n < j$ とすると，$(n+d-j)(n+d-j-1)\cdots(n-j+1) = 0$ となる．

となるから，すなわち，$(-1)^d i(\mathcal{P}, -n)$ と一致する．

すると，定理 (3.1.5) は，$\mathcal{P}$ が次元 d の格子単体のときは成立する．

（第2段）一般の次元 d の格子凸多面体 $\mathcal{P} \subset \mathbb{R}^N$ の数え上げ函数 $i(\mathcal{P}, n)$ と $i^*(\mathcal{P}, n)$ を計算する．

次元 d の格子凸多面体 $\mathcal{P} \subset \mathbb{R}^N$ の $U = \mathcal{P} \cap \mathbb{Z}^N$ を頂点集合とする三角形分割 Δ を固定し，

$$\widetilde{\Delta} = \{\, \mathcal{F} : \mathcal{F} \text{ は単体であり，} \mathcal{F} \text{ を面とする } \sigma \in \Delta \text{ が存在する} \,\}$$

と置く．すると，

$$\mathcal{P} = \bigcup_{\mathcal{F} \in \widetilde{\Delta}} \mathcal{F} \setminus \partial\mathcal{F} \tag{3.7}$$

が従う[19]．特に，

$$i(\mathcal{P}, n) = \sum_{\mathcal{F} \in \widetilde{\Delta}} i^*(\mathcal{F}, n) \tag{3.8}$$

となる．

単体 $\mathcal{F} \in \Delta$ の数え上げ函数 $i(\mathcal{F}, n)$ と $i^*(\mathcal{F}, n)$ は，両者とも，n に関する次数 $\dim \mathcal{F}$ の多項式，しかも，その定数項は，それぞれ，1 と $(-1)^{\dim \mathcal{F}}$ である．すると，(3.8) から，$i(\mathcal{P}, n)$ は，n に関する次数 d の多項式，その定数項は

$$\sum_{\mathcal{F} \in \widetilde{\Delta}} (-1)^{\dim \mathcal{F}} = \widetilde{\chi}(\Delta) + 1 = 1$$

となる[20]．

単体のエルハートの相互法則，及び，(3.8) と

$$i^*(\mathcal{P}, n) = (-1)^d \sum_{\mathcal{F} \in \widetilde{\Delta}} (-1)^{\dim \mathcal{F}} i(\mathcal{F}, n) \tag{3.9}$$

---

19) 右辺の $\bigcup_{\mathcal{F} \in \widetilde{\Delta}} \mathcal{F} \setminus \partial\mathcal{F}$ は直和である．

20) 多項式 $i(\mathcal{P}, n)$ の定数項が 1 になることの背景に被約オイラー標数が潜むことは着目すべき事柄であろう．

から,

$$\begin{aligned} i^*(\mathcal{P}, n) &= (-1)^d \sum_{\mathcal{F} \in \widetilde{\Delta}} (-1)^{\dim \mathcal{F}} i(\mathcal{F}, n) \\ &= (-1)^d \sum_{\mathcal{F} \in \widetilde{\Delta}} i^*(\mathcal{F}, -n) \\ &= (-1)^d i(\mathcal{P}, -n) \end{aligned}$$

と, エルハート相互法則 (3.3) が導かれる.

すると, 残るは, (3.9) の証明である. 次元 i の単体 $\mathcal{F} \in \widetilde{\Delta}$ を固定する. そのリンク $\mathrm{link}_{\Delta}(\mathcal{F})$ のオイラー標数の公式 (3.1) と (3.2) から,

$$-1 + (-1)^{i+1} \sum_{\mathcal{F} \subsetneq \mathcal{G} \in \widetilde{\Delta}} (-1)^{\dim \mathcal{G}} = \begin{cases} (-1)^{d-i-1}, & \mathcal{F} \not\subset \partial \mathcal{P} \text{ のとき} \\ 0, & \mathcal{F} \subset \partial \mathcal{P} \text{ のとき} \end{cases}$$

となる. 等式 (3.9) を示すため, (格子点とは限らない, 一般の) 点 $\mathbf{a} \in \mathcal{P}$ と $\mathbf{a} \in \mathcal{F} \setminus \partial \mathcal{F}$ となる単体 $\mathcal{F} \in \widetilde{\Delta}$ を考える. すると,

- 点 $\mathbf{a}$ が $\mathcal{P}$ の内部に属するならば, $\mathcal{F} \not\subset \partial \mathcal{P}$ であるから,

$$\begin{aligned} &(-1)^d \sum_{\mathbf{a} \in \mathcal{G} \in \widetilde{\Delta}} (-1)^{\dim \mathcal{G}} \\ &= (-1)^d \sum_{\mathcal{F} \subsetneq \mathcal{G} \in \widetilde{\Delta}} (-1)^{\dim \mathcal{G}} + (-1)^{d - \dim \mathcal{F}} \\ &= (-1)^{d - \dim \mathcal{F} - 1} (-1)^{\dim \mathcal{F} + 1} \sum_{\mathcal{F} \subsetneq \mathcal{G} \in \widetilde{\Delta}} (-1)^{\dim \mathcal{G}} + (-1)^{d - \dim \mathcal{F}} \\ &= (-1)^{d - \dim \mathcal{F} - 1} ((-1)^{d - \dim \mathcal{F} - 1} + 1) - (-1)^{d - \dim \mathcal{F} - 1} \\ &= 1 \end{aligned}$$

  となる.

- 点 $\mathbf{a}$ が $\mathcal{P}$ の境界に属するならば, $\mathcal{F} \subset \partial \mathcal{P}$ であるから,

$$(-1)^d \sum_{\mathbf{a} \in \mathcal{G} \in \widetilde{\Delta}} (-1)^{\dim \mathcal{G}} = 0$$

  となる.

それゆえ，等式 (3.9) が従う．■

続いて，$N = d$ ならば，次元 d の格子凸多面体 $\mathcal{P}$ の体積とエルハート多項式 $i(\mathcal{P}, n)$ の n^d の係数が一致することを示す．いわゆる区分求積法の議論である．

(3.1.6) 系　次元 d の格子凸多面体 $\mathcal{P} \subset \mathbb{R}^d$ の体積は，$i(\mathcal{P}, n)$ の n^d の係数と一致する．

[証明] 格子凸多面体 $\mathcal{P}$ の体積を区分求積法で計算する．まず，

$$\left(\frac{\mathbb{Z}}{n}\right)^d = \left\{ \left(\frac{a_1}{n}, \ldots, \frac{a_d}{d}\right) : a_i \in \mathbb{Z} \right\}$$

とし，

$$\mathbf{a}' = (a'_1, \ldots, a'_d) \in \left(\frac{\mathbb{Z}}{n}\right)^d$$

を中心とする一辺の長さが $1/n$ の立方体を

$$C_{\mathbf{a}'}(1/n)$$

とする．正の整数 $a(n)$, $b(n)$, $c(n)$ を，$a(n)$ は $\mathcal{P}$ に含まれる $\mathbf{a}' \in \left(\frac{\mathbb{Z}}{n}\right)^d$ の個数，$b(n)$ は $\mathcal{P}$ に含まれる $C_{\mathbf{a}'}(1/n)$ の個数，$c(n)$ は $\mathcal{P}$ を覆うために必要な $C_{\mathbf{a}'}(1/n)$ の個数とする．すると，

$$b(n) \leq a(n) \leq c(n)$$

となる．区分求積法から，

$$\mathcal{P} \text{の体積} = \lim_{n \to \infty} \frac{b(n)}{n^d} = \lim_{n \to \infty} \frac{c(n)}{n^d}$$

となるから，

$$\mathcal{P} \text{の体積} = \lim_{n \to \infty} \frac{a(n)}{n^d}$$

となる．ところが，

$$a(n) = \left| \mathcal{P} \cap \left(\frac{\mathbb{Z}}{n}\right)^d \right| = |\, n\mathcal{P} \cap \mathbb{Z}^d \,|$$

に着目すると，結局，$\mathcal{P}$ の体積は

$$\lim_{n \to \infty} \frac{1}{n^d}\, i(\mathcal{P}, n)$$

となる．すなわち，$i(\mathcal{P}, n)$ の n^d の係数に一致する．■

3.1.3　δ 列

無限級数の公式

$$1 + \lambda + \lambda^2 + \cdots = \frac{1}{1-\lambda} \tag{3.10}$$

は，高校数学の周知の事実である．収束を考えると，公式 (3.10) は $|\lambda| < 1$ のときに限り有効である．ところが，収束を忘れ，λ を数値ではなく，単なる文字と考えると，

$$(1-\lambda)(1 + \lambda + \lambda^2 + \cdots) = 1 + 0 + 0 + \cdots = 1$$

だから，公式 (3.10) が従う[21]．公式 (3.10) の両辺を微分[22]すると

$$1 + 2\lambda + 3\lambda^2 + 4\lambda^3 + \cdots = \frac{1}{(1-\lambda)^2} \tag{3.11}$$

となる．

一般に，数列 $\{a_n\}_{n=0}^{\infty}$ から作られる，文字 λ の無限級数

$$a_0 + a_1\lambda + a_2\lambda^2 + a_3\lambda^3 + \cdots$$

を，数列 $\{a_n\}_{n=0}^{\infty}$ の**母函数**と呼ぶ[23]．

(3.1.7) 例　数列 $\left\{\binom{d+n-1}{d-1}\right\}_{n=0}^{\infty}$ の母函数は

$$\sum_{n=0}^{\infty} \binom{d+n-1}{d-1} \lambda^n = \frac{1}{(1-\lambda)^d} \tag{3.12}$$

である．但し，$d \geq 1$ は整数とする．

実際，等式

$$\frac{1}{(1-\lambda)^d} = (1 + \lambda + \lambda^2 + \lambda^3 + \cdots)^d$$

---

21) いわゆる**形式的冪級数**と呼ばれる．多項式の演算を真似ると，加減乗除が定義できる．但し，多項式の範囲では $1-\lambda$ は逆元を持たないが，形式的冪級数の範囲で考えると逆元を持つなど，状況は異なる．

22) 極限の操作を忘れ，形式的冪級数の代数演算としての微分を，多項式，分数函数の微分の公式を真似ることから定義する．

23) 母函数のテクニックは，数え上げ組合せ論の常套手段である．

の右辺を展開するときの λ^n の係数は，方程式

$$z_1 + z_2 + \cdots + z_d = n$$

の非負整数解の個数であるから

$$\binom{d+n-1}{n} = \binom{d+n-1}{d-1}$$

となる．——

次元 d の格子凸多面体 $\mathcal{P} \subset \mathbb{R}^N$ のエルハート多項式 $i(\mathcal{P}, n)$ の数列

$$1,\ i(\mathcal{P}, 1),\ i(\mathcal{P}, 2),\ i(\mathcal{P}, 3),\ \ldots$$

の母函数

$$F(\mathcal{P}, \lambda) = 1 + \sum_{n=1}^{\infty} i(\mathcal{P}, n)\lambda^n \tag{3.13}$$

から，整数の数列

$$\delta_0,\ \delta_1,\ \delta_2,\ \delta_3, \ldots \tag{3.14}$$

を

$$(1-\lambda)^{d+1} F(\mathcal{P}, \lambda) = \sum_{i=0}^{\infty} \delta_i \lambda^i$$

と定義する．

(3.1.8) 補題　数列 (3.14) は

$$\delta_i = 0, \quad \forall i > d$$

を満たす．

[証明] 一般に，数列 $\{a_n\}_{n=0}^{\infty}$ の母函数 $\sum_{n=0}^{\infty} a_n \lambda^n$ と $(1-\lambda)^{d+1}$ の積

$$(1-\lambda)^{d+1} \sum_{n=0}^{\infty} a_n \lambda^n = \sum_{i=0}^{\infty} b_i \lambda^i$$

が

$$b_{d+1} = b_{d+2} = \cdots = 0 \tag{3.15}$$

を満たすならば，母函数の等式 (3.12) から

$$\begin{aligned} a_n &= \sum_{i=0}^{d} b_i \binom{d+1+n-i-1}{d} \\ &= \sum_{i=0}^{d} b_i \binom{d+n-i}{d} \\ &= \frac{1}{d!} \sum_{i=0}^{d} b_i (n+d-i)(n+d-i-1)\cdots(n-i+1) \end{aligned}$$

は，n に関する多項式で，その次数は d を越えない．

数列 $\{a_n\}_{n=0}^{\infty}$ を，非負整数全体の集合から実数全体の集合への写像の全体が作る，実数体上の線型空間と考える[24)]．すると，条件『任意の $n \geq 0$ で $a_n = f(n)$ となる多項式 $f(n)$ で，次数が d を越えないものが存在する』を満たす数列 $\{a_n\}_{n=0}^{\infty}$ の全体の集合 V は，その線型部分空間であり，その線型空間としての次元は $\dim V = d+1$ である．

数列 $\{a_n\}_{n=0}^{\infty}$ で，条件 (3.15) を満たすもの全体から成る集合 V' も，その線型部分空間であり，その線型空間としての次元は $\dim V' = d+1$ である．ところが，$V' \subset V$ であるから，結局，$V' = V$ となる．

特に，数列 $\{i(\mathcal{P}, n)\}_{n=0}^{\infty}$ は，線型部分空間 V に属するから，線型部分空間 V' にも属し，$\delta_{d+1} = \delta_{d+2} = \cdots = 0$ が従う．■

次元 d の格子凸多面体 $\mathcal{P} \subset \mathbb{R}^N$ から作られる数列

$$\delta(\mathcal{P}) = (\delta_0, \delta_1, \ldots, \delta_d)$$

を，$\mathcal{P}$ の δ 列と呼ぶ．すなわち，

$$(1-\lambda)^{d+1} \left[1 + \sum_{n=1}^{\infty} i(\mathcal{P}, n) \lambda^n \right] = \delta_0 + \delta_1 \lambda + \cdots + \delta_d \lambda^d \tag{3.16}$$

24) 数列 $\{a_n\}_{n=0}^{\infty}$ を実数列とする．

$$i(\mathcal{P},n)=\frac{1}{d!}\sum_{i=0}^{d}\delta_i(n+d-i)(n+d-i-1)\cdots(n-i+1) \quad (3.17)$$

である．なお，(3.16) の右辺を，$\mathcal{P}$ の δ **多項式**と呼び，$\delta(\mathcal{P},\lambda)$ と表す[25)]．

等式 (3.16) の両辺の定数項と λ の係数から，

$$\delta_0=1, \quad \delta_1=|\mathcal{P}\cap\mathbb{Z}^N|-(d+1)$$

となる．しかも，$N=d$ ならば，$\mathcal{P}$ の体積は，多項式 $i(\mathcal{P},n)$ の n^d の係数であるから，等式 (3.17) から，

$$\frac{1}{d!}\sum_{i=0}^{d}\delta_i \quad (3.18)$$

となる．

数列

$$i^*(\mathcal{P},1),\ i^*(\mathcal{P},2),\ i^*(\mathcal{P},3),\ \ldots$$

の母函数[26)]

$$F^*(\mathcal{P},\lambda)=\sum_{n=1}^{\infty}i^*(\mathcal{P},n)\lambda^n$$

を考える．

(3.1.9) 定理　等式

$$(1-\lambda)^{d+1}F^*(\mathcal{P},\lambda)=\sum_{i=0}^{d}\delta_{d-i}\lambda^{i+1} \quad (3.19)$$

が成立する．すると，λ の有理函数の等式

$$F^*(\mathcal{P},\lambda)=(-1)^{d+1}F\left(\mathcal{P},\frac{1}{\lambda}\right) \quad (3.20)$$

が成立する．

---

25) すると，$i(\mathcal{P},n)$ を知ることと δ 列を知ることは同値である．

26) 定数項は 0 とする．

[証明] まず，(3.19) を考慮し，

$$\frac{\sum_{i=0}^{d}\delta_{d-i}\lambda^{i+1}}{(1-\lambda)^{d+1}}=\sum_{n=1}^{\infty}b_n\lambda^n$$

を計算すると，

$$\begin{aligned}
b_n&=\sum_{i=0}^{d}\delta_{d-i}\binom{d+n-i-1}{d}\\
&=\frac{1}{d!}\sum_{i=0}^{d}\delta_{d-i}(d+n-i-1)(d+n-i-2)\cdots(n-i)\\
&=\frac{1}{d!}\sum_{i=0}^{d}\delta_i(n+i-1)(n+i-2)\cdots(n+i-d)\\
&=(-1)^d\frac{1}{d!}\sum_{i=0}^{d}\delta_i(-n-i+1)(-n-i+2)\cdots(-n-i+d)
\end{aligned}$$

となる．すると，(3.17) と相互法則から，

$$b_n=(-1)^d i(\mathcal{P},-n)=i^*(\mathcal{P},n)$$

が従う．すなわち，(3.19) が成立する．次に，

$$\begin{aligned}
(-1)^{d+1}F\left(\mathcal{P},\frac{1}{\lambda}\right)&=\frac{\sum_{i=0}^{d}\delta_i\lambda^{d-i+1}}{(1-\lambda)^{d+1}}\\
&=\frac{\sum_{i=1}^{d+1}\delta_{d-i+1}\lambda^{i}}{(1-\lambda)^{d+1}}\\
&=\frac{\sum_{i=0}^{d}\delta_{d-i}\lambda^{i+1}}{(1-\lambda)^{d+1}}\\
&=F^*(\mathcal{P},\lambda)
\end{aligned}$$

であるから，(3.20) が成立する．■

(3.1.10) 系　等式

$$\delta_d=i^*(\mathcal{P},1)=|(\mathcal{P}\setminus\partial\mathcal{P})\cap\mathbb{Z}^N|$$

が成立する．——

もっと一般に，

(3.1.11) 系　整数 n_0 を，$i^*(\mathcal{P}, n) \neq 0$ を満たす $n \geq 1$ で最小なものとすると，

$$\delta_d = \delta_{d-1} = \cdots = \delta_{d-n_0+2} = 0, \quad \delta_{d-n_0+1} = i^*(\mathcal{P}, n_0)$$

となる．——

以下，単体的凸多面体の h 列の Dehn–Sommerville 方程式と下限定理を踏襲し，格子凸多面体の δ 列に関する回文定理と下限定理を紹介しよう．

3.2　回文定理

次元 d の格子凸多面体 $\mathcal{P} \subset \mathbb{R}^N$ の δ 列を $\delta(\mathcal{P}) = (\delta_0, \delta_1, \ldots, \delta_d)$ とする．その $\delta(\mathcal{P})$ が**対称数列**であるとは，

$$\delta_i = \delta_{d-i}, \quad i = 0, 1, \ldots, d$$

となるときにいう[27)]．

まず，$\delta_0 = 1$ であるから，$\delta(\mathcal{P})$ が対称数列ならば，$\delta_d = 1$ となる．すると，系（3.1.10）から，$\mathcal{P}$ の内部 $\mathcal{P} \setminus \partial\mathcal{P}$ に属する格子点は唯一つである．すると，$\mathcal{P}$ を平行移動[28)] し，$\mathbb{R}^N$ の原点 $\mathbf{0}$ が $\mathcal{P}$ の内部に属する唯一の格子点であるとし，しかも，$N = d$ を仮定する[29)]．

母函数 $F^*(\mathcal{P}, \lambda)$ の等式 (3.19) を踏まえると，$\delta(\mathcal{P})$ が対称数列であることは，

$$F^*(\mathcal{P}, \lambda) = \lambda F(\mathcal{P}, \lambda)$$

となることと同値である．すなわち，

$$i^*(\mathcal{P}, n) = i(\mathcal{P}, n-1), \quad n = 1, 2, \ldots$$

---

27) 素朴な疑問は，$\delta(\mathcal{P})$ が対称数列となるのはどんなときであるか，というものである．すなわち，δ 列の Dehn–Sommerville 方程式を探せ，というものである．

28) 一般に，$\mathbf{a} \in \mathcal{P} \cap \mathbb{Z}^N$ とすると，$\mathcal{P}$ と $\mathcal{P} - \mathbf{a}$ のエルハート多項式は等しい．

29) 次元 d の格子凸多面体 $\mathcal{P} \subset \mathbb{R}^N$ があったとき，次元 d の格子凸多面体 $\mathcal{Q} \subset \mathbb{R}^d$ で，$\mathcal{P}$ と $\mathcal{Q}$ のエルハート多項式が一致するものが存在する．

となることと同値である[30]．換言すると，

$$n(\mathcal{P} \setminus \partial\mathcal{P}) \cap \mathbb{Z}^d = (n-1)\mathcal{P} \cap \mathbb{Z}^d, \quad n = 1, 2, \ldots \tag{3.21}$$

となることと同値である[31]．

ところが，原点 $\mathbf{0} \in \mathbb{R}^d$ は，$\mathcal{P}$ の内部 $\mathcal{P} \setminus \partial\mathcal{P}$ に属するから，

$$(n-1)\mathcal{P} \subset n(\mathcal{P} \setminus \partial\mathcal{P}) \quad n = 1, 2, \ldots$$

となる．すると，等式 (3.21) が成立することと，条件（&）が成立することは同値である．

（&）任意の $n = 1, 2, \ldots$ で，$n\mathcal{P}$ の境界と $(n-1)\mathcal{P}$ の境界に挟まれた領域 $\mathcal{A}_n$ には格子点が存在しない[32]．

その条件（&）が成立するための十分条件を考えよう．いま，$\mathcal{P}$ のファセットを $\mathcal{F}_1, \ldots, \mathcal{F}_f$ とし，$\mathcal{F}_j = \mathcal{P} \cap \mathcal{H}_j$ となる支持超平面 $\mathcal{H}_j$ を考える．超平面 $\mathcal{H}_j$ は原点を通過しないから，その定義方程式を

$$\langle \mathbf{a}^{(j)}, \mathbf{x} \rangle = a_1^{(j)} x_1 + \cdots + a_d^{(j)} x_d = 1$$

とする．但し，それぞれの $a_i^{(j)} \in \mathbb{Q}$ とする．すると，

$$\mathcal{P} = \{\, \mathbf{y} \in \mathbb{R}^d \,:\, \langle \mathbf{a}^{(j)}, \mathbf{y} \rangle \leq 1,\ j = 1, \ldots, f \,\}$$

となる．それゆえ，

$$\mathcal{A}_n = \{\, \mathbf{y} \in \mathbb{R}^d \,:\, n-1 < \langle \mathbf{a}^{(j)}, \mathbf{y} \rangle < n,\ j = 1, \ldots, f \,\}$$

となる．すると，もし，それぞれの $a_i^{(j)} \in \mathbb{Z}$ とすると，

$$\mathcal{A}_n \cap \mathbb{Z}^d = \emptyset, \quad n = 1, 2, \ldots$$

となる．すなわち，

$$a_i^{(j)} \in \mathbb{Z}, \quad 1 \leq i \leq d,\ 1 \leq j \leq f \tag{3.22}$$

---

[30] 但し，$i(\mathcal{P}, 0) = 1$ とする．

[31] 但し，$n = 1$ のとき，(3.21) の右辺は $\{\mathbf{0}\}$ とする．

[32] 但し，$\mathcal{A}_n$ は $n\mathcal{P}$ の境界も $(n-1)\mathcal{P}$ の境界も含まないとする．特に，$n = 1$ とすると，$\mathcal{P}$ の内部に属する格子点は原点のみとなる．

は，条件（&）が成立するための十分条件となる．

逆に，条件 (3.22) が必要条件であることは，補題（3.2.1）から従う．

(3.2.1) 補題　空間 $\mathbb{R}^d$ の超平面 $\mathcal{H}$ の定義方程式を $a_1x_1 + \cdots + a_dx_d = b$ とする．但し，$a_1, \ldots, a_d, b$ は互いに素な整数，$b \geq 2$ とする．次元 $d-1$ の格子凸多面体 $\mathcal{F} \subset \mathcal{H}$ を考える．すると，整数 $n > 1$ と $n-1 < k < n$ なる有理数 k を適当に選ぶと，$k\mathcal{F} \cap \mathbb{Z}^d \neq \emptyset$ とできる[33)]．——

ひとまず，補題 (3.2.1) を認め，条件 (3.22) は，条件（&）が成立するための必要条件であることを示そう．いま，条件 (3.22) が満たされないとすると，$a_{i_0}^{(j_0)} \notin \mathbb{Z}$ となる i_0 と j_0 が存在する．支持超平面 $\mathcal{H}_{j_0}$ の定義方程式を

$$a'_1x_1 + \cdots + a'_dx_d = b'$$

とする．但し，$a'_1, \ldots, a'_d, b'$ は互いに素な整数，$b' \geq 2$ とする．超平面 $\mathcal{H}_{j_0}$ とファセット $\mathcal{F}_{j_0} \subset \mathcal{H}_{j_0}$ は，補題（3.2.1）の条件を満たすから，整数 $n > 1$ と $n-1 < k < n$ なる有理数 k を適当に選ぶと，$k\mathcal{F}_{j_0} \cap \mathbb{Z}^d \neq \emptyset$ とできる．ところが，

$$k\mathcal{F}_{j_0} \subset \mathcal{A}_n$$

であるから，

$$\emptyset \neq k\mathcal{F}_{j_0} \cap \mathbb{Z}^d \subset \mathcal{A}_n \cap \mathbb{Z}^d$$

が従い，条件（&）は満たされない．すなわち，条件 (3.22) は（&）が満たされるための必要条件[34)]となる．

(3.2.2) 例　xyz 空間の $(1,1,0), (1,0,1), (0,1,1), (-1,-1,-1)$ を頂点とする格子四面体 $\mathcal{P}$ のファセット $\mathcal{F}$ の頂点を $(1,1,0), (1,0,1), (0,1,1)$ とすると，$\mathcal{F} = \mathcal{P} \cap \mathcal{H}$ となる支持（超）平面の方程式は $x+y+z=2$ となる．すると，$\frac{3}{2}\mathcal{F}$ は $\left(\frac{3}{2}, \frac{3}{2}, 0\right)$，$\left(\frac{3}{2}, 0, \frac{3}{2}\right)$，$\left(0, \frac{3}{2}, \frac{3}{2}\right)$ を頂点とする空間の格子三

33) 但し，$k\mathcal{F} = \{k\alpha : \alpha \in \mathcal{F}\}$ である．
34) すると，必要十分条件となる．

角形である．いま，

$$(1,1,1)=\frac{1}{3}\left(\frac{3}{2},\frac{3}{2},0\right)+\frac{1}{3}\left(\frac{3}{2},0,\frac{3}{2}\right)+\frac{1}{3}\left(0,\frac{3}{2},\frac{3}{2}\right)$$

であるから，格子点 $(1,1,1)$ は $\frac{3}{2}\mathcal{F}$ に属する．すなわち，$\mathcal{A}_2\cap\mathbb{Z}^3\neq\emptyset$ となる．——

ところで，次元 d の格子凸多面体 $\mathcal{P}\subset\mathbb{R}^d$ は，原点を内部に含むと仮定しているから，その双対凸多面体 $\mathcal{P}^\vee\subset\mathbb{R}^d$ が定義される．系（1.3.5）から，支持超平面 $\mathcal{H}_1,\ldots,\mathcal{H}_d$ の係数の条件 (3.22) は，双対凸多面体 $\mathcal{P}^\vee\subset\mathbb{R}^d$ のそれぞれの頂点が格子点となることと同値である．

以上の議論から，われわれは，格子凸多面体の δ 列を巡る回文定理 ([23]) に到達することができた．

（3.2.3）定理（回文定理）　次元 d の格子凸多面体 $\mathcal{P}\subset\mathbb{R}^d$ は，原点を内部に含むと仮定し，$\delta(\mathcal{P})=(\delta_0,\delta_1,\ldots,\delta_d)$ をその δ 列とする．このとき，$\delta(\mathcal{P})$ が対称数列となるための必要十分条件は，$\mathcal{P}$ の双対凸多面体 $\mathcal{P}^\vee\subset\mathbb{R}^d$ が格子凸多面体となることである．——

残っている仕事は，補題（3.2.1）を証明することである．

[補題（3.2.1）の証明]　整数 $a_1,\ldots,a_d,b$ は互いに素，$b\geq 2$ であるから，たとえば，$a_1\neq 0$ は b で割り切れないとし，p と $q>0$ を互いに素な整数，

$$\frac{b}{a_1}=\frac{q}{p}$$

と置く．すると，$q\geq 2$ である[35)]．

格子凸多面体 $\mathcal{F}$ の頂点を $\mathbf{a}^{(1)},\ldots,\mathbf{a}^{(m)}$ とし，

$$\mathbf{v}=\mathbf{a}^{(1)}+\cdots+\mathbf{a}^{(m)},\quad \mathbf{g}=\left(\frac{1}{m}\right)\mathbf{v}$$

35) 整数 b が a_1 で割り切れる可能性はあるから，$p=\pm 1$ となることもあるが，a_1 は b で割り切れないから，$q>0$ とすると，$q\geq 2$ となる．

と置く．すると，$\mathbf{g} \in \mathcal{F}$ である．更に，

$$\alpha = \left(\frac{m\,b}{a_1}, 0, \ldots, 0\right) \in \mathbb{Q}^d$$

とする．整数 $c > 0$ で

$$c\,(\mathbf{v} - \alpha) \in \mathbb{Z}^d$$

となるものを固定し，

$$\beta = (\beta_1, \ldots, \beta_d) = c(\mathbf{v} - \alpha)$$

とする．

格子点 $\mathbf{a}_1, \ldots, \mathbf{a}_m$ は，超平面 $\mathcal{H}$ に属するから，$(a_1, \ldots, a_d)$ と $\mathbf{v}$ の内積は mb である．もちろん，$(a_1, \ldots, a_d)$ と α の内積も mb である．すなわち，$(a_1, \ldots, a_d)$ と $\mathbf{v} - \alpha$ は直交する．すると，$a_1\beta_1 + \cdots + a_d\beta_d = 0$ となる．換言すると，β は，$a_1x_1 + \cdots + a_dx_d = 0$ を定義方程式とする，原点を通る超平面に属する格子点である．特に，

$$k\mathbf{g} - \beta \in k\mathcal{H}$$

が，任意の有理数 $k > 0$ で成立する[36)]．

すると，$k\mathbf{g}$ は $k\mathcal{F}$ の重心であるから，十分大きな整数 $n_0 \geq 1$ を選ぶと，任意の有理数 $k \geq n_0$ について，$k\mathbf{g} - \beta \in k\mathcal{F}$ となる．

いま，$q \geq 2$ と

$$\frac{b}{a_1}\mathbb{Z} \cap \mathbb{Z} = \frac{q}{p}\mathbb{Z} \cap \mathbb{Z} = q\mathbb{Z}$$

である[37)] ことから，任意の整数 $t \notin q\mathbb{Z}$ は無限集合

$$\left\{0, \pm\frac{b}{a_1}, \pm\frac{2b}{a_1}, \pm\frac{3b}{a_1}, \ldots\right\}$$

に属さない．すると，整数 $t \gg 0$ と整数 $n > n_0$ で

$$(n-1)\frac{b}{|a_1|} < t < n\frac{b}{|a_1|}$$

---

36) 但し，$k\mathcal{H} = \{k\alpha : \alpha \in \mathcal{H}\}$ である．

37) 一般に，r が有理数のとき，$r\mathbb{Z}$ は，集合 $\{0, \pm r, \pm 2r, \pm 3r, \ldots\}$ を表す．すると，$\frac{q}{p}\mathbb{Z}$ は，$\{0, \pm\frac{q}{p}, \pm\frac{2q}{p}, \pm\frac{3q}{p}, \ldots\}$ となるから，$\frac{q}{p}\mathbb{Z}$ に属する整数は q の倍数になる．

となるもの，すなわち

$$(n-1)b < |a_1|\,t < nb$$

となるものが存在する．このとき，

$$k_0 = \frac{|a_1|\,t}{b}$$

と置くと，

$$n_0 \leq n-1 < k_0 < n$$

となる．いま，

$$\gamma = \left(\frac{|a_1|\,t}{a_1}, 0, \ldots, 0\right) \in \mathbb{Z}^d$$

とすると，

$$\gamma = \left(\frac{k_0 b}{a_1}, 0, \ldots, 0\right) = \frac{k_0}{m}\alpha$$

となる．すると，

$$\gamma + \frac{k_0}{cm}\beta = \frac{k_0}{m}\alpha + \frac{k_0}{m}(\mathbf{v}-\alpha) = k_0\mathbf{g}$$

となる．これより，

$$\gamma + \left[\frac{k_0}{cm}\right]\beta = k_0\mathbf{g} - \left(\frac{k_0}{cm} - \left[\frac{k_0}{cm}\right]\right)\beta \in k_0\mathcal{F} \cap \mathbb{Z}^d$$

となる．■

単体的凸多面体の h 列の Dehn–Sommerville 方程式を考慮すると，どのような格子凸多面体の δ 列が対称数列となるか，という素朴な問いが自然に浮上する[38)]．回文定理は，その素朴な問いの，きわめて明瞭な答である．回文定理は，トーリック多様体の周知の事実から従う，とのことである．まぁ，そうかもしれないし，そうであろうし，それでもよいだろう．しかしながら，ファセットの支持超平面の方程式を使う判定法は，単項式が生成する可換環の探究には，きわめて効果的である[39)]．いずれにせよ，回文定理は，難解な可換代数

38) Dehn–Sommerville 方程式も対称な δ 列も，その背景には，Gorenstein 環と呼ばれる可換環が潜んでいる．

39) たとえば [13] など．

と代数幾何の道具を使わなくても，補題（3.2.1）だけから導ける．凸多面体の世界では，不必要な抽象化と一般化よりも，誰もが簡単に使え，結果がエレガントな定理が重宝である．

一般に，空間 $\mathbb{R}^d$ の原点を内部に含む，次元 d の格子凸多面体 $\mathcal{P} \subset \mathbb{R}^d$ が**反射的凸多面体**であるとは，その双対凸多面体 $\mathcal{P}^\vee \subset \mathbb{R}^d$ が格子凸多面体となるときにいう．反射的凸多面体という名称は，Victor Batyrev [4] が導入した．すると，原点を内部に含む次元 d の格子凸多面体 $\mathcal{P} \subset \mathbb{R}^d$ が反射的凸多面体となるためには，$\delta(\mathcal{P})$ が対称数列となることが必要十分である．

研究論文では，δ_i ではなく h_i^* と表示される．紙面の無駄かもしれないが，h_i^* を巡る著者の回想を語ろう．1988 年の秋（もう冬だったかな？），著者は，MIT の Combinatorics Seminar で，エルハート多項式のトークをした．その頃，δ 列を表示する一般の記号は流布していなかったから，著者は，h 列の模倣で $h^*(\mathcal{P}) = (h_0^*, h_1^*, \ldots, h_d^*)$ を使い，h^* 列と呼んだ．しかし，h^* 列というのは，なんとなくパッとしないから，翌年の夏，Oberwolfach 数学研究所でのトークのときから，h^* 列ではなく，δ 列を使うこととした[40)]．その MIT の Combinatorics Seminar のトークのハイライトは回文定理であった．著者は，Gorenstein 環などとの関連から，条件 (3.21) が成立する格子凸多面体の特徴を探究していた．あれこれ模索し，補題（3.2.1）に辿り着き，ファセットを定義する支持超平面の定義方程式が $a_1x_1 + a_2x_2 + \cdots + a_dx_d = 1$（但し，$a_1, a_2, \ldots, a_d$ は整数）と表されることが必要十分であることがわかったが，その頃の著者は双対凸多面体の概念を知らなかった．であるから，MIT の Combinatorics Seminar で回文定理を喋ったときは，δ 列が対称数列であることと，ファセットを定義する支持超平面の定義方程式のそのような表示の同値性を話した．トークの後，聴衆の Egon Schulte（Northeastern University）から，条件 (3.22) は，双対凸多面体が格子凸多面体になることと同値である，と指摘された．条件 (3.22) だと華やかさが乏しいが，双対凸多面体が格子凸多

40) なお，[22] の校正の際の補足説明（Note added in proof）の項目 (3) "After the meeting on Combinatorial Convexity and Algebraic Geometry (Oberwolfach, August 13–19, 1989), we employ a notation $\delta(\mathcal{P}) = (\delta_0, \delta_1, \ldots, \delta_d)$, called the δ-vector of $\mathcal{P}$, instead of $h^*(\mathcal{P})$" を参照されたい．

面体という条件だと，優雅な雰囲気が漂う．反射的凸多面体という概念が浸透し始めたのは，それからしばらく後であった ([4]).

3.3 下限定理

次元 d の単体的凸多面体 $\mathcal{P} \subset \mathbb{R}^N$ の h 列を $h(\mathcal{P}) = (h_0, h_1, \ldots, h_d)$ とする．McMullen の上限定理[41)]の証明の直後に記載されていることを繰り返すことになるけれど，McMullen は，単体的凸多面体の境界複体が殻化可能であることから，$\mathcal{P}$ の h 列が，不等式

$$h_i = h_i(\mathcal{P}) \leq \binom{h_1 + i - 1}{i}, \quad 1 \leq i \leq [d/2] \tag{3.23}$$

を満たすことを，まず，示した．それから，巡回凸多面体 $C(n,d)$ の h 列が $1 \leq i \leq [d/2]$ の範囲で $h_i = \binom{n-d+i-1}{i} = \binom{h_1+i-1}{i}$ となること，及び，Dehn–Sommerville 方程式から，

$$h_i = h_i(\mathcal{P}) \leq h_i(C(n,d)), \quad 1 \leq i \leq d$$

を導き，その後，$\mathcal{P}$ の f 列の $f_1, f_2, \ldots, f_{d-1}$ のそれぞれが，$h_0, h_1, \ldots, h_d$ の非負整数係数の線型結合となることから，

$$f_i \leq f_i(C(n,d)), \quad 1 \leq i \leq d-1$$

を証明している．Barnette の下限定理[42)]は，f 列の不等式で記載されている．ところが，山積凸多面体 $\mathcal{S}_d(n)$ の h 列が $h_1 = h_2 = \cdots = h_{d-1}$ を満たすことから，下限定理は，h 列の不等式

$$h_1(\mathcal{P}) \leq h_i(\mathcal{P}), \quad 1 \leq i < d \tag{3.24}$$

から従う．但し，Barnette は，あくまでも，f 列の不等式を証明しているから，h 列の不等式 (3.24) を扱っている訳ではない[43)]．それから，下限定理の f

---

41) 定理 (2.3.9)

42) 系 (2.4.9)，定理 (2.4.13)

43) なお，(3.24) は，McMullen の g 予想の (iii) から従う．それゆえ，McMullen の g 予想の (iii) は，一般化された下限予想と呼ばれた．なお，純粋な数え上げ理論だけを駆使する，(3.24) の証明が載っている文献（が存在するか否か）を，著者は知らない．

列の不等式から h 列の不等式 (3.24) が従う，という訳でもない[44]．

そのような背景を考慮すると，(3.23) と (3.24) の類似を，格子凸多面体の δ 列で考えることは，根拠はないけれど，筋が通るだろう．

次元 d の格子凸多面体 $\mathcal{P} \subset \mathbb{R}^N$ の δ 列を $\delta(\mathcal{P}) = (\delta_0, \delta_1, \ldots, \delta_d)$ とする．すると，一般には，h 列の上限定理の類似

$$\delta_i \leq \binom{\delta_1 + i - 1}{i}, \quad 1 \leq i \leq [d/2] \tag{3.25}$$

は成立しない．

(3.3.1) 例　次元4の格子凸多面体 $\mathcal{P} \subset \mathbb{R}^4$ の頂点を

$$\pm(0,0,0,1),\ \pm(0,1,1,1),\ \pm(1,0,1,1),\ \pm(1,1,0,1)$$

とすると，$\mathcal{P}$ は反射的凸多面体，その体積は $4/3 = 32/4!$ である．すると，$|\mathcal{P} \cap \mathbb{Z}^4| = 9$ から，その δ 列は $\delta(\mathcal{P}) = (1, 4, 22, 4, 1)$ となる．これより，

$$\delta_2 = 22 > \binom{4 + 2 - 1}{2} = 10$$

となるから，上限定理の類似は成立しない．——

しかしながら，幸いにも，h 列の下限定理の類似の姿をしている[45] δ 列の下限定理は成立する ([25])．

(3.3.2) 定理　次元 d の格子凸多面体 $\mathcal{P} \subset \mathbb{R}^N$ は，条件

$$(\mathcal{P} \setminus \partial\mathcal{P}) \cap \mathbb{Z}^N \neq \emptyset$$

を満たす[46] と仮定し，その δ 列を $\delta(\mathcal{P}) = (\delta_0, \delta_1, \ldots, \delta_d)$ とする．すると，

$$\delta_1 \leq \delta_i, \quad 1 \leq i < d \tag{3.26}$$

---

44) 実際，$\mathcal{P}$ の h 列の $h_0, h_1, \ldots, h_d$ のそれぞれを，f 列の $f_1, f_2, \ldots, f_{d-1}$ の整数係数の線型結合と表示すると，係数は，必ずしも非負とは限らない．

45) もっとも，類似の姿の不等式が成立する根拠は何もない．

46) すなわち，$\delta_d > 0$ とする．

が成立する．——

しばらくの間，定理（3.3.2）の証明に不可欠な準備をする．

（ア）次元 d の格子単体 $\mathcal{F} \subset \mathbb{R}^N$ の頂点を $\mathbf{a}_0, \mathbf{a}_1, \ldots, \mathbf{a}_d$ とする．

- $j = 1, \ldots, d$ のとき，格子点 $\alpha \in \mathbb{Z}^N$ で

$$\alpha = \sum_{i=0}^{d} c_i \mathbf{a}_i, \quad 0 < c_i < 1, \quad \sum_{i=0}^{d} c_i = j$$

　と表示されるものの全体の集合を $c_j^{(0)}(\mathcal{F})$ とする．

- $j = 0, 1, \ldots, d$ のとき，格子点 $\alpha \in \mathbb{Z}^N$ で

$$\alpha = \sum_{i=0}^{d} c_i \mathbf{a}_i, \quad 0 \leq c_i < 1, \quad \sum_{i=0}^{d} c_i = j$$

　と表示されるものの全体の集合を $c_j(\mathcal{F})$ とする．

すると，等式 (3.6) と (3.17) から，

$$\delta(\mathcal{F}, \lambda) = \sum_{j=0}^{d} |c_j(\mathcal{F})| \lambda^j$$

となる．多項式 $\delta^{(0)}(\mathcal{F}, \lambda)$ を

$$\delta^{(0)}(\mathcal{F}, \lambda) = \sum_{j=1}^{d} |c_j^{(0)}(\mathcal{F})| \lambda^j$$

と定義し，便宜上，$\delta^{(0)}(\emptyset, \lambda) = 1$ とする．すると，

$$\delta(\mathcal{F}, \lambda) = \sum_{\mathcal{G}\ \text{は}\ \mathcal{F}\ \text{の面}} \delta^{(0)}(\mathcal{F}, \lambda) \tag{3.27}$$

となる[47)]．但し，$\mathcal{F}$ の面は，$\emptyset$ と $\mathcal{F}$ を含むと解釈する．

（イ）次元 d の格子凸多面体 $\mathcal{P} \subset \mathbb{R}^N$ の $V = \mathcal{P} \cap \mathbb{Z}^N$ を頂点集合とする三角形分割 Δ を固定し，

$$\widetilde{\Delta} = \{\, \mathcal{F} : \mathcal{F}\ \text{は単体であり，}\ \mathcal{F}\ \text{を面とする}\ \sigma \in \Delta\ \text{が存在する} \,\}$$

---

47) $c_j(\mathcal{F}) = \sum_{\mathcal{G}\ \text{は}\ \mathcal{F}\ \text{の面}} c_j^{(0)}(\mathcal{G})$

とする．三角形分割 Δ から，$V = \mathcal{P} \cap \mathbb{Z}^N$ を頂点集合とする，次元 d の単体的複体 Γ_Δ を

$$\Gamma_\Delta = \bigcup_{F \subset V,\, \mathrm{conv}(F) \in \Delta} \langle F \rangle$$

と定義する．単体 $\mathcal{G} \in \widetilde{\Delta}$ のリンク $\mathrm{link}_\Delta(\mathcal{G})$ を考える．但し，

$$\mathrm{link}_\Delta(\emptyset) = \Delta, \quad \dim \emptyset = -1$$

とする．リンク $\mathrm{link}_\Delta(\mathcal{G})$ の次元は，

$$d - \dim \mathcal{G} - 1$$

である．リンク $\mathrm{link}_\Delta(\mathcal{G})$ は，次元 $d - \dim \mathcal{G} - 1$ の格子凸多面体の三角形分割となるか，あるいは，次元 $d - \dim \mathcal{G}$ の格子凸多面体の三角形分割に属する単体のファセットで，その格子凸多面体の境界に属するものの全体の集合となる．すると，単体的複体

$$\Gamma_{\mathrm{link}_\Delta(\mathcal{G})}$$

は，殻化可能である．単体的複体 $\Gamma_{\mathrm{link}_\Delta(\mathcal{G})}$ の f 列と h 列を，それぞれ，

$$(f'_0, f'_1, \ldots, f'_{d'-1}), \quad (h'_0, h'_1, \ldots, h'_{d'})$$

とする．但し，$d' = d - \dim \mathcal{G}$ とする．殻化可能であることから，

$$h'_i \geq 0, \quad 0 \leq i \leq d'$$

となる．公式 (2.1) から

$$(1-x)^{d'} \sum_{i=0}^{d'} f'_{i-1} \left(\frac{x}{1-x} \right)^i = \sum_{i=0}^{d'} h'_i x^i$$

となる．すると，リンク $\mathrm{link}_\Delta(\mathcal{G})$ の定義を考慮すると，

$$\sum_{i=0}^{d'} f'_{i-1} \left(\frac{x}{1-x} \right)^i = \sum_{\mathcal{G} \subset \mathcal{F}} \left(\frac{x}{1-x} \right)^{\dim \mathcal{F} - \dim \mathcal{G}}$$

となるから，

$$(1-x)^{d - \dim \mathcal{G}} \sum_{\mathcal{G} \subset \mathcal{F}} \left(\frac{x}{1-x} \right)^{\dim \mathcal{F} - \dim \mathcal{G}} = \sum_{i=0}^{d - \dim \mathcal{G}} h'_i x^i \qquad (3.28)$$

が従う．簡単のため，(3.28) の右辺を

$$h(\mathrm{link}_\Delta(\mathcal{G}), x)$$

と表す．

（ウ）以下，（イ）を踏襲し，単体的複体 Γ_Δ の h 列を

$$h(\Gamma_\Delta) = (h_0, h_1, \ldots, h_d, h_{d+1})$$

とし，$\mathcal{P}$ の δ 列を

$$\delta(\mathcal{P}) = (\delta_0, \delta_1, \ldots, \delta_d)$$

とする．すると，(2.2) と補題（3.1.2）から

$$h_{d+1} = (-1)^d \widetilde{\chi}(\Delta) = 0 \tag{3.29}$$

となる．

(3.3.3) 補題[48] 単体的複体 Γ_Δ の h 列と，$\mathcal{P}$ の δ 列は，不等式

$$h_i \leq \delta_i, \quad 0 \leq i \leq d \tag{3.30}$$

を満たす．

[証明] 公式

$$\delta(\mathcal{P}, \lambda) = (1-\lambda)^{d+1}\left[1 + \sum_{n=1}^{\infty} i(\mathcal{P}, n)\lambda^n\right]$$

の右辺は，等式 (3.8) から，

$$\begin{aligned}
&(1-\lambda)^{d+1} + (1-\lambda)^{d+1}\sum_{n=1}^{\infty}\left(\sum_{\mathcal{F}\in\widetilde{\Delta}} i^*(\mathcal{F}, n)\right)\lambda^n \\
&= (1-\lambda)^{d+1} + \sum_{\mathcal{F}\in\widetilde{\Delta}} (1-\lambda)^{d-\dim\mathcal{F}}\left((1-\lambda)^{\dim\mathcal{F}+1}\sum_{n=1}^{\infty} i^*(\mathcal{F}, n)\lambda^n\right) \\
&= (1-\lambda)^{d+1} + \sum_{\mathcal{F}\in\widetilde{\Delta}} (1-\lambda)^{d-\dim\mathcal{F}}\lambda^{\dim\mathcal{F}+1}\delta(\mathcal{F}, 1/\lambda)
\end{aligned}$$

48) Betke–McMullen [7]

$$
\begin{aligned}
&= \sum_{\mathcal{F}\in\widetilde{\Delta}\cup\{\emptyset\}} (1-\lambda)^{d-\dim\mathcal{F}}\lambda^{\dim\mathcal{F}+1} \sum_{\mathcal{G}\subset\mathcal{F}} \delta^{(0)}(\mathcal{G},1/\lambda) \\
&= \sum_{\mathcal{G}\in\widetilde{\Delta}\cup\{\emptyset\}} \sum_{\mathcal{G}\subset\mathcal{F}} (1-\lambda)^{d-\dim\mathcal{F}}\lambda^{\dim\mathcal{F}+1}\delta^{(0)}(\mathcal{G},1/\lambda) \\
&= \sum_{\mathcal{G}\in\widetilde{\Delta}\cup\{\emptyset\}} \left\{ \sum_{\mathcal{G}\subset\mathcal{F}} (1-\lambda)^{d-\dim\mathcal{F}}\lambda^{\dim\mathcal{F}-\dim\mathcal{G}} \right\} \lambda^{\dim\mathcal{G}+1}\delta^{(0)}(\mathcal{G},1/\lambda) \\
&= \sum_{\mathcal{G}\in\widetilde{\Delta}\cup\{\emptyset\}} \left\{ (1-\lambda)^{d-\dim\mathcal{G}} \sum_{\mathcal{G}\subset\mathcal{F}} \left(\frac{\lambda}{1-\lambda}\right)^{\dim\mathcal{F}-\dim\mathcal{G}} \right\} \lambda^{\dim\mathcal{G}+1}\delta^{(0)}(\mathcal{G},1/\lambda)
\end{aligned}
$$

となる．すると，(3.28) から，

$$
\delta(\mathcal{P},\lambda) = \sum_{\mathcal{G}\in\widetilde{\Delta}\cup\{\emptyset\}} h(\mathrm{link}_{\Delta}(\mathcal{G}),\lambda)\lambda^{\dim\mathcal{G}+1}\delta^{(0)}(\mathcal{G},1/\lambda)
$$

となる．特に，$\delta^{(0)}(\emptyset,\lambda)=1$ と

$$
h(\mathrm{link}_{\Delta}(\emptyset),\lambda) = h_0 + h_1\lambda + \cdots + h_d\lambda^d
$$

から，(3.30) が従う．■

(3.3.4) 系　次元 d の任意の格子凸多面体の δ 列 $(\delta_0,\delta_1,\ldots,\delta_d)$ は，

$$
\delta_i \geq 0, \quad 0 \leq i \leq d
$$

を満たす．

[証明]　(ウ)の記号を踏襲する．補題 (3.1.3) から，Γ_{Δ} は殻化可能である．すると，補題 (2.3.4) から，それぞれの $h_i \geq 0$ となる．それゆえ，(3.30) から，それぞれの $\delta_i \geq 0$ となる．■

以上の一般論を踏まえ，定理 (3.3.2) の証明を紹介する．簡単のため，$N=d$ とし，

$$
(\mathcal{P}\setminus\partial\mathcal{P})\cap\mathbb{Z}^d = \{v_1,v_2,\ldots,v_s\}, \quad s=\delta_d>0
$$

とする．まず，$\mathcal{P}$ のファセットを $\mathcal{F}_1,\ldots,\mathcal{F}_f$ とし，それぞれの $\mathcal{F}_j$ で，格子点の集合 $\mathcal{F}_j\cap\mathbb{Z}^d$ を頂点集合とする $\mathcal{F}_j$ の三角形分割 Δ_j を作る．それらの和集

合 $\Delta_1 \cup \Delta_2 \cup \cdots \cup \Delta_f$ を $\Delta^{(0)}$ とする．次に，$V^{(0)} = \partial\mathcal{P} \cap \mathbb{Z}^N$ を頂点集合とする単体的複体 $\Gamma^{(0)}$ を，

$$\Gamma^{(0)} = \bigcup_{F \subset V^{(0)},\, \mathrm{conv}(F) \in \Delta^{(0)}} \langle F \rangle$$

と定義する．すると，$\Gamma^{(0)}$ は，次元は $d-1$ の単体的複体となる．その h 列を $h(\Gamma^{(0)}) = (h_0^{(0)}, h_1^{(0)}, \ldots, h_d^{(0)})$ とすると，$h(\Gamma^{(0)})$ を h 列とする，次元 d の単体的凸多面体が存在する．実際，V_0 に属するそれぞれの点を少しずつ動かし，凸多面体 $\mathcal{P}$ を V_0 を頂点集合とする単体的凸多面体と考えると，その h 列は，$h(\Gamma^{(0)})$ と一致する．すると，$h(\Gamma^{(0)}) = (h_0^{(0)}, h_1^{(0)}, \ldots, h_d^{(0)})$ は

$$h_1^{(0)} \leq h_i^{(0)}, \quad 1 \leq i < d \tag{3.31}$$

を満たす[49)]．

頂点集合を $V^{(1)} = (\partial\mathcal{P} \cap \mathbb{Z}^d) \cup \{v_1\}$ とする $\mathcal{P}$ の三角形分割 $\Delta^{(1)}$ を三角形分割 $\Delta^{(0)}$ から作る．すなわち，$\sigma \in \Delta^{(0)}$ のとき，$\sigma' = \mathrm{conv}(\sigma \cup \{v_1\})$ は，次元 d の単体となる．しかも，$\Delta^{(1)} = \{\sigma' : \sigma \in \Delta^{(0)}\}$ は，$\mathcal{P}$ の三角形分割となる．三角形分割 $\Delta^{(1)}$ から，$V^{(1)}$ を頂点集合とする単体的複体 $\Gamma^{(1)}$ を

$$\Gamma^{(1)} = \bigcup_{F \subset V^{(1)},\, \mathrm{conv}(F) \in \Delta^{(0)}} \langle F \rangle$$

と定義する．すると，$\Gamma^{(1)}$ は，次元 d の単体的複体となる．その単体的複体の h 列を $h(\Gamma^{(1)}) = (h_0^{(1)}, h_1^{(1)}, \ldots, h_d^{(1)}, h_{d+1}^{(1)})$ とすると，

$$h_i^{(1)} = h_i^{(0)}, \quad 0 \leq i \leq d,$$
$$h_{d+1}^{(1)} = 0$$

となる．

[証明：単体的複体 $\Gamma^{(0)}$ の f 列を $(f_0, f_1, \ldots, f_{d-1})$ とする．すると，単体的複体 $\Gamma^{(1)}$ の f 列 $(f'_0, f'_1, \ldots, f'_d)$ は，$f_{-1} = f'_{-1} = 0$ とすると，

$$f'_i = f_i + f_{i-1}, \quad 0 \leq i \leq d-1,$$

---

49) 本著は，(3.24) の証明を飛ばしている．著者は，本著の守備範囲を越えず，(3.24) を証明できるか否かを知らない．脚注 43) を参照されたい．本著は self-contained なテキストであるから，(3.24) を使うことは，self-contained の唯一の例外となるから，かなり躊躇される．しかしながら，(3.24) を使わないと，証明が滞るから，もっと困る．

$$f'_d = f_{d-1}$$

となる．すると，

$$\sum_{i=0}^{d+1} h_i^{(1)} x^{d+1-i} = \sum_{i=0}^{d+1} f'_{i-1}(x-1)^{d+1-i}$$

の右辺を

$$\begin{aligned}(x-1)^{d+1} &+ (x-1)\sum_{i=1}^{d} f'_{i-1}(x-1)^{d-i} + f'_d \\ = (x-1)^{d+1} &+ (x-1)\sum_{i=1}^{d}(f_{i-1}+f_{i-2})(x-1)^{d-i} + f_{d-1}\end{aligned}$$

とし，その第2項を $A+B$ とする．但し，

$$\begin{aligned}A &= (x-1)\sum_{i=0}^{d} f_{i-1}(x-1)^{d-i} - (x-1)^{d+1}, \\ B &= \sum_{i=0}^{d} f_{i-1}(x-1)^{d-i} - f_{d-1}\end{aligned}$$

である．すると，

$$\begin{aligned}\sum_{i=0}^{d+1} h_i^{(1)} x^{d+1-i} &= x\sum_{i=0}^{d} f_{i-1}(x-1)^{d-i} \\ &= x\sum_{i=0}^{d} h_i^{(0)} x^{d-i} \\ &= \sum_{i=0}^{d} h_i^{(0)} x^{d+1-i}\end{aligned}$$

となる．］

すると，(3.31) から，

$$h_1^{(1)} \leq h_i^{(1)}, \quad 1 \leq i < d \tag{3.32}$$

が従う．

頂点集合を $V^{(2)} = (\partial\mathcal{P} \cap \mathbb{Z}^d) \cup \{v_1, v_2\}$ とする $\mathcal{P}$ の三角形分割 $\Delta^{(2)}$ を三角形分割 $\Delta^{(1)}$ から作る．単体 $\sigma \in \Delta^{(1)}$ と σ の面 $\mathcal{F}$ で $v_2 \in \mathcal{F} \setminus \partial\mathcal{F}$ となるもの

を選ぶ．面 $\mathcal{F}$ を i 面とし，その頂点を $\xi_0, \xi_1, \ldots, \xi_i$ とする．単体 $\tau \in \Delta^{(1)}$ で，その頂点が $\xi_0, \xi_1, \ldots, \xi_i$ を含むものを $\tau_1, \tau_2, \ldots, \tau_q$ とする．それぞれの単体 τ_j の頂点を $\xi_0, \xi_1, \ldots, \xi_i, \xi_{i+1}^{(j)}, \ldots, \xi_d^{(j)}$ とし，

$$\{v_2, \xi_0, \xi_1, \ldots, \xi_i, \xi_{i+1}^{(j)}, \ldots, \xi_d^{(j)}\} \setminus \{\xi_k\}$$

を頂点とする単体を $\tau_j(k)$ とする．すると，

$$\Delta^{(2)} = (\Delta^{(1)} \setminus \{\tau_1, \tau_2, \ldots, \tau_q\}) \bigcup \{\, \tau_j(k) \,:\, 1 \leq j \leq q,\, 0 \leq k \leq i \,\}$$

は，頂点集合を $V^{(2)}$ とする $\mathcal{P}$ の三角形分割となる[50)]．三角形分割 $\Delta^{(2)}$ から，$V^{(2)}$ を頂点集合とする単体的複体 $\Gamma^{(2)}$ を

$$\Gamma^{(2)} = \bigcup_{F \subset V^{(2)},\, \mathrm{conv}(F) \in \Delta^{(2)}} \langle F \rangle$$

と定義する．すると，$\Gamma^{(2)}$ は，次元 d の単体的複体となる．その単体的複体の h 列を $h(\Gamma^{(2)}) = (h_0^{(2)}, h_1^{(2)}, \ldots, h_{d+1}^{(2)})$ とする．すると，$h_1^{(2)} = h_1^{(1)} + 1$ となる．

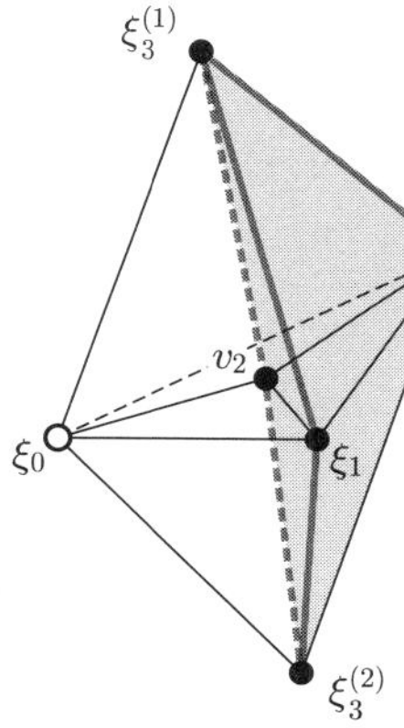

図 3.5 次元 $d-1$ の単体の集合 $\Delta_0^{(2)}$

三角形分割 $\Delta^{(2)}$ の部分集合 $(\Delta^{(2)})'$ を

50) 定理 (3.1.1) の証明を参照されたい．

$$(\Delta^{(2)})' = (\Delta^{(1)} \setminus \{\tau_1, \tau_2, \ldots, \tau_q\}) \bigcup \{\, \tau_j(0) \,:\, 1 \leq j \leq q \,\}$$

と定義し，

$$\Delta_0^{(2)} = \{\, \mathrm{conv}(\tau_j(k) \setminus \{\xi_0\}) \,:\, 1 \leq j \leq q,\, 1 \leq k \leq i \,\}$$

と置く．単体的複体 $(\Gamma^{(2)})'$ を

$$(\Gamma^{(2)})' = \bigcup_{F \subset V^{(2)},\, \mathrm{conv}(F) \in (\Delta^{(2)})'} \langle F \rangle$$

と定義し[51]，単体的複体 $\Gamma_0^{(2)}$ を

$$\Gamma_0^{(2)} = \bigcup_{F \subset V^{(2)},\, \mathrm{conv}(F) \in \Delta_0^{(2)}} \langle F \rangle$$

と置く．単体的複体 $\Gamma_0^{(2)}$ の頂点は

$$v_2, \xi_1, \ldots, \xi_i, \xi_{i+1}^{(1)}, \ldots, \xi_d^{(1)}, \ldots, \xi_{i+1}^{(q)}, \ldots, \xi_d^{(q)}$$

となる．すると，

$$f_i(\Gamma^{(2)}) = f_i((\Gamma^{(2)})') + f_{i-1}(\Gamma_0^{(2)}), \quad 1 \leq i \leq d$$

となる[52]．ところが

$$f_i((\Gamma^{(2)})') = f_i(\Gamma^{(1)}), \quad 1 \leq i \leq d$$

である[53]．すると，

$$f_i(\Gamma^{(2)}) = f_i((\Gamma^{(1)})) + f_{i-1}(\Gamma_0^{(2)}), \quad 1 \leq i \leq d \tag{3.33}$$

となる．しかも，$f_0(\Gamma^{(2)}) = f_0((\Gamma^{(1)})) + 1$ であるから，(3.33) は $i = 0$ のときも成立する．いま，

$$\xi_1, \ldots, \xi_i, \xi_{i+1}^{(1)}, \ldots, \xi_d^{(1)}, \ldots, \xi_{i+1}^{(q)}, \ldots, \xi_d^{(q)}$$

---

[51] 単体的複体 $(\Gamma^{(2)})'$ の頂点集合は $V^{(2)}$ であるか，あるいは，$V^{(2)} \setminus \{\xi_0\}$ となる．

[52] なお，$(\Gamma^{(2)})'$ の頂点集合が $V^{(2)} \setminus \{\xi_0\}$ ならば，$i = 0$ のときも等号が成立する．

[53] 格子点 v_2 を ξ_0 に近づける操作を考えると理解できる．但し，$i = 0$ のときも等号が成立するには，$(\Gamma^{(2)})'$ の頂点集合が $V^{(2)} \setminus \{\xi_0\}$ でなければならない．

を，次元 $d-2$ の単体的凸多面体 $\mathcal{Q}$ の頂点の全体と考える．すると，$\mathcal{Q}$ のそれぞれのファセットと v_2 との和集合の凸閉包である，次元 $d-1$ の単体の集合が $\Delta_0^{(2)}$ となる．

単体的凸多面体 $\mathcal{Q}$ の h 列を $h(\mathcal{Q})=(h'_0,h'_1,\ldots,h'_{d-1})$ とすると，単体的複体 $\Gamma_0^{(2)}$ の h 列は，$h(\Gamma_0^{(2)})=(h'_0,h'_1,\ldots,h'_{d-1},0)$ となる[54]．すると，

$$\begin{aligned}
&\sum_{i=0}^{d+1} h_i^{(2)} x^{d+1-i}\\
&=\sum_{i=0}^{d+1} f_{i-1}(\Gamma^{(2)})(x-1)^{d+1-i}\\
&=\sum_{i=0}^{d+1}(f_{i-1}(\Gamma^{(1)})+f_{i-2}(\Gamma_0^{(2)}))(x-1)^{d+1-i}\\
&=\sum_{i=0}^{d+1} f_{i-1}(\Gamma^{(1)})(x-1)^{d+1-i}+\sum_{i=1}^{d+1} f_{i-2}(\Gamma_0^{(2)})(x-1)^{d-(i-1)}\\
&=\sum_{i=0}^{d+1} f_{i-1}(\Gamma^{(1)})(x-1)^{d+1-i}+\sum_{i=0}^{d} f_{i-1}(\Gamma_0^{(2)})(x-1)^{d-i}\\
&=\sum_{i=0}^{d+1} h_i^{(1)} x^{d+1-i}+\sum_{i=0}^{d} h'_i x^{d-i}\\
&=\sum_{i=0}^{d+1} h_i^{(1)} x^{d+1-i}+\sum_{i=1}^{d+1} h'_{i-1} x^{d+1-i}
\end{aligned}$$

となる．すなわち，$h_{d+1}^{(2)}=0$ と

$$h_i^{(2)}=h_i^{(1)}+h'_{i-1},\quad 1\le i\le d$$

が従う．すると，(3.32) と $1\le h'_1\le h'_i$ から，

$$h_i^{(2)}=h_i^{(1)}+h'_{i-1}\ge h_1^{(1)}+1=h_1^{(2)},\quad 1\le i<d$$

となる．すなわち，$h_{d+1}^{(2)}=0$ と

$$h_1^{(2)}\le h_i^{(2)},\quad 1\le i<d \tag{3.34}$$

---

54) 実際，$h(\Gamma^{(1)})$ と $h(\Gamma^{(0)})$ の関係式の類似である．

が従う．

その操作を続け，一般に，頂点集合を

$$V^{(j)} = (\partial\mathcal{P} \cap \mathbb{Z}^d) \cup \{v_1, \ldots, v_j\}$$

とする $\mathcal{P}$ の三角形分割 $\Delta^{(j)}$ を $\Delta^{(j-1)}$ から作る．その三角形分割 $\Delta^{(j)}$ から，頂点集合を $V^{(j)}$ とする次元 d の単体的複体 $\Gamma^{(j)}$ を作り，その h 列を

$$h(\Gamma^{(j)}) = (h_0^{(j)}, h_1^{(j)}, \ldots, h_{d+1}^{(j)})$$

とする．すると，$h_{d+1}^{(j)} = 0$ と

$$h_1^{(j)} \leq h_i^{(j)}, \quad 1 \leq i < d \tag{3.35}$$

が従う．特に，$j = s = \delta_d$ とすると，$V = V^{(s)} = \mathcal{P} \cap \mathbb{Z}^d$ を頂点集合とする $\mathcal{P}$ の三角形分割 $\Delta = \Delta^{(s)}$ から，頂点集合を $V = V^{(s)}$ とする次元 d の単体的複体 $\Gamma = \Gamma^{(s)}$ を作り，その h 列を $h(\Gamma) = (h_0, h_1, \ldots, h_d, h_{d+1})$ とすると，

$$h_1 \leq h_i, \quad 1 \leq i < d \tag{3.36}$$

となる．しかも，$h_{d+1} = 0$ となる．

すると，

$$h_1 = \delta_1 = |V| - (d+1)$$

であるから，(3.36) と補題（3.3.3）から，

$$\delta_1 = h_1 \leq h_i \leq \delta_i, \quad 1 \leq i < d$$

と，(3.26) が従う．■

(3.3.5) 系　次元 d の格子凸多面体 $\mathcal{P} \subset \mathbb{R}^d$ は，その内部 $\mathcal{P} \setminus \partial\mathcal{P}$ に格子点を含むとし，境界 $\partial\mathcal{P}$ に属する格子点の個数を $b(\mathcal{P})$ とし，内部に属する格子点の個数を $c(\mathcal{P})$ とすると，$\mathcal{P}$ の体積 $\mathrm{Vol}(\mathcal{P})$ は

$$\mathrm{Vol}(\mathcal{P}) \geq \frac{(d-1)\,b(\mathcal{P}) + d\,c(\mathcal{P}) - d^2 + 2}{d!} \tag{3.37}$$

を満たす．

[証明] 次元 d の格子凸多面体 $\mathcal{P} \subset \mathbb{R}^d$ の δ 列を $(\delta_0, \delta_1, \ldots, \delta_d)$ とする．すると，$\mathcal{P}$ の体積は，$(\sum_{i=0}^{d} \delta_i)/d!$ となる[55]．それゆえ，(3.26) から，

---

[55] 公式 (3.18)

$$
\begin{aligned}
\mathrm{Vol}(\mathcal{P}) &\geq (1+(d-1)\delta_1+\delta_d)/d\,! \\
&= (1+(d-1)(|\mathcal{P}\cap\mathbb{Z}^d|-(d+1))+|(\mathcal{P}\setminus\partial\mathcal{P})\cap\mathbb{Z}^d|)/d\,! \\
&= ((d-1)|\mathcal{P}\cap\mathbb{Z}^d|+|(\mathcal{P}\setminus\partial\mathcal{P})\cap\mathbb{Z}^d|-d^2+2)/d\,! \\
&= ((d-1)|\partial\mathcal{P}\cap\mathbb{Z}^d|+d\,|(\mathcal{P}\setminus\partial\mathcal{P})\cap\mathbb{Z}^d|-d^2+2)/d\,! \\
&= ((d-1)\,b(\mathcal{P})+d\,c(\mathcal{P})-d^2+2)/d\,!
\end{aligned}
$$

となる. ■

xy 平面の格子凸多角形のときは，ピックの公式から，(3.37) は等号が成立する．しかしながら，(3.37) は，xyz 空間の格子凸多面体に限っても，その証明は簡単ではないだろう（と邪推される）.

代数幾何の世界では，従来から，Castelnuovo 多様体と呼ばれる著名な多様体がある．トーリック多様体に限ると，内部に格子点を含む凸多面体から作られるトーリック多様体がCastelnuovo 多様体となることと，その格子凸多面体が，(3.37) の等号を満たすことは同値である ([38]) から，(3.37) の等号が成立する格子凸多面体は，**Castelnuovo 多面体**と呼ばれる[56).]

たとえば,

$$
\mathbf{e}_1=(1,0,\ldots,0),\ \mathbf{e}_2=(0,1,0,\ldots,0),\ \ldots,\ \mathbf{e}_d=(0,\ldots,0,1)
$$

を空間 $\mathbb{R}^d$ の単位座標ベクトルとし，$q>0$ を整数とするとき,

$$
\mathbf{e}_1,\ \ldots,\ \mathbf{e}_d,\ -q(\mathbf{e}_1+\cdots+\mathbf{e}_d)
$$

を頂点とする格子凸多面体は，Castelnuovo 多面体である.

3.4 順序凸多面体

格子凸多面体のもっとも著名な類は，順序凸多面体である．順序凸多面体とは，有限半順序集合に付随する格子凸多面体である．その構造は，有限半順序集合から操ることができ，凸多面体の組合せ論は言うまでもなく，可換代数,

[56)] 定理（3.3.2）は，誕生から四半世紀を経て，Castelnuovo 多様体との繋がりが着目されたのである.

及び，グレブナー基底の観点からも，多角的な研究が展開されている．有限半順序集合に付随する格子凸多面体は，順序凸多面体とともに，鎖凸多面体と呼ばれる格子凸多面体もあるが，順序凸多面体と比較すると，その魅惑は，劣る．

3.4.1　有限半順序集合

有限集合 V の上の二項関係 $\leq$ が，次の条件を満たすとき，$\leq$ を V の上の**半順序**と呼ぶ[57)]．

(反射律) $x \leq x,\quad x \in V$

(反対称律) $x \leq y, y \leq x$ ならば $x = y,\quad x, y \in V$

(推移律) $x \leq y, y \leq z$ ならば $x \leq z,\quad x, y, z \in V$

有限集合 V とその上の半順序 $\leq$ の対 $P = (V, \leq)$ を，**土台集合**を V とする**有限半順序集合**と呼ぶ．簡単のため，$x \leq y, x \neq y$ のとき，$x < y$ と表す．なお，$x \leq y$ も $y \leq x$ も成立しないとき，x と y は**比較不可能**であるという．

元 $p_i \in V$ が $P = (V, \leq)$ の**極小元**であるとは，$p_j < p_i$ となる p_j が存在しないときにいう．元 $p_i \in V$ が $P = (V, \leq)$ の**極大元**であるとは，$p_i < p_j$ となる p_j が存在しないときにいう．

一般に，V の上の半順序 $\leq$ は，V の部分集合 $V' \neq \emptyset$ の上の半順序 $\leq$ を自然に誘導する．有限半順序集合 $P' = (V', \leq)$ を $P = (V, \leq)$ の**部分半順序集合**と呼ぶ．

有限半順序集合を表示するときは，いわゆる**ハッセ図形**が便利である．たとえば，有限集合 $V = \{a, b, x, y, z\}$ の上の半順序を

$$a < b,\ \ x < y < z,\ \ x < b$$

とする[58)]，有限半順序集合 $P = (V, \leq)$ のハッセ図形は，図3.6の図形となる．

(3.4.1) 例　(a) 有限集合 $[n] = \{1, 2, \ldots, n\}$ の部分集合の全体を V_n とし，V_n の上の**包含関係に関する半順序**を $\leq$ とする．すなわち，$A, B \in V_n$ とすると，

---

57) 但し，$V \neq \emptyset$ とする．

58) 厳密には，半順序 $\leq$ は，$a \leq a, b \leq b, x \leq x, y \leq y, z \leq z, a \leq b, x \leq y, y \leq z, x \leq z, x \leq b$ となる．

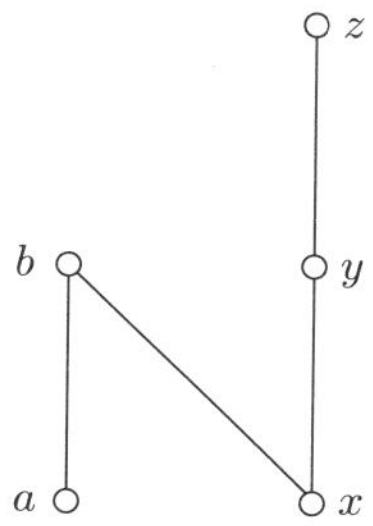

図 3.6 ハッセ図形

$A \subset B$ のとき，しかも，そのときに限り，$A \leq B$ とする．有限半順序集合 $\mathcal{B}_n = (V_n, \leq)$ は，**ブール束**と呼ばれる．ブール束 $\mathcal{B}_n$ では，$n \geq 2$ ならば，たとえば，$\{1, \ldots, n-1\}$ と $\{2, \ldots, n\}$ は比較不可能である．

(b) 整数 $n \geq 1$ の約数の全体を V_n とし，V_n の上の**整除関係に関する半順序**を $\leq$ とする．すなわち，$a, b \in V_n$ とすると，a が b を割り切るとき，しかも，そのときに限り，$a \leq b$ とする．有限半順序集合 $\mathcal{D}_n = (V_n, \leq)$ は，**整除束**と呼ばれる．整除束 $\mathcal{D}_n$ では，たとえば，$n = 12$ ならば，3 と 4 は比較不可能である．——

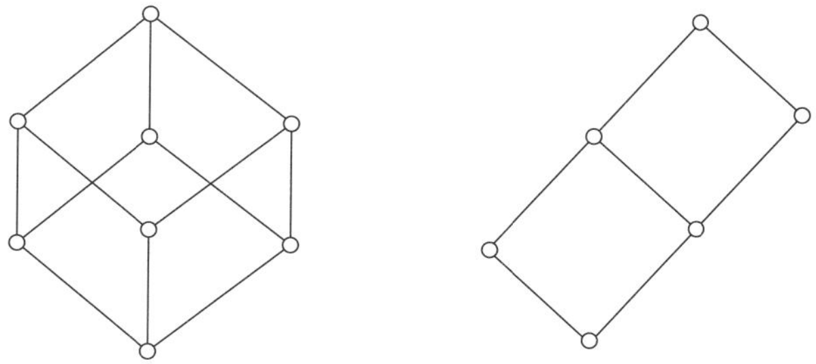
図 3.7 $\mathcal{B}_3$ と $\mathcal{D}_{12}$

有限半順序集合 $P = (V, \leq)$ と $P' = (V', \leq')$ が**同型**であるとは，全単射 $\psi : V \to V'$ で，条件

$$a, b \in V \text{ が } a \leq b \text{ のとき，しかも，そのときに限り，} \psi(a) \leq' \psi(b)$$

を満たすものが存在するときにいう．たとえば，整除束 $\mathcal{D}_{210}$ とブール束 $\mathcal{B}_4$ は同型である[59]．

有限半順序集合 $P = (V, \leq)$ の**鎖**とは，V の部分集合 $\{v_0, v_1, \ldots, v_q\}$ で

$$v_0 < v_1 < \cdots < v_q, \quad v_i \in V \tag{3.38}$$

となるものをいう．鎖 (3.38) の**長さ**を q と定義する．

有限半順序集合 $P = (V, \leq)$ の鎖の長さの最大値を $P = (V, \leq)$ の**階数**と呼び，$\mathrm{rank}(P)$ と表す[60]．鎖 (3.38) が**極大**であるとは，

$$\{v_0, v_1, \ldots, v_q\} \subsetneq \{v'_0, v'_1, \ldots, v'_{q'}\}$$

となる鎖 $v'_0 < v'_1 < \cdots < v'_{q'}$ が存在しないときにいう．

有限半順序集合 $P = (V, \leq)$ が**純**であるとは，$P = (V, \leq)$ の極大な鎖の長さがすべて $\mathrm{rank}(P)$ であるときにいう．ブール束 $\mathcal{B}_n$ は純である．その階数は $\mathrm{rank}(\mathcal{B}_n) = n$ となる．整除束 $\mathcal{D}_n$ も，純である．

次元 d の凸多面体 $\mathcal{P} \subset \mathbb{R}^N$ の面の全体の集合を $\mathrm{FACE}(\mathcal{P})$ とし，

$$\mathrm{FACE}^*(\mathcal{P}) = \mathrm{FACE}(\mathcal{P}) \cup \{\emptyset, \mathcal{P}\}$$

とする．有限集合 $\mathrm{FACE}^*(\mathcal{P})$ の上の包含関係に関する半順序を $\leq$ とする．有限半順序集合

$$\mathrm{FL}(\mathcal{P}) = (\mathrm{FACE}^*(\mathcal{P}), \leq)$$

を $\mathcal{P}$ の**面束**と呼ぶ[61]．面束 $\mathrm{FL}(\mathcal{P})$ は純である[62]．その階数は

$$\mathrm{rank}(\mathrm{FL}(\mathcal{P})) = d + 1$$

となる．

一般に，凸多面体 $\mathcal{P}$ と $\mathcal{P}'$ の**組合せ型が等しい**とは，$\mathcal{P}$ の面束 $\mathrm{FL}(\mathcal{P})$ と $\mathcal{P}'$ の面束 $\mathrm{FL}(\mathcal{P}')$ が同型な有限半順序集合であるときにいう．xy 平面の凸多角

---

59) $210 = 2 \cdot 3 \cdot 5 \cdot 7$

60) たとえば，$\mathrm{rank}(\mathcal{B}_n) = n$ である．

61) 一般に，**有限束**とは，有限半順序集合 $P = (V, \leq)$ で，任意の $a \in V$ と $b \in V$ が上限 $a \vee b$ と下限 $a \wedge b$ を持つものをいう．ブール束も，整除束も，面束も有限束である．本著では，有限束には深入りしない．

62) 定理（1.2.13）の (d)

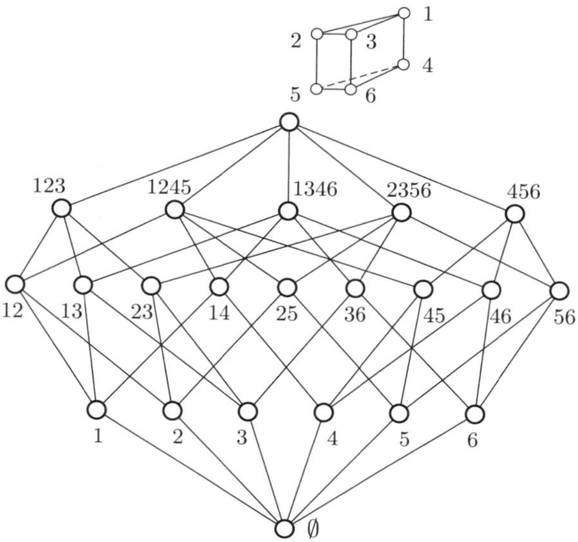

図 3.8　三角柱の面束

形 $\mathcal{P}$ と $\mathcal{P}'$ の組合せ型が等しいことと，それらの頂点の個数が等しいことは同値である．xyz 空間の凸多面体では，頂点の個数を固定しても，何通りの異なる組合せ型があるかを決定することは困難である．

3.4.2　順序イデアル

土台集合を $V = \{p_1, \ldots, p_d\}$ とする有限半順序集合 $P = (V, \leq)$ を考える．土台集合の部分集合 $W \subset V$ が $P = (V, \leq)$ の**順序イデアル**[63] であるとは，条件

$$p_i \in W,\ p_j \leq p_i \quad ならば \quad p_j \in W$$

が満たされるときにいう．なお，V と $\emptyset$ も順序イデアルとする．

有限半順序集合 $P = (V, \leq)$ の順序イデアルの全体を $\mathcal{J}(P)$ と置く．すると，

63) poset ideal

$\mathcal{J}(P)$ は，包含関係に関する半順序で，有限半順序集合となる[64]．

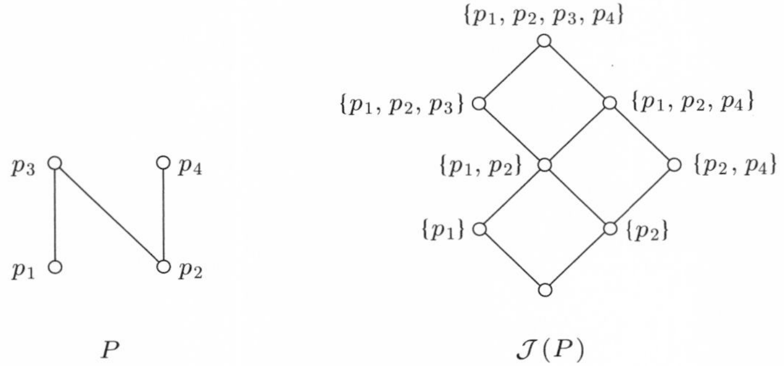

図 3.9　P と $\mathcal{J}(P)$

有限半順序集合 $\mathcal{J}(P)$ の極大鎖の個数の数え上げをする．その準備とし，$P = (V, \leq)$ の線型延長の概念を導入する．

有限半順序集合 $P = (V, \leq)$ の**線型延長**とは，V に属する d 個の元の並べ替え

$$p_{i_1}, p_{i_2}, \ldots, p_{i_d} \tag{3.39}$$

で，条件

$$p_{i_j} < p_{i_{j'}} \quad \text{ならば} \quad j < j'$$

を満たすもののことである[65]．すると，並べ替え (3.39) が $P = (V, \leq)$ の線型延長であることと，V の d 個の部分集合

$$\{\, p_{i_1}, \ldots, p_{i_q}\}, \quad 1 \leq q \leq d \tag{3.40}$$

[64] 厳密には，$\mathcal{J}(P)$ の上の包含関係に関する半順序を $\leq$ とし，$(\mathcal{J}(P), \leq)$ を有限半順序集合と考えるのであるが，以下，簡単のため，$(\mathcal{J}(P), \leq)$ を $\mathcal{J}(P)$ と略記する．

[65] 但し，$j < j'$ の $<$ は，自然数の $1 < 2 < \cdots < d$ の $<$ のこと，すなわち，j は j' よりも小さいということである．なお，$j < j'$ ということは，並べ替え $p_{i_1}, p_{i_2}, \ldots, p_{i_d}$ で，p_{i_j} は $p_{i_{j'}}$ よりも前に位置する，ということである．

が，いずれも，$P = (V, \leq)$ の順序イデアルであることは同値である．有限半順序集合 $P = (V, \leq)$ の線型延長の個数を $e(P)$ と表す．

(3.4.2) 補題 有限半順序集合 $P = (V, \leq)$ の線型延長の個数 $e(P)$ は

$$1 \leq e(P) \leq d!$$

を満たす．

［証明］ まず，$P = (V, \leq)$ の半順序 $\leq$ が**線型順序**，すなわち

$$p_1 < p_2 < \cdots < p_d$$

とすると，$e(P) = 1$ である．次に，任意の p_i と p_j（但し，$i \neq j$ とする）が比較不可能な半順序を $\leq$ とすると，$p_1, \ldots, p_d$ の任意の並べ替えは，線型延長となるから，$e(P) = d!$ である．

有限半順序集合 $P = (V, \leq)$ の極小元を $p_{k_1}, \ldots, p_{k_s}$ とする．線型延長 (3.39) の p_{i_1} は，$P = (V, \leq)$ の極小元である．いま，$P = (V, \leq)$ の部分半順序集合

$$P_a = (V \setminus \{p_{k_a}\}, \leq)$$

を考えると，

$$e(P) = \sum_{a=1}^{s} e(P_a)$$

である．数学的帰納法を使うと，

$$1 \leq e(P_a) \leq (d-1)!$$

となる．すると，

$$1 \leq s \leq e(P) \leq s(d-1)! \leq d!$$

が従う．■

(3.4.3) 補題 有限半順序集合 $\mathcal{J}(P)$ は，階数 d の純な半順序集合である．

［証明］ 有限半順序集合 $P = (V, \leq)$ の任意の極大鎖

$$\emptyset = W_0 \subsetneq W_1 \subsetneq W_2 \subsetneq \cdots \subsetneq W_{q-1} \subsetneq W_q = V \tag{3.41}$$

を考える．いま，$q < d$ とすると，いずれかの $|W_j \setminus W_{j-1}| \geq 2$ である．有限半順序集合 $P' = (W_j \setminus W_{j-1}, \leq)$ の極大元 p_a を選ぶと，

$$\emptyset = W_0 \subsetneq \cdots \subsetneq W_{j-1} \subsetneq W_j \setminus \{p_a\} \subsetneq W_j \subsetneq \cdots \subsetneq W_q = V$$

は鎖となるから，(3.41) が $P = (V, \leq)$ の極大鎖であることに矛盾する．すると，$P = (V, \leq)$ の任意の極大鎖の長さは d である．■

(3.4.4) 補題　有限半順序集合 $\mathcal{J}(P)$ の極大鎖の個数は $e(P)$ である．

[証明] 有限半順序集合 $P = (V, \leq)$ の線型延長 (3.39) から d 個の順序イデアル (3.40) を作り，空集合を加えると，$\mathcal{J}(P)$ の極大鎖が得られる．逆に，$\mathcal{J}(P)$ の極大鎖

$$\emptyset = W_0 \subsetneq W_1 \subsetneq W_2 \subsetneq \cdots \subsetneq W_{d-1} \subsetneq W_d = V$$

から，

$$W_j \setminus W_{j-1} = \{p_{i_j}\}$$

とすると，

$$p_{i_1}, p_{i_2}, \ldots, p_{i_d}$$

は，有限半順序集合 $P = (V, \leq)$ の線型延長となる．■

有限半順序集合 $P = (V, \leq)$ の土台集合 $V = \{p_1, \ldots, p_d\}$ は，$p_i < p_j$ ならば $i < j$ を満たす[66] とし，$P = (V, \leq)$ の線型延長 $p_{i_1}, p_{i_2}, \ldots, p_{i_d}$ を，簡単のため，$\{1, 2, \ldots, d\}$ の順列 $\pi = i_1 i_2 \cdots i_d$ と考える．順列 $\pi = i_1 i_2 \cdots i_d$ の**降下集合**とは

$$D(\pi) = \{j : i_j > i_{j+1}\}$$

のことをいう．有限半順序集合 $P = (V, \leq)$ の線型延長の全体の集合を $\mathcal{L}(P)$ とし，

$$h_q(P) = |\{\pi \in \mathcal{L}(P) : |D(\pi)| = q\}|, \quad 0 \leq q \leq d-1 \tag{3.42}$$

と置く．

---

66) 換言すると，$p_1, p_2, \ldots, p_d$ は $P = (V, \leq)$ の線型延長となる．

(3.4.5) 例　図 3.9 の有限半順序集合 $P = (V, \leq)$ の線型延長は，

$$1234,\ 2134,\ 1243,\ 2143,\ 2413$$

である．それらの降下集合は

$$\emptyset,\ \{1\},\ \{3\},\ \{1,3\},\ \{2\}$$

であるから，

$$h_0(P) = 1,\ h_1(P) = 3,\ h_2(P) = 1,\ h_3(P) = 0$$

となる．——

有限半順序集合 $P = (V, \leq)$ の順序イデアルの全体の集合が包含関係に関する半順序で作る有限半順序集合 $\mathcal{J}(P)$ の鎖を，$\mathcal{J}(P)$ の部分集合と考える．すると，$\mathcal{J}(P)$ の鎖の全体の集合 $\Delta(\mathcal{J}(P))$ は，有限集合 $\mathcal{J}(P)$ を頂点集合とする単体的複体となる．単体的複体 $\Delta(\mathcal{J}(P))$ を $\mathcal{J}(P)$ の**順序複体**と呼ぶ．順序複体 $\Delta(\mathcal{J}(P))$ は，次元 d の純な単体的複体である．

(3.4.6) 定理　順序複体 $\Delta(\mathcal{J}(P))$ は，殻化可能である．

[証明] 順序複体 $\Delta(\mathcal{J}(P))$ のファセットは，有限半順序集合 $\mathcal{J}(P)$ の極大鎖であるから，すなわち，有限半順序集合 $P = (V, \leq)$ の線型延長と対応する．線型延長 π に対応するファセットを F_π とする．線型延長

$$\pi = i_1 i_2 \cdots i_d, \quad \sigma = j_1 j_2 \cdots j_d$$

があったとき，

$$(j_1 - i_1,\ j_2 - i_2, \ldots, j_d - i_d)$$

のもっとも左にある非零成分が正のとき，

$$\pi <_{\mathrm{lex}} \sigma$$

と定義する[67]．有限半順序集合 $P = (V, \leq)$ の線型延長の全体を

$$\pi_1 <_{\mathrm{lex}} \pi_2 <_{\mathrm{lex}} \cdots <_{\mathrm{lex}} \pi_e$$

---

67) 例 (3.4.5) だと，$<_{\mathrm{lex}}$ の順番は，$1234, 1243, 2134, 2143, 2413$ となる．いわゆる辞書式順序 (lexicographic order) である．

とする．但し，$e = e(P)$ である．ファセットの並べ替え

$$F_{\pi_1}, F_{\pi_2}, \ldots, F_{\pi_e}$$

は $\Delta(\mathcal{J}(P))$ の殻化点呼となる．

実際，$\pi = i_1 i_2 \cdots i_d$ を線型延長とし，$i_j > i_{j+1}$ とすると，

$$\sigma = i_1 \cdots i_{j-1} i_{j+1} i_j i_{j+2} \cdots i_d$$

も線型延長[68)] となり，しかも，$\sigma <_{\mathrm{lex}} \pi$ となる．線型延長 π に対応する極大鎖

$$\emptyset = W_0 \subsetneq \cdots \subsetneq W_j \subsetneq W_{j+1} \subsetneq \cdots \subsetneq W_d = V \qquad (3.43)$$

から，長さ $d-1$ の鎖

$$\emptyset = W_0 \subsetneq \cdots \subsetneq W_{j-1} \subsetneq W_{j+1} \subsetneq \cdots \subsetneq W_d = V$$

を作り，その長さ $d-1$ の鎖を順序複体 $\Delta(\mathcal{J}(P))$ の $d-1$ 面 $F_\pi^{(j)}$ と考える．すると，

$$\left(\bigcup_{k=1}^{q-1} \langle F_{\pi_k} \rangle\right) \bigcap \langle F_{\pi_q} \rangle = \bigcup_{j \in D(\pi_q)} \langle F_{\pi_q}^{(j)} \rangle, \quad 2 \leq q \leq e \qquad (3.44)$$

となる．それゆえ，ファセットの並べ替え

$$F_{\pi_1}, F_{\pi_2}, \ldots, F_{\pi_e}$$

は，順序複体 $\Delta(\mathcal{J}(P))$ の殻化点呼となる．■

(3.4.7) 系　順序複体 $\Delta(\mathcal{J}(P))$ の h 列は，

$$(h_0(P), h_1(P), \ldots, h_{d-1}(P), 0, 0)$$

となる[69)]．

---

68) 脚注 66) 参照．

69) なお，$h_i(P)$ の定義は (3.42) である．

[証明] 順序複体 $\Delta(\mathcal{J}(P))$ が殻化可能であることを示す (3.44) を踏まえると，

$$\mathcal{N}_q = \left\{ G \subset F_{\pi_q} : G \notin \bigcup_{k=1}^{q-1} \langle F_{\pi_k} \rangle \right\}$$

に属する G で，包含関係に関する最小なものは

$$G_q = \{ W_j : j \in D(\pi_q) \}$$

となる．但し，W_j は線型延長 π_q に対応する極大鎖 (3.43) を構成する順序イデアルである．特に，

$$|G_q| = |D(\pi_q)|$$

である．すると，殻化可能な順序複体 $\Delta(\mathcal{J}(P))$ の h 列は

$$(h_0(P), h_1(P), \ldots, h_{d-1}(P), 0, 0)$$

となる[70)]．■

3.4.3　順序凸多面体

土台集合を $V = \{ p_1, \ldots, p_d \}$ とする有限半順序集合 $P = (V, \leq)$ から定義される順序凸多面体を導入する．

空間 $\mathbb{R}^d$ の単位座標ベクトルを

$$\mathbf{e}_1 = (1, 0, \ldots, 0),\ \mathbf{e}_2 = (0, 1, 0, \ldots, 0), \ldots,\ \mathbf{e}_d = (0, \ldots, 0, 1)$$

とし，$W \subset V$ のとき，$\rho(W) \in \mathbb{R}^d$ を

$$\rho(W) = \sum_{i \in W} \mathbf{e}_i \tag{3.45}$$

と定義する．特に，$\rho(\emptyset)$ は $\mathbb{R}^d$ の原点，$\rho(V) = \sum_{i=1}^{d} \mathbf{e}_i$ となる．

空間 $\mathbb{R}^d$ の格子凸多面体

$$\mathcal{O}(P) = \mathrm{conv}(\{ \rho(W) : W \in \mathcal{J}(P) \})$$

を $P = (V, \leq)$ の**順序凸多面体**と呼ぶ．

---

70) 補題（2.3.4）

順序凸多面体 $\mathcal{O}(P)$ は，次元 d の格子凸多面体である．実際，

$$p_{i_1}, p_{i_2}, \ldots, p_{i_d}$$

を $P = (V, \leq)$ の線型延長とし，$W_j = \{p_{i_1}, \ldots, p_{i_j}\}$ を $P = (V, \leq)$ の順序イデアルとすると，

$$\rho(W_j) = \mathbf{e}_{i_1} + \mathbf{e}_{i_2} + \cdots + \mathbf{e}_{i_j}$$

であるから，$\rho(\emptyset), \rho(W_1), \ldots, \rho(W_d)$ は，次元 d の単体の頂点となる．すなわち，$\mathcal{O}(P)$ は，次元 d の単体を含む．すると，$\mathcal{O}(P)$ の次元は d である．なお，$\mathcal{O}(P)$ は，格子点の有限集合の凸閉包であるから，特に，格子凸多面体である．

(3.4.8) 補題　それぞれの $\rho(W)$ は，$\mathcal{O}(P)$ の頂点である[71]．

[証明] 順序イデアル $W = \{p_{i_1}, \ldots, p_{i_j}\}$ から，定義方程式を

$$x_{i_1} + \cdots + x_{i_j} - \sum_{i' \in [n] \setminus \{i_1, \ldots, i_j\}} x_{i'} = j$$

とする超平面 $\mathcal{H} \subset \mathbb{R}^d$ を作る．すると，$\rho(W) \in \mathcal{H}$ となる．しかも，$W' \neq W, W' \in \mathcal{J}(P)$ とすると，$\rho(W') \in \mathcal{H}^{(-)} \setminus \mathcal{H}$ となる．すると，$\mathcal{H}$ は $\mathcal{O}(P)$ の支持超平面であって，$\mathcal{H} \cap \mathcal{O}(P) = \{\rho(W)\}$ となる．■

一般に，p_i が p_j を**支配する**とは，$p_j < p_i$ であり，しかも，$p_j < p_k < p_i$ となる p_k が存在しないときにいう[72]．有限半順序集合 $P = (V, \leq)$ の極大元の全体の集合を $\mathcal{M}^*$ とし，極小元の全体の集合を $\mathcal{M}_*$ とする．空間 $\mathbb{R}^d$ の超平面 $\mathcal{H}^{(i_0)}, \mathcal{H}_{(j_0)}, \mathcal{H}_j^i$ を導入する．

- $p_{i_0} \in \mathcal{M}^*$ のとき，$x_{i_0} = 0$ を定義方程式とする超平面を $\mathcal{H}^{(i_0)}$ とする．
- $p_{j_0} \in \mathcal{M}_*$ のとき，$x_{j_0} = 1$ を定義方程式とする超平面を $\mathcal{H}_{(j_0)}$ とする．
- p_i が p_j を支配するとき，$x_j - x_i = 0$ を定義方程式とする超平面を $\mathcal{H}_j^i$ とする．

---

71) 但し，$W \in \mathcal{J}(P)$ とする．

72) 換言すると，$P = (V, \leq)$ のハッセ図形で，p_i と p_j は辺で結ばれる．

順序凸多面体 $\mathcal{O}(P)$ のファセットを探す．

(3.4.9) 補題　順序凸多面体 $\mathcal{O}(P)$ のファセットを含む支持超平面は

$$\mathcal{H}^{(i_0)}, \quad \mathcal{H}_{(j_0)}, \quad \mathcal{H}_j^i$$

である．但し，i_0 は $p_{i_0} \in \mathcal{M}^*$ となる i_0 を動き，j_0 は $p_{j_0} \in \mathcal{M}_*$ となる j_0 を動き，i と j は p_i が p_j を支配する (i, j) を動く．

[証明] 添字 i_0, j_0 と (i, j) が題意の範囲を動くとし，不等式

$$x_{i_0} \geq 0, \quad x_{j_0} \leq 1, \quad x_j \geq x_i$$

を満たす $(x_1, \ldots, x_d) \in \mathbb{R}^d$ の全体の集合を $\mathcal{Q}$ とする．すると，$\mathcal{Q}$ は凸多面体である[73]．しかも，$W \subset V$ を順序イデアルとすると，$\rho(W) \in \mathcal{Q}$ である．すると，$\mathcal{O}(P) \subset \mathcal{Q}$ である．逆の包含関係 $\mathcal{Q} \subset \mathcal{O}(P)$ を示す．まず，$\mathbf{a} = (a_1, \ldots, a_d) \in \mathcal{Q}$ とし，$W = \{\, p_i : a_i > 0\}$ とすると，$W \subset V$ は順序イデアルである．しかも，$\gamma = \min\{a_i : a_i > 0\}$ とすると，$\mathbf{a}' = \mathbf{a} - \gamma\rho(W)$ は $\mathcal{Q}$ に属する．次に，$\mathbf{a}' = (a'_1, \ldots, a'_d)$ とし，$W' = \{\, p_i : a'_i > 0\}$ とすると，$W' \subset V$ は順序イデアルである．しかも，$\gamma' = \min\{a'_i : a'_i > 0\}$ とすると，$\mathbf{a}'' = \mathbf{a}' - \gamma'\rho(W')$ は $\mathcal{Q}$ に属する．すると，$W' \subsetneq W$ となることから，その操作を続けると，

$$\mathbf{a} = \sum_{i=1}^{s} \gamma_i \rho(W_i), \quad W_1 \subsetneq W_2 \subsetneq \cdots \subsetneq W_s$$

となる $\gamma_i > 0$ と順序イデアル W_i が存在する．ところが，

$$\sum_{i=1}^{s} \gamma_i = \max\{a_1, \ldots, a_d\} \leq 1$$

であるから，$\rho(\emptyset) = (0, \ldots, 0) \in \mathbb{R}^d$ を考慮すると，$\mathbf{a} \in \mathcal{O}(P)$ が従う．

いま，$p_{i_0} \in \mathcal{M}^*$ のとき，部分半順序集合 $P_{i_0} = (V \setminus \{p_{i_0}\}, \leq)$ を考え，$p_{j_0} \in \mathcal{M}_*$ のとき，部分半順序集合 $P_{j_0} = (V \setminus \{p_{j_0}\}, \leq)$ を考え，p_i が p_j

---

[73] 定理（1.2.10）

を支配するとき，p_i と p_j を同一視することから得られる有限半順序集合 $P^i_j = (V^i_j, \leq')$ を考える[74]．すると，

$$|V \setminus \{p_{i_0}\}| = |V \setminus \{p_{j_0}\}| = |V^i_j| = d - 1$$

である．それゆえ，順序凸多面体 $\mathcal{O}(P_{i_0})$, $\mathcal{O}(P_{j_0})$, $\mathcal{O}(P^i_j)$ の次元は，いずれも，$d-1$ である．しかも，$\mathcal{O}(P) \cap \mathcal{H}^{(i_0)}$, $\mathcal{O}(P) \cap \mathcal{H}^{(j_0)}$, $\mathcal{O}(P) \cap \mathcal{H}^i_j$ は，それぞれ，$\mathcal{O}(P_{i_0})$, $\mathcal{O}(P_{j_0})$, $\mathcal{O}(P^i_j)$ と自然に同一視することができる．すると，$\mathcal{H}^{(i_0)}$, $\mathcal{H}_{(j_0)}$, $\mathcal{H}^i_j$ は，いずれも，$\mathcal{O}(P)$ のファセットを含む支持超平面である．すると，$\mathcal{O}(P) = \mathcal{Q}$ と定理（1.2.11）から，それらとは異なる，$\mathcal{O}(P)$ のファセットを含む支持超平面は存在しない．■

順序凸多面体 $\mathcal{O}(P)$ の n 倍のふくらまし

$$n\mathcal{O}(P), \quad n = 1, 2, \ldots$$

に，空間 $\mathbb{R}^d$ の点 $\mathbf{a} = (a_1, \ldots, a_d)$ が属することと，

- $0 \leq a_i \leq n,\ 1 \leq i \leq d$,
- $p_i < p_j$ ならば $a_i \geq a_j$

となることは同値である．

（3.4.10）補題　格子点 $\mathbf{a} = (a_1, \ldots, a_d)$ が $n\mathcal{O}(P)$ に属するならば，順序イデアル $W_1, \ldots, W_n$ で，

$$\mathbf{a} = \sum_{i=1}^{n} \rho(W_i), \quad W_1 \subset W_2 \subset \cdots \subset W_n$$

となるものが一意的に存在する[75]．

［証明］まず，$\mathbf{a} = \sum_{i=1}^{n} \rho(W_i)$ となる順序イデアル $W_1, \ldots, W_n$ の存在を示す．数学的帰納法を使うと，

$$\mathbf{a} - \rho(W) \in (n-1)\mathcal{O}(P)$$

[74] すなわち，$P = (V, \leq)$ のハッセ図形で p_i と p_j を結ぶ辺の長さを限りなく小さくする操作の極限を考える．

[75] 但し，$i \neq j$ でも $W_i = W_j$ となることもある．

となる順序イデアル W の存在をいえばよい．実際，

$$W = \{ p_i : a_i = n \}$$

となる W は順序イデアルであり，しかも，$p_j \notin W$ ならば $a_j \leq n-1$ となるから，$\mathbf{a} - \rho(W) \in (n-1)\mathcal{O}(P)$ となる．

次に，$\mathbf{a} = \sum_{i=1}^{n} \rho(W_i)$ なる順序イデアル $W_1, \ldots, W_n$ が，

$$W_i \not\subset W_j,\ W_j \not\subset W_i$$

とする．すると，$W_i \cap W_j$ と $W_i \cup W_j$ の両者が順序イデアルである[76]ことから，W_i と W_j を $W_i \cap W_j$ と $W_i \cup W_j$ に置き換える．その操作を続ければ，$W_1 \subset W_2 \subset \cdots \subset W_n$ とすることができる．

残るは一意性を示すことである．そこで，

$$\mathbf{a} = \sum_{i=1}^{n} \rho(W_i) = \sum_{i=1}^{n} \rho(W_i')$$

とし，$W_i \neq W_i'$ となる最小の i を i_0 とし，$p_j \in W_{i_0} \setminus W_{i_0}'$ とする．すると，p_j を含む W_i は，少なくとも $n - i_0 + 1$ 個あるが，p_j を含む W_i' は，$n - i_0$ 個を越えない．すなわち，$\sum_{i=1}^{n} \rho(W_i) \neq \sum_{i=1}^{n} \rho(W_i')$ となる．■

一般に，格子凸多面体 $\mathcal{P} \subset \mathbb{R}^N$ が，**整分割性**を持つとは，任意の $n \geq 1$ と任意の $\alpha \in n\mathcal{P} \cap \mathbb{Z}^N$ に対し，$\mathcal{P} \cap \mathbb{Z}^N$ に属する $\alpha_1, \ldots, \alpha_n$ で，

$$\alpha = \alpha_1 + \cdots + \alpha_n$$

となるものが存在するときにいう[77]．

xyz 空間の四面体 $\mathcal{P} \subset \mathbb{R}^3$ の頂点を

$$(0,0,0),\ (1,1,0),\ (1,0,1),\ (0,1,1)$$

とすると，$\mathcal{P}$ は，整分割性を持たない[78]．

---

76) 一般に，幾つかの順序イデアルの共通部分と和集合は，順序イデアルである．

77) 但し，$i \neq j$ でも，$\alpha_i = \alpha_j$ となることもある．

78) 実際，$(1,1,1) \in 2\mathcal{P}$ であるけれども，$(1,1,1) = \alpha + \beta$ となる $\alpha, \beta \in \mathcal{P} \cap \mathbb{Z}^3$ は存在しない．

(3.4.11) 系　順序凸多面体は整分割性を持つ．——

順序凸多面体 $\mathcal{O}(P)$ の δ 列を計算する．まず，$|\mathcal{J}(P)|$ 個の変数

$$x(W), \quad W \in \mathcal{J}(P)$$

を準備する．

補題（3.4.10）を踏まえ，単項式

$$x(W_1)^{\xi_1} x(W_2)^{\xi_2} \cdots x(W_s)^{\xi_s}, \quad W_1 \subsetneq W_2 \subsetneq \cdots \subsetneq W_s,$$

と，格子点

$$\mathbf{a} = \sum_{i=1}^{s} \xi_i \rho(W_i) \in n\mathcal{O}(P) \cap \mathbb{Z}^d, \quad n = \sum_{i=1}^{s} \xi_i,$$

を同一視する．但し，

$$0 < \xi_i \in \mathbb{Z}, \ 1 \le i \le s$$

とする．有限集合

$$\{W_1, W_2, \ldots, W_s\}$$

は，順序複体 $\Delta(\mathcal{J}(P))$ の $s-1$ 面となる．

順序複体 $\Delta(\mathcal{J}(P))$ の f 列を

$$f(\Delta(\mathcal{J}(P))) = (f_0, f_1, \ldots, f_d)$$

とする．系（3.4.7）から，順序複体 $\Delta(\mathcal{J}(P))$ の h 列は

$$(h_0, h_1, \ldots, h_{d-1}, h_d, h_{d+1}) = (h_0(P), h_1(P), \ldots, h_{d-1}(P), 0, 0)$$

となる．

単項式の個数の数え上げから

$$\begin{aligned} & 1 + \sum_{n=1}^{\infty} i(\mathcal{O}(P), n)\lambda^n \\ &= 1 + \sum_{i=0}^{d} f_i \left(\sum_{n=0}^{\infty} \binom{(i+1)+n-1}{(i+1)-1} \lambda^n \right) \lambda^{i+1} \end{aligned}$$

$$= 1 + \sum_{i=0}^{d} f_i \frac{\lambda^{i+1}}{(1-\lambda)^{i+1}}$$
$$= 1 + \sum_{i=1}^{d+1} f_{i-1} \frac{\lambda^{i}}{(1-\lambda)^{i}}$$
$$= \frac{\sum_{i=0}^{d+1} f_{i-1}\lambda^i (1-\lambda)^{d+1-i}}{(1-\lambda)^{d+1}}$$
$$= \frac{\lambda^{d+1}\sum_{i=0}^{d+1} f_{i-1}\left(\frac{1}{\lambda}-1\right)^{d+1-i}}{(1-\lambda)^{d+1}}$$
$$= \frac{\lambda^{d+1}\sum_{i=0}^{d+1} h_i\left(\frac{1}{\lambda}\right)^{d+1-i}}{(1-\lambda)^{d+1}}$$
$$= \frac{\sum_{i=0}^{d+1} h_i\lambda^i}{(1-\lambda)^{d+1}}$$

となる．

(3.4.12) 定理　有限半順序集合 $P = (V, \leq)$ の順序凸多面体 $\mathcal{O}(P)$ の δ 列は

$$\delta(\mathcal{O}(P)) = (h_0(P), h_1(P), \ldots, h_{d-1}(P), 0)$$

となる[79]．但し，$d = |V|$ である． ——

すなわち，$\mathcal{O}(P)$ の δ 列は，$P = (V, \leq)$ の線型延長を列挙すれば，それらの降下集合から計算できる[80]．

特に，$\mathcal{O}(P)$ の体積は

$$e(P)/d!$$

となる[81]．

(3.4.13) 例　土台集合 $V = \{p_1, p_2, p_3, p_4, p_5\}$ の上の半順序

$$p_1 < p_3,\ p_2 < p_4 < p_5,\ p_1 < p_5$$

---

79) なお，$h_i(P)$ の定義は (3.42) である．

80) 例（3.4.5）から，図 3.9 の有限半順序集合 $P = (V, \leq)$ の順序凸多面体 $\mathcal{O}(P)$ の δ 列は $(1, 3, 1, 0, 0)$ となる．その体積は $5/4!$ となる．

81) 公式 (3.18)

を考える．有限半順序集合 $P = (V, \leq)$ の線型延長は，半順序集合 $\mathcal{J}(P)$ の極大鎖を辿ると列挙できる．

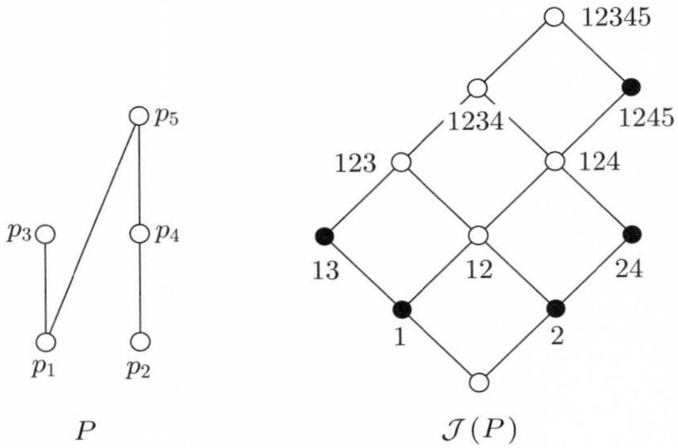

図 3.10　$\mathcal{J}(P)$ と線型延長

すなわち，

$$12345,\ 12435,\ 12453,\ 21345,\ 21435,\ 21453,\ 13245,\ 24135,\ 24153$$

が線型延長となる．それらの降下集合は

$$\emptyset,\ \{3\},\ \{4\},\ \{1\},\ \{1,3\},\ \{1,4\},\ \{2\},\ \{2\},\ \{2,4\}$$

となるから，

$$h_0(P) = 1,\ h_1(P) = 5,\ h_2(P) = 3,\ h_3(P) = 0,\ h_4(P) = 0$$

となる．すると，順序凸多面体 $\mathcal{O}(P)$ の δ 列は

$$\delta(\mathcal{O}(P)) = (1, 5, 3, 0, 0, 0)$$

となる．その体積は

$$9/5! = 3/40$$

となる．——

3.5 展望

格子凸多面体の格子点の数え上げを巡る文献を紹介し，その展望を眺める．格子凸多面体の理論の究極的な到達目標は，格子凸多面体を「分類」することである．その礎となるのは，格子凸多面体のエルハート多項式を完全に決定すること，換言すると，格子凸多面体の δ 列を完全に決定することである．まず，「分類」のルールを説明する．

a) 分類とは？ 一般に，次元 d の格子凸多面体 $\mathcal{P} \subset \mathbb{R}^d$ と $\mathcal{Q} \subset \mathbb{R}^d$ が**ユニモジュラ同値**であるとは，整数成分の d 行 d 列の行列 U で，その行列式 $|U|$ が ± 1 となるもの[82)] と，整数ベクトル $\mathbf{a} \in \mathbb{R}^d$ が存在し，

$$\mathcal{Q} = U\mathcal{P} + \mathbf{a} = \{U\mathbf{y} + \mathbf{a} : \mathbf{y} \in \mathcal{P}\}$$

となるときにいう．すると，次元 d の格子凸多面体 $\mathcal{P} \subset \mathbb{R}^d$ と $\mathcal{Q} \subset \mathbb{R}^d$ がユニモジュラ同値であれば，$\mathcal{P}$ のエルハート多項式と $\mathcal{Q}$ のエルハート多項式は一致する[83)]．ユニモジュラ同値は，もちろん，同値関係である．格子凸多面体を「分類」するということは，その同値関係の同値類の代表元を列挙する，ということである．

次元 d の格子凸多面体のエルハート多項式（すなわち，δ 列）を完全に決定することは，次元 d の格子凸多面体を分類することよりもかなり荒い作業である．すると，まず，同じエルハート多項式を持つような格子凸多面体の「分類」をすることは，きわめて効果的な戦略である．たとえば，次元 d の格子凸多面体で，その体積が $1/d!$ となるもの，換言すると，δ 列が $(1, 0, \ldots, 0)$ となる[84)] ものは，空間 $\mathbb{R}^d$ の原点と

$$\mathbf{e}_1 = (1, 0, \ldots, 0),\ \mathbf{e}_2 = (0, 1, 0, \ldots, 0),\ \ldots,\ \mathbf{e}_d = (0, \ldots, 0, 1)$$

を頂点とする格子単体とユニモジュラ同値である[85)]．

---

82) 整数成分の正方行列は，その行列式が ± 1 となるとき，**ユニモジュラ行列**と呼ばれる．

83) すると，$\mathcal{P}$ の体積と $\mathcal{Q}$ の体積も一致する．

84) エルハート多項式は $\binom{d+n}{d}$ となる．

85) 実際，$\delta_1 = 0$ から，単体となるから，その $d+1$ 個の頂点を，原点と $\mathbf{a}_1, \ldots, \mathbf{a}_d$ とすると，体積が $1/d!$ であることから，$\mathbf{a}_1, \ldots, \mathbf{a}_d$ を列ベクトルとする行列 U の行列式は $|U| = \pm 1$ となる．すなわち，U はユニモジュラ行列，しかも，$\mathbf{a}_i = U\mathbf{e}_i$ となる．

b) xy 平面　格子凸多角形に限ると，Scott [51] からエルハート多項式は完全に決定することができる[86]．著者は，[51] の詳細を，拙著 [28] で紹介しようと約3週間を費やし，原稿を執筆したが，xy 平面といえども，その証明は著しく煩雑になるから，掲載を断念した経緯がある．その Scott [51] を引用している論文がどのくらいあるかを MathSciNet で検索すると，43編の論文が [51] を引用している．驚くことに，その43編の論文は，すべて2000年以降に出版されたものである．このことから何がわかるか．格子点の数え上げを巡る凸多面体の研究が爆発的に活性化され，当該分野の研究者が著しく増えたのが，2000年以降であったと言えるだろう．Scott [51] は，出版されたとき（1976年）は，xy 平面の格子凸多角形の簡単な論文と扱われていたかもしれないが，四半世紀を経て，その先駆的な価値が認識されたのである．

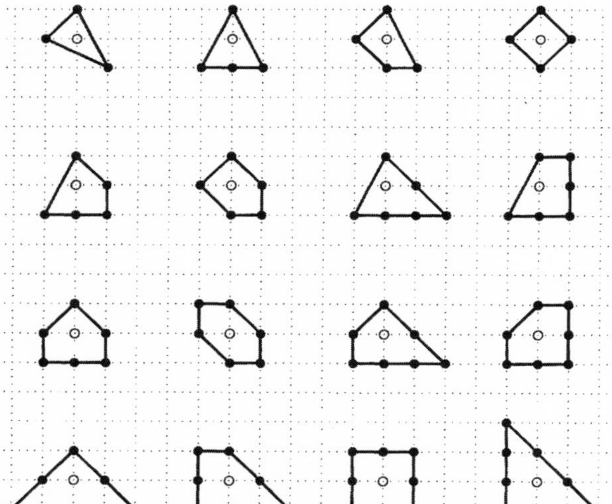

図 3.11　xy 平面の反射的凸多角形の分類表

次元 d の反射的凸多面体とユニモジュラ同値な格子凸多面体は，反射的凸多

86) 拙著 [28, pp. 64–67, 94–95] を参照されたい．

面体であるから，次元 d の反射的凸多面体を，ユニモジュラ同値の同値類に分類することができる．xy 平面の反射的凸多角形だと 16 個の同値類が存在する．その代表元の列挙（すなわち，分類表）は，図 3.11 となる．分類作業などの詳細は，拙著 [28, 第 7 章] を参照されたい[87]．

c) δ 列 格子凸多面体の δ 列を巡る研究の展開を駆け足で辿る．次元 d の格子凸多面体 $\mathcal{P}$ の δ 列を

$$\delta(\mathcal{P}) = (\delta_0, \delta_1, \dots, \delta_d)$$

とする．まず，δ 列に関する顕著な不等式を紹介する．

定理（3.3.2）の証明のテクニックを模倣すると，

$$\delta_{d-1} + \delta_{d-2} + \cdots + \delta_{d-i} \leq \delta_2 + \delta_3 + \cdots + \delta_i + \delta_{i+1} \qquad (3.46)$$

が示せる[88]．但し，$1 \leq i \leq [(d-1)/2]$ とする．Stanley [57] は，

$$s = \max\{i : \delta_i \neq 0\} \qquad (3.47)$$

とするとき，Cohen–Macaulay 環の議論から，

$$\delta_0 + \delta_1 + \cdots + \delta_i \leq \delta_s + \delta_{s-1} + \cdots + \delta_{s-i} \qquad (3.48)$$

が成立することを示した．但し，$0 \leq i \leq [s/2]$ とする．

すると，不等式系 (3.46) と (3.48) を満たし，しかも，

$$\delta_0 = 1, \quad \delta_1 \geq \delta_d \geq 0$$

となることは，非負整数の数列 $(\delta_0, \delta_1, \dots, \delta_d)$ が，次元 d の格子凸多面体の δ 列となるための必要条件である．しかしながら，十分条件からは遠い．ところが，正規化体積[89] が 3 を越えない，次元 d の格子凸多面体に限るならば，十分条件でもある．すなわち，非負整数の数列 $\delta = (\delta_0, \delta_1, \dots, \delta_d)$ が

$$\delta_0 = 1, \quad \delta_1 \geq \delta_d, \quad \sum_{i=0}^{d} \delta_i \leq 3$$

---

87) 従来の啓蒙書でも，専門書でも扱われていない話題で，[28] に載っているものは，その分類作業と，第 3 章の xyz 空間の凸多面体の f 列を決定する作業である．

88) [25, Remark (1.4)]

89) 一般に，$\sum_{i=0}^{d} \delta_i$ を $\mathcal{P}$ の**正規化体積**と呼ぶ．

を満たし，しかも，不等式系 (3.46) と (3.48) を満たすならば，$\delta(\mathcal{P}) = \delta$ となる次元 d の格子凸多面体 $\mathcal{P}$ が存在する ([30])．正規化体積 4 の格子凸多面体の δ 列も決定できる ([29])．その他，$\delta_i \neq 0$ となる i の個数が少ない δ 列を決定する仕事もある ([36])．もちろん，この類の研究は，早かれ遅かれ，滞る．とは言うものの，1990 年代冒頭の δ 列の研究の黎明期からすると，それから 20 余年が経過し，かなり発展したと言えよう．

格子凸多面体の「分類」に触れる．Blanco–Santos [10] は，xyz 空間の格子凸多面体で，その内部に属する格子点の個数が少ないものを分類している．正規化体積が 4 を越えない格子凸多面体は，分類されている ([16, 35])．その他，$\delta_i \neq 0$ となる i の個数が 2 個，あるいは，3 個の状況だと，分類作業は，[5, 6] などが展開している．

d) 非特異 Fano 多面体　もっとも華麗な分類 (と言うよりも，寧ろ，構造定理) は，非特異 Fano 多面体の分類 [59] である．次元 d の格子凸多面体 $\mathcal{P} \subset \mathbb{R}^d$ が単体的凸多面体であり，しかも，それぞれのファセットの d 個の頂点 $\mathbf{a}_1, \ldots, \mathbf{a}_d$ を列ベクトルとする行列式の値が ± 1 であるとき，$\mathcal{P}$ を**非特異 Fano 多面体**と呼ぶ．非特異 Fano 多面体は，反射的凸多面体である．たとえば，d が偶数のとき，$2d+2$ 個の格子点

$$\pm\mathbf{e}_1, \ldots, \pm\mathbf{e}_d, \pm(\mathbf{e}_1 + \cdots + \mathbf{e}_d)$$

を頂点とする，次元 d の格子凸多面体 $\mathcal{Q}_d \subset \mathbb{R}^d$ は，非特異 Fano 多面体である[90)]．非特異 Fano 多面体 $\mathcal{Q}_d$ は，**del Pezzo 多面体**と呼ばれる．

一般に，凸多面体 $\mathcal{P} \subset \mathbb{R}^d$ と $\mathcal{Q} \subset \mathbb{R}^e$ が，それぞれ，$\mathbb{R}^d$ の原点，$\mathbb{R}^e$ の原点を含むとき，

$$\mathcal{P}' = \{(y, 0, \ldots, 0) \in \mathbb{R}^{d+e} : y \in \mathcal{P}\},$$
$$\mathcal{Q}' = \{(0, \ldots, 0, z) \in \mathbb{R}^{d+e} : z \in \mathcal{Q}\}$$

の和集合 $\mathcal{P}' \cup \mathcal{Q}' \subset \mathbb{R}^{d+e}$ の凸閉包を $\mathcal{P}$ と $\mathcal{Q}$ の**直和**と呼び，

$$\mathcal{P} \oplus \mathcal{Q} = \mathrm{conv}(\mathcal{P}' \cup \mathcal{Q}')$$

---

90) 次元 d が奇数のときも $\mathcal{Q}_d$ は定義できるが，単体的凸多面体とはならない．

と表す．たとえば，線分 $[-1,1] \subset \mathbb{R}$ の d 個の直和

$$[-1,1] \oplus \cdots \oplus [-1,1] = \mathrm{conv}(\{\pm\mathbf{e}_1, \ldots, \pm\mathbf{e}_d\})$$

は，次元 d の横断凸多面体 (1.12) である．

凸多面体 $\mathcal{P}$ が**中心対称**であるとは，$-\mathcal{P} = \{-y : y \in \mathcal{P}\}$ が $\mathcal{P}$ と一致するときにいう．del Pezzo 多面体は，中心対称な非特異 Fano 多面体である．

Voskresenskiĭ–Klyachko [59] は，次元 d を固定すると，非特異 Fano 多面体でユニモジュラ同値でないものは有限個しか存在しないことを，まず，示し，しかも，中心対称な非特異 Fano 多面体は，横断凸多面体と（幾つかの）del Pezzo 多面体の直和となる，という構造定理を披露した．

一般に，凸多面体 $\mathcal{P}$ のファセット $\mathcal{F}$ で，$-\mathcal{F} = \{-y : y \in \mathcal{F}\}$ も $\mathcal{P}$ のファセットとなるものが存在するとき，凸多面体 $\mathcal{P}$ を**擬中心対称**という．たとえば，**擬 del Pezzo 多面体**

$$\mathrm{conv}(\{\pm\mathbf{e}_1, \ldots, \pm\mathbf{e}_d, \mathbf{e}_1 + \cdots + \mathbf{e}_d\}) \subset \mathbb{R}^d$$

は，擬中心対称な非特異 Fano 多面体である．Ewald [17] は，擬中心対称な非特異 Fano 多面体は，横断凸多面体と（幾つかの）del Pezzo 多面体と（幾つかの）擬 del Pezzo 多面体の直和となることを示した．その後，Nill [48] は，もっと一般に，擬中心対称で単体的な反射的凸多面体は，横断凸多面体と（幾つかの）del Pezzo 多面体と（幾つかの）擬 del Pezzo 多面体の直和となることを示した．

e）回文定理　著者は，拙著 [24, p. 111] で，次元 d の反射的凸多面体 $\mathcal{P} \subset \mathbb{R}^d$ の δ 列

$$\delta(\mathcal{P}) = (\delta_0, \delta_1, \ldots, \delta_d)$$

は，不等式

$$\delta_0 \leq \delta_1 \leq \cdots \leq \delta_{[d/2]} \tag{3.49}$$

を満たす，という予想を提唱した[91]．

---

91) McMullen の g 予想の (iii) の類似である．なお，$d = 4$ ならば，反射的凸多面体とは限らない，一般の格子凸多面体で，$\delta_4 > 0$ ならば，$\delta_0 \leq \delta_1 \leq \delta_2 \geq \delta_3 \geq \delta_4$ が成立する ([24, (36.2)]).

Mustaţă–Payne [47] は，予想 (3.49) の反例の族を作り，著者の予想は，脆くも崩れた．しかし，崩れた，とはいえ，予想 (3.49) が Mustaţă と Payne の研究を導いたとしたら，予想 (3.49) の貢献は十分であったと言える．なお，Mustaţă–Payne [47] の反例の族は，いずれも，整分割性を持たない．それゆえ，整分割性を持つ反射的凸多面体の δ 列は，不等式 (3.49) を満たす，と予想することは妥当だろう[92)]．

f) 余談　拙著 [24] は，著者が，シドニー大学に滞在したときの連続講義の板書ノートを，著者を招待してくれた Karl H. Wehrhahn が作り，それを彼の秘書がタイプしてくれたものである．著者は校正をしただけである．であるから，それほど苦労することなく，テキストを出版することができた．しかし，繰り返しの校正をしたにもかかわらず，致命的な誤植がたくさんあり，稚拙なテキストになってしまったことは，ちょっと悔やまれる．反面，凸多面体と可換環論の境界領域を迅速に散策できるメリットもある[93)]．

著者が，シドニーに滞在したのは 1991 年 11 月から 1992 年 1 月の約 9 週間であった．南半球にあるシドニーの 11 月は初夏の爽快な気候で，街の至る所，紫のジャカランダが咲き，その美しさに感激した．連続講義は，毎週，水曜日と木曜日と金曜日の朝，それぞれ，90 分で，それが 6 週間続いた．そうすると，月曜日と火曜日はオフだったから，それを使い，オーストラリアの 4 個の大学とニュージーランドのオークランド大学とカンタベリー大学（クライストチャーチ）に滞在し，談話会のトークをした[94)]．過密なスケジュールだったが，南半球の夏を楽しむことができた．とりわけ，オーストラリアの西海岸の都市パースにある西オーストラリア大学に滞在した折，広大なインド洋に沈む夕陽を眺めることができた．水平線に沈みかけた太陽は瞬く間に沈んでしまう．日没後，空がオレンジ色に染まり，その雰囲気は神秘的である．シドニーで真夏のクリスマスを過ごし，年末年始の海水浴を楽しみ，真っ黒に日焼け

---

92) 一般に，整分割性を持つ格子凸多面体の δ 列は，Cohen–Macaulay 環の理論から，h 列の上限定理の類似 (3.25) を満たす．

93) 拙著 [27] は，テキスト [24] の体裁を整えたものである．

94) トークのタイトルは，いずれも，The Ehrhart polynomial of a convex polytope であった．

し，厳冬の札幌に戻った．

テキスト [24] は，Carslaw Publications というシドニー郊外の Glebe という街にある小さな出版社から出版された．Wehrhahn と彼の同僚の二人が経営する家内制手工業の出版社である．だから，販売の流通がほとんどオーストラリアの国内に限られ，購入することが難しい．Carslaw Publications は，もう，廃業している．著者は，Wehrhahn の許可をもらい，ソフトカバーを作成し，理工学書の古本を扱う明倫館書店に譲った．

g) 反射的凸多面体　次元 $d \geq 2$ を固定すると，反射的凸多面体で，ユニモジュラ同値でないものは，有限個しか存在しない ([41])．しかも，$d \leq 4$ ならば，反射的凸多面体は列挙できる ([40])[95)]．

次元 d の格子凸多面体 $\mathcal{P} \subset \mathbb{R}^d$ と $\mathcal{Q} \subset \mathbb{R}^d$ から，格子凸多面体

$$\Gamma(\mathcal{P}, \mathcal{Q}) = \mathrm{conv}(\mathcal{P} \cup (-\mathcal{Q})) \subset \mathbb{R}^d$$

$$\Omega(\mathcal{P}, \mathcal{Q}) = \mathrm{conv}((\mathcal{P}, 1) \cup (-\mathcal{Q}, -1)) \subset \mathbb{R}^{d+1}$$

を定義する[96)]．一般に，$\mathcal{P} = \mathcal{Q}$ ならば，$\Gamma(\mathcal{P}, \mathcal{P})$ と $\Omega(\mathcal{P}, \mathcal{P})$ は，両者とも，中心対称である．以下，[34] などに沿い，$\Gamma(\mathcal{P}, \mathcal{Q})$ と $\Omega(\mathcal{P}, \mathcal{Q})$ を議論するため，まず，有限半順序集合に付随する鎖凸多面体を導入する．

土台集合を $V = \{p_1, \ldots, p_d\}$ とする有限半順序集合 $P = (V, \leq)$ の**反鎖**とは，V の部分集合 A で，「$p_i, p_j \in A$, $p_i \leq p_j$ ならば $i = j$」を満たすものをいう．特に，空集合 $\emptyset$ と，それぞれの $\{p_i\}$ は反鎖となる．格子凸多面体

$$\mathcal{C}(P) = \mathrm{conv}\left(\{\rho(A) : A \text{ は } P = (V, \leq) \text{ の反鎖}\}\right) \subset \mathbb{R}^d$$

を $P = (V, \leq)$ の**鎖凸多面体**と呼ぶ[97)]．順序凸多面体 $\mathcal{O}(P)$ と鎖凸多面体 $\mathcal{C}(P)$ のエルハート多項式は一致する ([56])．特に，$\mathcal{O}(P)$ と $\mathcal{C}(P)$ の体積は，両者とも，$e(P)/d!$ となる[98)]．順序凸多面体 $\mathcal{O}(P)$ と鎖凸多面体 $\mathcal{C}(P)$ がユニモジュラ同値となるためには，$\{a, b, c, a', b'\} \subset V$ で，条件「a と a' は比較不可能，b

---

95) なお，$d = 2$ ならば 16 個，$d = 3$ ならば 4319 個，$d = 4$ ならば 473800776 個である．

96) 但し，$-\mathcal{Q} = \{-y : y \in \mathcal{Q}\}$, $(\mathcal{P}, 1) = \{(y, 1) \in \mathbb{R}^{d+1} : y \in \mathcal{P}\}$ である．

97) 但し，ρ は写像 (3.45) である．

98) 定理（3.4.12）

と b' は比較不可能，しかも $a < c < b$, $a' < c < b'$ となる」を満たすものが存在しないことが必要十分である ([31]).

順序凸多面体 $\mathcal{O}(P)$ と鎖凸多面体 $\mathcal{C}(P)$ から作られる $\Gamma(\mathcal{O}(P), \mathcal{O}(P))$ と $\Gamma(\mathcal{C}(P), \mathcal{C}(P))$ は，両者とも，中心対称な反射的凸多面体である．格子凸多面体 $\Gamma(\mathcal{O}(P), \mathcal{C}(P))$ は，反射的凸多面体である．次に，有限半順序集合 $P = (V, \leq)$ と $P' = (V', \leq')$ を考える．但し，$|V| = |V'| = d$ とする．すると，$\Gamma(\mathcal{O}(P), \mathcal{C}(P'))$ と $\Gamma(\mathcal{C}(P), \mathcal{C}(P'))$ は，両者とも，反射的凸多面体である．しかしながら，$\Gamma(\mathcal{O}(P), \mathcal{O}(P'))$ は，必ずしも，反射的凸多面体とは限らない[99]．格子凸多面体 $\Omega(\mathcal{O}(P), \mathcal{C}(P'))$ は反射的凸多面体である．

h）体積　Scott [51] から，xy 平面の格子多角形の内部に属する格子点の個数 $c > 0$ を固定すると，その境界に属する格子点の個数の上限も，その面積の上限も，それぞれ，c の函数で表示される．格子多角形の，その顕著な結果は，Hensley [19] が，任意の次元に一般化した[100]．

すなわち，次元 d の格子凸多面体の内部に属する格子点の個数 $c > 0$ を固定すると，その境界に属する格子点の個数は d と c の函数 $g(d, c)$ で上から押さえられる．しかも，その体積も d と c の函数 $v(d, c)$ で上から押さえられる．MathSciNet の検索だと，32 編の論文が [19] を引用し，その内，31 編の論文は，2000 年以降に出版された．格子凸多面体の格子点を巡る研究は，やはり，その 2000 年という世紀の区切りが離陸である．エルハートの仕事からの 30 余年間は，その滑走路だったと言える．

なお，上からの評価ではなく，下からの評価だと，任意の $d \geq 1$ と任意の $c > 0$ について，

$$\delta(\mathcal{P}_{(d,c)}) = (1, c, c, \ldots, c)$$

となる次元 d の格子単体 $\mathcal{P}_{(d,c)} \subset \mathbb{R}^d$ が存在する ([32]) から，次元 d の格子凸多面体の内部に属する格子点の個数 $c > 0$ を固定すると，その境界に属する格子点の個数の最小値は $d + 1$，体積の最小値は

$$(1 + dc)/d!$$

99) 格子凸多面体 $\Gamma(\mathcal{O}(P), \mathcal{O}(P'))$ が反射的凸多面体となるための必要十分条件は，$\mathbb{R}^d$ の原点が $\Gamma(\mathcal{O}(P), \mathcal{O}(P'))$ の内部に属することである．

100) なお，[60] も参照されたい．

である.

i) Gorenstein 多面体 反射的凸多面体の一般化である Gorenstein 多面体を紹介する. 次元 d の格子凸多面体の $\mathcal{P}$ の δ 列を $\delta(\mathcal{P}) = (\delta_0, \delta_1, \ldots, \delta_d)$ とし, $s > 0$ を (3.47) とする. 格子凸多面体 $\mathcal{P}$ が, **Gorenstein 多面体**であるとは,

$$\delta_i = \delta_{s-i}, \quad 0 \le i \le [s/2]$$

が成立するときにいう. 簡単のため, $\mathcal{P} \subset \mathbb{R}^d$ とすると, $\mathcal{P}$ が Gorenstein 多面体であるためには, 条件

- $i^*(\mathcal{P}, n) = 0, \quad n = 1, 2, \ldots, d - s$
- $i^*(\mathcal{P}, d - s + 1) = 1$
- $\mathbf{y} \in (d - s + 1)(\mathcal{P} \setminus \partial\mathcal{P}) \cap \mathbb{Z}^d$ とすると,

$$(d - s + 1)\mathcal{P} - \mathbf{y}$$

  は反射的凸多面体である.

が満たされることが必要十分である.

有限半順序集合 $P = (V, \le)$ の順序凸多面体 $\mathcal{O}(P)$ が Gorenstein 多面体であるためには, P が純であることが必要十分である ([21]). なお, P が純のとき, $\delta(\mathcal{O}(P)) = (\delta_0, \delta_1, \ldots, \delta_s, 0, \ldots, 0)$ とすると,

$$\delta_0 \le \delta_1 \le \cdots \le \delta_{[s/2]}$$

が成立する ([49])[101].

Gorenstein 多面体も, 特殊な δ 列を持つものは, 分類されている. たとえば, δ 列が

$$(1, 0, \ldots, 0, 1, 0, \ldots, 0, 1, 0, \ldots, 0, 1, 0, 0, \ldots, 0)$$

となる Gorenstein 多面体は, その δ 列に現れる 1 の個数が, 素数 p であるか, あるいは, 素数の平方 p^2 であるか, あるいは, 異なる素数の積 pq のときは, 分類されている ([33]).

---

101) 実際, 次元 $s-1$ の単体的凸多面体で, $(\delta_0, \delta_1, \ldots, \delta_s)$ を h 列とするのもが存在する.

j）Veronese 型多面体　整数 $q > 0$ と整数の数列 $(c_1, c_2, \ldots, c_d)$ で，

$$1 \leq c_1 \leq \cdots \leq c_d \leq q, \quad q < c_1 + \cdots + c_d$$

となるものを固定するとき，$(y_1, \ldots, y_d) \in \mathbb{R}^d$ で，

$$y_1 + \cdots + y_d = q, \quad 0 \leq y_i \leq c_i,\ 1 \leq i \leq d$$

を満たすもの全体の集合

$$\mathcal{P}(q; c_1, \ldots, c_d) \subset \mathbb{R}^d$$

を**Veronese 型多面体**と呼ぶ．Veronese 型多面体 $\mathcal{P}(q; c_1, \ldots, c_d)$ は，次元 $d-1$ の格子凸多面体である．なお，

$$y_d = q - (y_1 + \cdots + y_{d-1})$$

であるから，$(y_1, \ldots, y_{d-1}) \in \mathbb{R}^{d-1}$ で，

$$q - c_d \leq y_1 + \cdots + y_{d-1} \leq q, \quad 0 \leq y_i \leq c_i,\ 1 \leq i \leq d-1$$

を満たすもの全体の集合

$$\mathcal{Q}(q; c_1, \ldots, c_d) \subset \mathbb{R}^{d-1}$$

が Veronese 型多面体である．

Veronese 型多面体が Gorenstein 多面体となる整数 $q > 0$ と整数の数列

$$(c_1, c_2, \ldots, c_d)$$

は [13] が決定した．たとえば，

$$d \geq 2, \quad c_1 = \cdots = c_d = q$$

とすると，$\mathcal{Q}(q; q, \ldots, q) \subset \mathbb{R}^{d-1}$ が Gorenstein 凸多面体となるには，整数 $q > 0$ が d を割り切ることが必要十分である．その他，

$$d \geq 2, \quad c_1 = \cdots = c_d = 1$$

とすると，$\mathcal{Q}(q; 1, \ldots, 1) \subset \mathbb{R}^{d-1}$ が Gorenstein 凸多面体となるには，$q = 1$ となるか，$q = d-1$ となるか，あるいは，$d = 2q$ となることが必要十分である．

参考文献

[1] N. Alon and G. Kalai, A simple proof of the upper bound conjecture, *Europ. J. Combin.* **6** (1985), 211–214.

[2] D. Barnette, The minimum number of vertices of a simple polytope, *Israel J. Math.* **10** (1971), 121–125.

[3] D. Barnette, A proof of the lower bound conjecture for convex polytopes, *Pacific J. Math.* **46** (1973), 349–354.

[4] V. V. Batyrev, Dual polyhedra and mirror symmetry for Calabi-Yau hypersurfaces in toric varieties, *J. Alg. Geom.* **3** (1994), 493–535.

[5] V. Batyrev and D. Juny, Classification of Gorenstein toric del Pezzo varieties in arbitrary dimension, *Mosc. Math. J.* **10** (2010), 285–316.

[6] V. Batyrev and B. Nill, Multiples of lattice polytopes without interior lattice points, *Mosc. Math. J.* **7** (2007), 195–207.

[7] U. Betke and P. McMullen, Lattice points in lattice polytopes, *Mh. Math.* **99** (1985), 253–265.

[8] L. J. Billera and C. W. Lee, Sufficiency of McMullen's conditions for f-vectors of simplicial polytopes, *Bull. Amer. Math. Soc.* **2** (1980), 181–185.

[9] L. J. Billera and C. W. Lee, A proof of the sufficiency of McMullen's conditions for f-vectors of simplicial convex polytopes, *J. Combin. Theory, Ser. A* **31** (1981), 237–255.

[10] M. Blanco and F. Santos, Enumeration of lattice 3-polytopes by their number of lattice points, *Discrete Comput. Geom.* **60** (2018), 756–800.

[11] H. Bruggesser and P. Mani, Shellable decompositions of cells and spheres, *Math. Scand.* **29** (1971), 197–205.

[12] V. I. Danilov, The geometry of toric varieties, *Russian Math. Surveys* **33** (1978), 97–154, translated from *Uspekhi Mat. Nauk.* **33** (1985), 85–134.

[13] E. De Negri and T. Hibi, Gorenstein algebras of Veronese type, *J. Algebra* **193** (1997), 629–639.

[14] E. Ehrhart, Sur les polyèdres rationnels homothétiques à n dimensions, *C. R. Acad. Sci. Paris* **254** (1962), 616–618.

[15] D. Eisenbud, Introduction to algebras with straightening laws, *in* "Ring Theory and Algebra III" (B. R. McDonald, Ed.), Lect. Notes in Pure and Appl. Math., No. 55, Dekker, 1980, pp. 243–268.

[16] A. Esterov and G. Gusev, Multivariate Abel-Ruffini, *Math. Ann.* **365** (2016), 1091–1110.

[17] G. Ewald, On the classification of toric Fano varieties, *Discrete Comput. Geom.* **3** (1988), 49–54.

[18] B. Grünbaum, "Convex Polytopes, Second Ed.," GTM 221, Springer–Verlag, London, 2003, xvi+466 pp., ISBN:978-0-387-40409-7.

[19] D. Hensley, Lattice vertex polytopes with interior lattice points, *Pacific J. Math.* **105** (1983), 183–191.

[20] J. Herzog and T. Hibi, "Monomial Ideals," GTM 260, Springer–Verlag, London, 2011, xvi+305 pp., ISBN: 978-0-85729-105-9.

[21] T. Hibi, Distributive lattices, affine semigroup rings and algebras with straightening laws, *in* "Commutative Algebra and Combinatorics" (M. Nagata and H. Matsumura, Eds.), Advanced Studies in Pure Math., Volume 11, North–Holland, Amsterdam, 1987, pp. 93–109.

[22] T. Hibi, Some results on Ehrhart polynomials of convex polytopes, *Discrete Math* **83** (1990), 119–121.

[23] T. Hibi, Dual polytopes of rational convex polytopes, *Combinatorica* **12** (1992), 237–240.

[24] T. Hibi, "Algebraic Combinatorics on Convex Polytopes," Carslaw Publications, Glebe, N.S.W., Australia, 1992, vii+164 pp., ISBN: 1-875399-04-06.

[25] T. Hibi, A lower bound theorem for Ehrhart polynomials of convex polytopes, *Advances in Math.* **105** (1994), 162–165.

[26] 日比孝之『グレブナー基底』朝倉書店，2003 年 6 月 15 日.

[27] 日比孝之『(復刊) 可換代数と組合せ論』丸善出版，2019 年 9 月 20 日.

[28] 日比孝之『多角形と多面体 (図形が織りなす不思議世界)』ブルーバックス，講談社，2020 年 10 月 20 日.

[29] T. Hibi, A. Higashitani and N. Li, Hermite normal forms of δ-vectors, *J. Combin. Theory Ser. A* **119** (2012), 1158–1173.

[30] T. Hibi, A. Higashitani and Y. Nagazawa, Ehrhart polynomials of convex polytopes with small volumes, *European J. Combin.* **32** (2011), 226–232.

[31] T. Hibi and N. Li, Unimodular equivalence of order and chain polytopes, *Math. Scand.* **118** (2016), 5–12.

[32] T. Hibi and A. Tsuchiya, Flat δ-vectors and and their Ehrhart polynomials, *Arch. Math. (Basel)* **108** (2017), 151–157.

[33] T. Hibi, A. Tsuchiya and K. Yoshida, Gorenstein simplices with a given δ-polynomial, *Discrete Math.* **342**, December 2019, 111619.

[34] T. Hibi and A. Tsuchiya, Reflexive polytopes arising from perfect graphs, *J. Combin. Theory, Ser. A* **157** (2018), 233–246.

[35] T. Hibi and A. Tsuchiya, Classification of lattice polytopes with small volumes, *J. Combin.* **11** (2020), 495–509.

[36] A. Higashitani, B. Nill and A. Tsuchiya, Gorenstein polytopes with trinomial h^*-polynomials, *Beiträge zur Algebra und Geometrie*, 07 July 2020.

[37] M. Hochster, Rings of invariants of tori, Cohen–Macaulay rings generated by monomials, and polytopes, *Annals of Math.* **96** (1972), 318–337.

[38] R. Kawaguchi, Sectional genus and the volume of a lattice polytope, *J. Algebraic Combin.* **53** (2021), 1253–1264.

[39] V. Klee, On the number of vertices of a convex polytope, *Canad. J. Math.* **16** (1964), 701–720.

[40] M. Kreuzer and H. Skarke, Complete classification of reflexive polyhedra in four dimensions, *Adv. Theor. Math. Phys.* **4** (2000), 1209–1230.

[41] J. C. Lagarias and G. M. Ziegler, Bounds for lattice polytopes containing a fixed number of interior points in a sublattice, *Canad. J. Math.* **43** (1991), 1022–1035.

[42] F. S. Macaulay, Some properties of enumeration in the theory of modular systems, *Proc. of London Math. Soc.* **26** (1927), 531–555.

[43] P. McMullen, The maximum numbers of faces of a convex polytope, *Mathematika* **17** (1970), 179–184.

[44] P. McMullen, The numbers of faces of simplicial polytopes, *Israel J. Math.* **9** (1971), 559–570.

[45] P. McMullen and G. C. Shephard, "Convex Polytopes and the Upper Bound Conjecture," London Math. Soc. Lect. Note Series 3, Cambridge Univ. Press, London, 1971, iv+184 pp., ISBN:0 521 08017 7.

[46] T. S. Motzkin, Comonotone curves and polyhedra, Abstract III, *Bull. Amer. Math. Soc.* **63** (1957), 35.

[47] M. Mustaţă and S. Payne, Ehrhart polynomials and stringy Betti numbers, *Math. Ann.* **333** (2005), 787–795.

[48] B. Nill, Classification of pseudo-symmetric simplicial reflexive polytopes,

Contemp. Math. **423** (2006), 269–282.

[49] V. Reiner and V. Welker, On the charney–davis and Neggers–Stanley conjectures, *J. Combin. Theory, Ser. A* **109** (2005), 247–280.

[50] G. A. Reisner, Cohen–Macaulay quotients of polynomial rings, *Advances in Math.* **21** (1976), 30–49.

[51] P. R. Scott, On convex lattice polygons, *Bull. of the Austral. Math. Soc.* **15** (1976), 395–399.

[52] R. P. Stanley, The upper bound conjecture and Cohen–Macaulay rings, *Studies in Applied Math.* **54** (1975), 135–142.

[53] R. P. Stanley, The number of faces of a simplicial convex polytope, *Advances in Math.* **35** (1980), 236–238.

[54] R. Stanley, Decompositions of rational convex polytopes, *Annals of Discrete Math.* **6** (1980), 333–342.

[55] R. P. Stanley, "Combinatorics and Commutative Algebra, Second. Ed.," Progress in Math., Volume 41, Birkhäuser, Boston, Basel, Berlin, 1996, ix+164 pp., ISBN: 0-8176-3836-9.

[56] R. P. Stanley, Two poset polytopes, *Discrete Comput. Geom.* **1** (1986), 9–23.

[57] R. P. Stanley, On the Hilbert function of a graded Cohen-Macaulay domain, *J. Pure and Appl. Algebra* **73** (1991), 307–314.

[58] R. P. Stanley, How the upper bound conjecture was proved, *Annals of Combin.* **18** (2014), 533–539.

[59] V. E. Voskresenskiĭ and A. A. Klyachko, Toroidal Fano varieties and root systems, *Math. USSR Izvestiya* **24** (1985), 221–244.

[60] J. Zaks, M. A. Perles and J. M. Wilks, On lattice polytopes having interior lattice points, *Elem. Math.* **37** (1982), 44–46.

あとがき

拙著『多角形と多面体（図形が織りなす不思議世界）』（ブルーバックス，講談社）が出版されたのは，2020年10月20日である．本著は，ブルーバックスの「あとがき」の

> などなど，本著を校正しながら考えているが，そのようなテキストを執筆することは，著者の老後の楽しみである．

の＜老後の楽しみ＞のテキストである．もっとも，＜老後の楽しみ＞と呑気なことを言っていると，5年，10年などあっという間に過ぎ去るから，『多角形と多面体』が絶版になってしまう前に出版できたら，と考え，たまたま学会のときに名刺をもらったことのある，共立出版編集部の髙橋萌子さんにお願いし，企画書を新刊企画の採否会議に諮ってもらったところ，幸いにも，採択してもらえた．執筆を急げば，著者の定年退職（2022年3月31日）と時をほとんど同じくし出版することができるであろうから，定年退職の挨拶を著書に添え，謹呈するのも趣があるだろう，などと企んだのである．

本著で執筆したことは，そのほとんどが，著者が25歳からのほぼ10年間で習得した（ことになっている）ものである．駆け出し数学者の頃，著名なテキストを読んだ，著名な研究論文を読んだ，と言っても，その細部までちゃんと熟読していることはほとんどなく，テキスト，あるいは，論文に載っている定理などを，証明を辿ることもせず，引用することがしばしばある．そのようないい加減なことをしていると思わぬところで火傷をすることもあるから，いい加減ではなく，いい加減にするのである（「いい加減」は否定的な趣と肯定的

な趣の両者を備える．数学の文章だと「適当に」という表現にしばしば遭遇するが，適当に選んで，とは，もちろん，前者のいい加減に選んで，ではなく，後者のいい加減に選んで，ということである）．そのようないい加減に読み飛ばした定理の証明を，本著を執筆しながら読んだが，なるほどそんな証明だったのかと，ときおり感動することもあった．

ブルーバックス『多角形と多面体』の第1部（凸多面体の起源を探る）の三角形分割，オイラーの多面体定理，ピックの公式，第2部（凸多面体の数え上げ理論，但し，§ 5.2 と § 5.3 と付録を除く）の頂点と辺と面の数え上げ，格子多角形のエルハート多項式，それから，第4部（凸多面体のトレンドを追う）の第7章の凸多角形の双対性と反射性は，本著の第0章の役割を担う．ブルーバックスのページで示すと，1ページから95ページ，173ページから216ページの範囲である．総ページ数は，251ページだから，6割弱の分量である．その範囲がいかにもブルーバックスらしいところであろうか．残りの4割ほどは，本著に収録されている箇所である．であるから，残りの4割ほどは，ブルーバックスの水準から著しく逸脱するであろう．だけども，本著の第0章となる，その6割弱の部分だけをブルーバックスの内容とすると（規定のページ数に達しないということもあるけれども，それ以上に）なんだか薄っぺらい啓蒙書となってしまうと危惧したのである．本著の出版後，機会があれば，その6割弱の部分だけを抜粋し，説明をもっと丁寧にし，たとえば，多角形の格子点，多面体の幾何などに関連する大学入試問題なども紹介しながら，再出版することができれば嬉しい．

凸多面体に関連する拙著は，本著に加え，『可換代数と組合せ論』と『グレブナー基底』がある．その3冊すべてを収録し，しかも，可換代数の理論も紹介すれば，鬼に金棒の著書ができるかな，と密かに考える．そんな著書は，執筆すれば，600ページを越えるだろうから，出版社からは，こんな分厚い著書は売れない，と文句を言われるだろう．そう言えば，『グレブナー道場』（JST CREST 日比チーム（編）xii+557ページ，2011年）を著したとき，出版社から，分厚いから売れないと渋られ，結局，印税なしとし，価格を下げ（5,600円＋税），なんとか出版してもらった．ところが，幸いにも，出版社の予想を裏切り，わずか6ヶ月で初刷が完売となった．

本著の執筆はとても楽しく，筆は滞ることなく円滑に進み，執筆に要した歳月は，わずか5ヶ月弱であった．ブルーバックスは，原稿の依頼から，原稿の提出まで，ちょうど2年であった．もっとも，ブルーバックスは，そもそも目次であれこれ悩み，執筆から数ヶ月の原稿は，ほとんど没となるなど，結局，最終原稿の倍以上の原稿を執筆したことになろうか．没になった原稿は，別の機会に使えれば，と保存してある．本著を執筆していると，その話題を学んだときの30年以上も昔の懐かしい思いが鮮やかに蘇った．その頃，繰り返し熟読した論文が何編もあるが，そのような論文で，30余年後でも引用され，読まれる論文がどのくらいあるか，を考えることもあったが，そんなとき，出版から30年を経ても新鮮さを無くさず，引用され，読まれる論文を執筆することが，どれほど難しいかを痛感する．もっとも，30年を経ても新鮮さを無くさず，引用され，読まれる論文が，出版の直後から，頻繁に引用され，読まれるかというと，必ずしもそうとは限らない．何年かを経て，ようやく脚光を浴びる論文もあるだろう．第3章の＜展望＞でも触れたことでもあるが，スコットの論文は，そのような論文の典型的な例である．駆け出し数学者のときに情熱を持って執筆した稚拙な論文が，しばらくの間，誰からも着目されずに冬眠していたとしても，あるときから，爆発的に引用され，読まれるようになることもある．だから，とりわけ，駆け出し数学者の頃は，出版された論文が，誰からも賞賛されなくとも，将来（も誰からも賞賛されないことがほとんどであろうが，でも），どうなるかわからないから，クヨクヨせず，どんどん論文を執筆すればいいだろう．などと，著者は，駆け出し数学者のとき，外野からなんと言われようと，まぁ，あまり深刻に考えず，面白いと感じる問題が浮かんだら，どんどん論文を執筆していた．話題は飛ぶが，昔，論文の本数を議論したことがある．そのルールは，N 人共著論文の本数は（$1/N$ ではなく）$1/N^2$ と数える，ということである．そうすると，5人共著とか，6人共著の論文ばかりを執筆していると，論文の本数がなかなか1を越えない．これ，かなり的を射た本数の計算である．もう一つの数を紹介する．国際雑誌に出版された論文が，出版されるまでに雑誌でrejectされた回数を，その論文のrejection numberと呼ぶ．著者の共同研究者のJürgen Herzogの65歳の記念集会（イタリア，2007年）の折，著者の講演の冒頭で，この数を話したら，爆笑になった．

ところで，本著は，「問」とか「問題」などが載っていない．拙著『可換代数と組合せ論』を執筆したとき，証明の細部の面倒な箇所は省き，「問」とした．

証明を省くと後ろめたいけれど，「問」とすると，読者に任せる，という雰囲気になるから，著者の後ろめたさは和らぐ．その「問」の「ヒントと略解」を載せなかったら，出版社から，「ヒントと略解」があると，読者が自習するのを助け，売れ行きにも影響があるから，といわれ，「ヒントと略解」を追加した．その経験を踏まえ，Jürgen Herzog との共著の単行本 “Monomial Ideals” ([20]) を執筆したとき，簡単な補題のほとんどを Exercise とし，詳細な解答を記載した．すると，出版社から，Exercise の解答が載っていると，欧米の大学だと，講義のテキストとして採用されないから，解答は載せるな，と文句をいわれた．欧米の大学の講義だと，Exercise を課し，受講生がそれをレポートとして提出するから，テキストの Exercise に解答が載っていると，講義する教員は，わざわざ，Exercise を別に準備しなければならない，という事情がある．しかし，Exercise の解答を削除すると，証明の載っていない補題が氾濫することとなり，それは困る．結局，Exercise は補題とし，本文に戻し，解答は証明とし，本文に戻した．そうなると，Exercise のほとんどが消滅したから，練習問題らしい練習問題を作り，Exercise とし，ヒントも略解も載せなかった．たかが「問」の「略解」，されど，「問」の「略解」である．そういえば，著者が受験生の 1970 年代だと，薄っぺらい入試問題集がたくさん出版され，数ページの「略解」だけが載っていた．そのような「略解」だと，計算問題は答だけが掲載され，証明問題のほとんどは，略となっていた．だから，数学の入試問題は，独力で解かなければならなかったから，解けるまで考える，という根性が鍛えられた．昨今の数学の入試問題集は，やたらと分厚い懇切丁寧な解答が載っている．どれだけ詳しい解答が載っているかが売れ行きに影響するのであろう．しかしながら，そのような分厚い懇切丁寧な解答は，解けるまで考える，という根性を鍛えることを阻害し，その結果，数学の問題をとことん考え，考え抜いて解けたときの感激を味わう貴重な機会を奪ってしまうのではなかろうか．どんなことがあってもあきらめず，根性で考え，悪戦苦闘しながらも，ふっと一瞬のひらめきで解けたときに覚える深い感動は，数学を研究するときの財産であり，数学の研究の不断な継続に不可欠なものである．

索　引

【著者紹介】

日比孝之（ひび たかゆき）

1981 年　名古屋大学理学部数学科 卒業
1985 年　名古屋大学理学部 助手
1987 年　理学博士（名古屋大学）
1990 年　北海道大学理学部 講師
1991 年　北海道大学理学部 助教授
1995 年　大阪大学理学部 教授
2002 年－現在　大阪大学大学院情報科学研究科 教授

主　著
『可換代数と組合せ論』（シュプリンガーフェアラーク東京，1995），
復刊版（丸善出版，2019）
『数え上げ数学』（朝倉書店，1997）
『グレブナー基底』（朝倉書店，2003）
『グレブナー道場』編集（共立出版，2011）
『証明の探究』（大阪大学出版会，2011）
『コミック証明の探究 高校編！』（大阪大学出版会，2014）
『多角形と多面体』ブルーバックス（講談社，2020）

凸多面体論
Convex Polytopes

2022 年 3 月 20 日　初版 1 刷発行

著　者　日比孝之　© 2022
発行者　南條光章
発行所　**共立出版株式会社**
〒112-0006
東京都文京区小日向 4-6-19
電話番号 03-3947-2511（代表）
振替口座 00110-2-57035
www.kyoritsu-pub.co.jp
印　刷　啓文堂
製　本　協栄製本

一般社団法人
自然科学書協会
会員

検印廃止
NDC 411.2, 411.72

ISBN 978-4-320-11462-3　Printed in Japan